高等职业教育机电专业系列教材

供配电技术

主　编　冯柏群　蔡　雯
副主编　孙慧峰　胡金华　王少华
参　编　刘昆磊　贾纯纯

南京大学出版社

内容简介

本书是高职高专机电类专业"十二五"规划教材之一,全书分为九个学习单元,每个单元分为1～5个学习任务,内容包括电力系统基础知识、负荷计算与短路电流、变电站电气设备运行维护、供电系统主接线和倒闸操作、电力线路及维护、继电保护、变电站二次回路、电气安全、防雷及接地、变电站综合自动化系统等知识。

本书适合电气自动化、机电一体化、机电技术、电气控制等专业作为供电类教材使用,也可供相关技术人员参考使用。

图书在版编目(CIP)数据

供配电技术 / 冯柏群,蔡雯主编. — 南京 :南京
大学出版社,2013.9(2021.8 重印)
ISBN 978-7-305-11912-5

Ⅰ. ①供… Ⅱ. ①冯… ②蔡… Ⅲ. ①供电—
高等职业教育—教材②配电系统—高等职业教育—教材
Ⅳ. ①TM72

中国版本图书馆 CIP 数据核字(2013)第 177155 号

出版发行 南京大学出版社
社 址 南京市汉口路 22 号 邮 编 210093
出 版 人 金鑫荣
书 名 供配电技术
著 者 冯柏群 蔡 雯
责任编辑 邱 丹 何永国 编辑热线 025-83596997
照 排 南京南琳图文制作有限公司
印 刷 广东虎彩云印刷有限公司
开 本 787×1092 1/16 印张 18 字数 450 千
版 次 2013 年 9 月第 1 版 2021 年 8 月第 6 次印刷
ISBN 978-7-305-11912-5
定 价 45.00 元

网址:http://www.njupco.com
官方微博:http://weibo.com/njupco
官方微信号:njupress
销售咨询热线:(025)83594756

前　言

高职教育主要培养技术型、技能型人才,学生的学习要以就业为导向,教学过程应根据专业要求将理论与实践、知识与能力、课堂教学与现场应用相结合,引入现场新技术、新设备。本书的选材,在理论上简化了推导计算,以"够用为度",突出"实践应用",以培养学生分析问题、解决问题的能力,是一本"工、学"结合的教材。

本书共分为九个学习单元,每个单元根据教学安排又分若干个学习任务,每个学习任务后配有任务布置,安排学生针对本任务作出相应的学习要求,要求学生通过课外实践、网络、文献检索等途径提高学习能力。课后习题设计上,力求覆盖面广,形式多样。书中添加了特高压输电设备和GIS的相关知识,融入了我国供配电的最新技术。

全书内容包括供配电基础知识,负荷计算及短路电流的计算,电气设备的运行与维护,供电系统主接线及变电站倒闸操作,电力线路及运行维护,继电保护,二次回路,电气安全、变电所防雷及接地和综合自动化系统等内容。

本书由平顶山工业职业技术学院冯柏群、无锡商学院蔡雯担任主编,平顶山工业职业技术学院孙慧峰、三峡电力职业技术学院胡金华、湖南生物机电高等专科学校王少华担任副主编,参与教材编写的还有平顶山工业职业技术学院刘昆磊和贾纯纯。全书具体分工如下:冯柏群负责编写了第3单元,蔡雯负责编写了第1、2单元,孙慧峰负责编写了第5单元,胡金华负责编写了第7单元,王少华负责编写了第8单元,刘昆磊负责编写了第4、9单元,贾纯纯负责编写了第6单元。全书由冯柏群整理定稿。

由于编者水平有限,书中难免存在一些错误、疏漏之处,恳请读者批评指正,本书编写过程中参考许多文献,在此向所有作者致以诚挚的谢意!

编　者

2013 年 8 月

目 录

单元1 供电基础知识

任务1 电力系统的认识

知识教学目标

1. 了解电力系统、电力网、动力系统等基本组成。
2. 了解供电系统的主要指标电压、频率等标准。
3. 熟悉典型工厂供配电系统的组成、结构和形式。
4. 了解高压和低压系统的中性点接地方式及适用条件。

能力培养目标

1. 能够对电力系统及工厂供配电系统有整体了解。
2. 会根据国家标准确定电力系统中的各设备及线路的额定电压。
3. 会根据相关规定确定电力系统中性点运行方式。

一、任务导入

电力系统是由发电、变电、输电、配电和用电等环节组成的电能生产与消费系统。它的功能是将自然界的一次能源通过发电动力装置(主要包括锅炉、汽轮机、发电机及电厂辅助生产系统等)转化成电能,再经输、变电系统及配电系统将电能供应到各负荷中心,通过各种设备再转换成动力、热、光等不同形式的能量,为地区经济和人民生活服务。

众所周知,电能是现代工业生产的主要能源和动力。电能的输送和分配既简单经济,又便于控制、调节和测量,有利于实现生产过程自动化,因此,电能在现代工业生产及整个国民经济生活中应用极为普遍广泛。

工厂供配电系统是电力系统的一部分,应该了解其组成部分、电压质量、中性点运行方式等相关的基本知识。

二、相关知识

(一) 电力系统的概念及组成

电力系统就是由发电、变电、输电、配电和用电设备等环节一起组成的统一整体。电能的生产、输送、分配和使用的全过程,实际上是同时进行的,即发电厂任何时刻生产的电能等于该时刻用电设备消耗的电能与输送、分配中损耗的电能之和。

与电力系统相关联的还有"电力网络"和"动力系统"。电力网络或电网是指电力系统中,除发电机和用电设备之外的部分,即电力系统中各级电压的电力线路及其联系的变配电所;动力系统是指电力系统加上发电厂的"动力部分",所以"动力部分"包括水力发电厂的水库、水轮机,热力发电厂的锅炉、汽轮机、热力网和用电设备,以及核电厂的反应堆等等。

所以,电力网络是电力系统的一个组成部分,而电力系统又是动力系统的一个组成部分。动力系统、电力系统和电力网络三者的关系见图1-1所示。

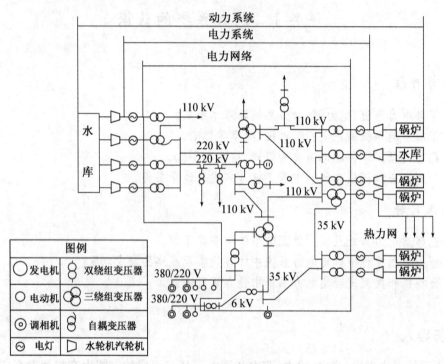

图1-1 系统示意图

1. 电力系统的组成

电力系统实现了电能的生产、输送、分配和使用的整个过程,图1-2为电能从发电厂输送给用电设备的过程示意图,下面对电力系统的主要组成部分做简要介绍:

(1) 发电厂

发电厂是将自然界蕴藏的各种一次能源转换为电能(二次能源)的工厂。发电厂有很多类型,按其所利用的能源不同,分为火力发电厂、水力发电厂、核能发电厂以及风力、地热、太阳能、潮汐发电厂等类型。目前在我国接入电力系统的发电厂最主要的有火力发电厂、水力发电厂,以及核能发电厂(又称核电站)。

① 火力发电厂,简称火电厂或火电站。它利用燃料的化学能来生产电能,其主要设备有锅炉、汽轮机、发电机。我国的火电厂以燃煤为主,其能量转换过程:化学能→热能→机械能→电能。

② 水力发电厂,简称水电厂或水电站。它用水流的位能来生产电能,主要由水库、水轮

机与发电机联轴,带动发电机转子一起转动发电。其能量转换过程:水流位能→机械能→电能。

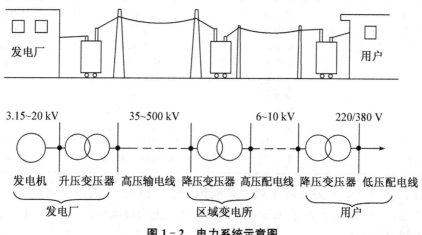

图 1-2　电力系统示意图

③ 核能发电厂,通常称为核电站。它主要利用原子核的裂变能来生产电能,其生产过程与火电厂基本相同,只是核反应堆(俗称原子锅炉)代替了燃煤锅炉,以少量的核燃料代替了煤炭。其能量转化过程:核裂变能→热能→机械能→电能。

④ 风力发电、地热发电、太阳能发电。风力发电是利用风力的动能来生产电能的,它应建在有丰富风力资源的地方。地热发电是利用地球内部蕴藏的大量的热能来生产电能的,它应建在有足够的热资源的地方。太阳能发电是利用太阳光能或者太阳热能来生产电能的,它应建在常年日照时间长的地方。

(2) 变/配电所

变电所的任务是接受电能、变换电压和分配电能,即受电—变压—配电。

配电所(又称开闭所)的任务是接受电能和分配电能,但不改变电压,即受电—配电。

变电所可分为升压变电所和降压变电所两大类;升压变电所一般建在发电厂,主要任务是将低电压变换为高电压;降压变电所一般建在靠近负荷中心的地点,主要任务是将高电压变换到一个合理的电压等级。降压变电所根据其在电力系统中的地位和作用不同,又分枢纽变电站、地区变电所和工业企业变电所等。

(3) 电力线路

电力线路的作用是输送电能,并把发电厂、变配电所和电能用户连接起来。

发电厂一般距电能用户均较远,所以需要多种不同电压等级的电力线路,将发电厂生产的电能源源不断地输送到各级电能用户。通常把电压在 35~1 000 kV 电力线路称为高压送电线路,而把 10 kV 及以下的电力线路称为配电线路。

表 1-1 列出了部分额定电压等级电力线路及与其相适应的输送功率和输送距离的经验数据。

表 1-1 各级电压线路的送电能力

线路电压/kV	线路结构	输送功率/kW	输送距离/km
0.38	架空线	≤100	≤0.25
0.38	电缆线	≤175	≤0.35
6	架空线	≤1 000	≤10
6	电缆线	≤3 000	≤8
10	架空线	≤2 000	5~20
10	电缆线	≤5 000	≤10
35	架空线	2 000~10 000	20~50
66	架空线	3 500~30 000	30~100
110	架空线	10 000~50 000	50~150
220	架空线	100 000~500 000	200~300

通常采用以 1 000 V 为界限来划分高压和低压。1 000 V 及以下为低压,1 000 V~10 kV 为中压,10~330 kV 为高压,500~750 kV 及以上为超高压,1 000 kV 为特高压。

(4)电能用户

电能用户又称电力负荷。在电力系统中,一切消费电能的用电设备均称为电能用户。用电设备分别将电能转换为机械能、热能和光能等不同形式的适于生产、生活需要的能量。

2. 供配电的基本要求

为了切实保证生产和生活用电的需要,并做好节能工作,供配电工作必须达到以下基本要求:

(1)安全。在电能的供应、分配和使用中,不应发生人身事故和设备事故。

(2)可靠。应满足电能用户对供电可靠性即连续供电的要求。

(3)优质。应满足电能用户对电压和频率等方面的质量要求。

(4)经济。应使供配电系统的投资少,运行费用低,并尽可能地节约电能和减少有色金属的消耗量。

此外,在供电工作中,应合理地处理局部和全局、当前和长远等关系,既要照顾局部和当前的利益,又要有全局观点,能顾全大局,适应发展。

3. 电力负荷的分级

按 GB 50052—2009 第 3.0.1 条规定,电力负荷应根据对供电可靠性的要求及中断供电在对人身安全、经济损失上所造成的影响程度进行分级,电力负荷可分为三级,并应符合下列规定:

(1)一级负荷

① 中断供电将造成人身伤亡时;

② 中断供电将在经济上造成重大损失时;

③ 中断供电将影响重要用电单位的正常工作。

在一级负荷中,当中断供电将造成重大设备损坏或发生中毒、爆炸和火灾等情况的负荷,以及特别重要场所的不允许中断供电的负荷,应视为一级负荷中特别重要的负荷。

(2)二级负荷

① 中断供电将在经济上造成较大损失时;

② 中断供电将影响较重要用电单位的正常工作。

（3）不属于一级和二级负荷者应为三级负荷。

4. 各级负荷对供电的要求

（1）一级负荷对供电电源的要求：一级负荷应由双重电源供电，当一路电源发生故障时，另一路电源不应同时受到损坏。

（2）一级负荷中特别重要的负荷供电，应符合下列要求：

① 除应由双重电源供电外，应增设应急电源，严禁将其他负荷接入应急供电系统。

② 设备的供电电源的切换时间，应满足设备允许中断供电的要求。

（3）下列电源可作为应急电源：

① 独立于正常电源的发电机组；

② 供电网络中独立于正常电源的专用的馈电线路；

③ 蓄电池；

④ 干电池。

（4）应急电源应根据允许中断供电的时间选择，并应符合下列规定：

① 允许中断供电时间为 15 s 以上的供电，可选用快速自启动的发电机组；

② 自投装置的动作时间能满足允许中断供电时间的，可选用带有自动投入装置的独立于正常电源之外的专用馈电线路；

③ 允许中断供电时间为毫秒级的供电，可选用蓄电池静止型不间断供电装置或柴油机不间断供电装置；

④ 应急电源的供电时间，应按生产技术上要求的允许停车过程时间确定。

（5）二级负荷的供电系统，宜由两回线路供电。在负荷较小或地区供电条件困难时，二级负荷可由一回 6 kV 及以上专用的架空线路供电。

5. 供电质量的主要指标

对工厂用户而言，衡量供电质量的主要指标是交流电的电压、频率和供电的可靠性。

（1）电压

交流电的电压质量包括电压数值与波形两个方面，电压质量对各类用电设备的工作性能、使用寿命、安全及经济运行都有直接的影响。用电设备在其额定电压下工作，既能保证设备正常运行，又能获得最大的经济效益。一般供电电压不能超过额度电压的 $\pm 5\%$。

（2）频率

我国电力系统的标称频率为 50 Hz，GB/T 15945—2008《电能质量　电力系统频率偏差》中规定：电力系统正常运行条件下频率偏差限值为 ± 0.2 Hz，当系统容量较小时，偏差限值可放宽到 ± 0.5 Hz。频率偏差一般由发电厂进行调节。

（二）工厂供配电系统概况

一般中型工厂供配电系统一般由总降压变电所（高压配电所）、高压配电线路、车间变电所、低压配电线路及用电设备组成。

中型工厂的电源进线电压一般为 6～10 kV，电能先经高压配电所集中，再由高压配电线路将电能分送到各车间变电所，或由高压配电线路直接供给高压用电设备，车间变电所内装设有电力变压器，将 6～10 kV 的高压降为一般低压用电设备所需的电压（如 220/380 V），然后由低压配电线路将电能分送给各用电设备使用。

下面分别介绍几种不同类型的供配电系统。

1. 一次变压的供配电系统

(1) 只有一个变电所的一次变压系统,如图1-3所示。对于用电设备组成较少的小型工厂或生活区,通常只设一个将6～10 kV电压降为380/220 V电压的变电所,这种变电所通常称为车间变电所,图1-3(a)所示为装有一台电力变压器的车间变电所,图1-3(b)所示为装有两台电力变压器的车间变电所。

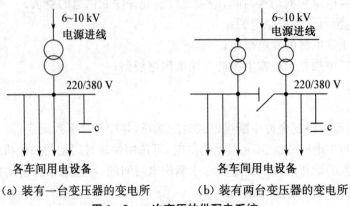

(a) 装有一台变压器的变电所　　(b) 装有两台变压器的变电所

图1-3　一次变压的供配电系统

(2) 拥有高压配电所的一次变压供配电系统,一般中小型工厂,多采用6～10 kV电源进线,经高压配电所将电能分配给各个车间变电所,由车间变电所再将6～10 kV电压降至380/220 V,供低压用电设备使用;同时,高压用电设备直接由高压配电所的6～10 kV母线供电。

(3) 高压深入负荷中心的一次变压供配电系统。某些中小型工厂,如果本地电源电压为35 kV,且工厂的各种条件允许时,可直接采用35 kV作为配电电压,将35 kV线路直接引入靠近负荷中心的工厂车间变电所,再由车间变电所一次变压为380/220 V,供低压用电设备使用。如图1-4所示的这种高压深入负荷中心的一次变压的供配电方式,可节省一级中间变压,从而简化了供配电系统,节约有色金属,降低电能损耗和电压损耗,提高了供电质

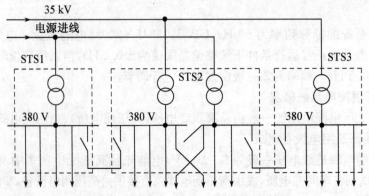

图1-4　高压深入负荷中心的供配电系统

量,而且有利于工厂电力负荷的发展。

2. 二次变压的供配电系统

大型工厂和某些电力负荷较大的中型工厂,一般采用具有总降压变电所的二次变压供电系统。该供配电系统,一般采用 35 kV 及以上电压的电源进线,先经过工厂总降压变电所,将 35～220 kV 的电源电压降至 6～10 kV,然后经过高压配电线路将电能输送到各车间变电所,再将 6～10 kV 的电压降至 380/220 V,供低压用电设备使用;高压用电设备则直接由总降压变电所的 6～10 kV 母线供电。这种供配电方式称为二次变压的供配电方式,如图 1-5 所示。

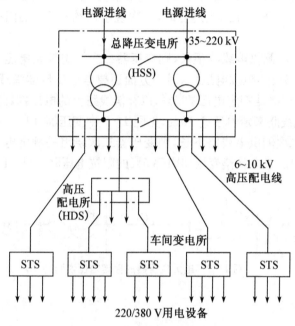

图 1-5 二次变压的供配电系统

(三) 电力系统的电压

电力系统中的所有电气设备,都是在一定的电压和频率下工作的。电气设备的额定频率和额定电压,是其正常工作且能获得最佳经济效果的频率和电压。

国家标准 GB/T 156—2007《标准电压》中规定,交流三相系统及相关设备的标称电压有 380 V、660 V、1 000 V、3 kV、6 kV、10 kV、35 kV、66 kV、110 kV、220 kV、330 kV、500 kV、750 kV 和 1 000 kV,以上数值均指线电压。

1. 发电机的额定电压

由于电力线路允许的电压损耗为 ±5%,即整个线路允许有 10% 的电压损耗,因此,为了维护线路首端与末端平均电压的额定值,线路首端(电源端)电压应比线路额定电压高5%,而发电机是接在线路首端的,所以规定发电机的额定电压高于同级线路额定电压5%,用以补偿线路上的电压损耗,如图1-6

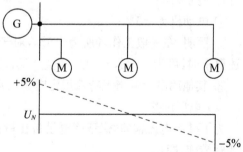

图 1-6 用电设备和发电机的额定电压说明

所示。

2. 电力变压器的额定电压

电力变压器一次绕组的额定电压有两种情况：

(1) 当电力变压器直接与发电机相连，如图1-7中的变压器T1，则其一次绕组的额定电压应与发电机额定电压相同，即高于同级线路额定电压的5%。

(2) 当变压器不与发电机相连，而是连接在线路上，如图1-7中的变压器T2，则可将变压器看作是线路上的用电设备，因此，其一次绕组的额定电压应与线路额定电压相同。

变压器二次绕组的额定电压是指变压器一次绕组接上额定电压，而二次绕组开路时的电压，即空载电压。而变压器在满载运行时，二次绕组内约有5%的阻抗电压降。因此，分以下两种情况讨论：

① 如果变压器二次侧供电线路很长，则变压器二次绕组额定电压，一方面要考虑补偿变压器二次绕组本身5%的阻抗电压降，另一方面还要考虑变压器满载时输出的二次电压要满足线路首端应高于线路额定电压的5%，以补偿线路上的电压损耗。所以，变压器二次绕组的额定电压要比线路额定电压高10%，见图1-7中变压器T1。

② 如果变压器二次侧供电线路不长，则变压器二次绕组的额定电压，只需高于其所接线路额定电压5%，即仅考虑补偿变压器内部5%的阻抗电压降，见图1-7中变压器T2。

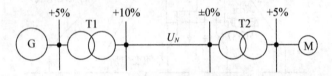

图1-7　电力变压器的额定电压说明

3. 电压偏差及调整

(1) 电压偏差

电压偏差是指用电设备端电压U与用电设备额定电压U_N差值的百分数，即

$$\Delta U\% = \frac{U - U_N}{U_N} \times 100\% \tag{1-1}$$

电压偏差是由供电系统改变运行方式或电力负荷缓慢变化等因素引起的，其变化相当缓慢。我国规定，对于工厂供配电系统，正常运行情况下，用电设备端子处电压偏差允许值应符合下列要求：

① 电动机为±5%；

② 照明：在一般工作场所为±5%，对于远离变电所的小面积一般工作场所，难以满足上述要求时，可为+5%，-10%；应急照明、道路照明和警卫照明等为+5%，-10%；

③ 其他用电设备当无特殊规定时为±5%。

(2) 电压调整

为了减小电压偏差，保证用电设备在最佳状态下运行，工厂供电系统必须采取相应的电压调整措施，即：

① 合理选择变压器的电压分接头或采用有载调压型变压器，使之在负荷变动的情况下

有效地调节电压,保证用电设备端电压的稳定;

② 合理地减少供电系统的阻抗,以降低电压耗损,从而缩小电压偏差范围;

③ 尽量使系统的三相负荷均衡,以减小电压偏差;

④ 合理地改变供电系统的运行方式,以调整电压偏差;

⑤ 采用无功功率补偿装置,提高功率因数,降低电压损耗,缩小电压偏差范围。

(四) 电力系统中性点运行方式

在三相交流电力系统中,作为供电电源的发电机和变压器的三相绕组为星形联结时,其中性点可有三种运行方式:中性点接地、中性点经阻抗(消弧线圈或电阻)接地和中性点不接地。中性点直接接地系统称为大电流接地电力系统;中性点经阻抗(消弧线圈或电阻)接地以及中性点不接地系统称为小电流接地系统。中性点运行方式的选择主要取决于单相接地时电气设备绝缘要求及供电的可靠性。图1-8中列出了常用的中性点运行方式。图中电容 C 为输电线路对地等效电容。

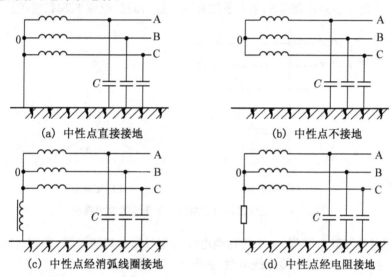

图 1-8 电力系统中性点运行方式

1. 中性点直接接地的运行方式

如图1-9为电源中性点直接接地的电力系统发生单相接地时的电路图。

这种系统的单相接地,当发生一相对地绝缘破坏时,即构成单相短路,用符号 $k^{(1)}$ 表示。由于单相短路电流比正常负荷电流大得多,因此在系统发生单相短路时,保护装置动作,切除短路故障,使得系统其他非故障部分恢复正常运行。该方式运行下,非故障相对地电压不变,电气设备的绝缘水平可按相电压考虑,这对于 110 kV 及以上的超高压系统很有经济技术价值,因为高压电器特别是超高压电器,其绝缘问题是影响电器设计和制造的关键问题,电器绝缘要求的高低,直接影响着电器设备和电网对地绝缘的造价。因此,在我国 110 kV 及以上的电力系统通常采用中性点直接接地的运行方式。在 380/220 V 低压三相四线制供电系统中,由于相线对中性线(零线)的电压为相电压,这样既可用线电压又可用相电压向负荷供电。

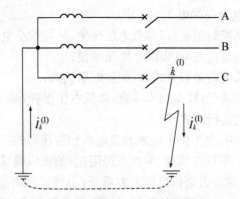

图 1-9 中性点直接接地在发生单相接地时的电路

2. 中性点不接地的电力系统

如图 1-10 是中性点不接地的电力系统在正常运行时的电路图和相量图。

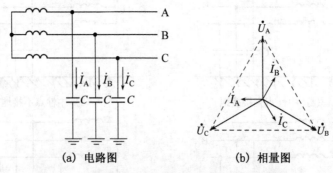

(a) 电路图   (b) 相量图

图 1-10 正常运行时的中性点不接地的电力系统

由于各相对地等效电容相同,三相对地电容电流对称且其和为零,各相对地电压为相电压,但是当发生单相(如 C 相)接地故障时,如图 1-11 所示。

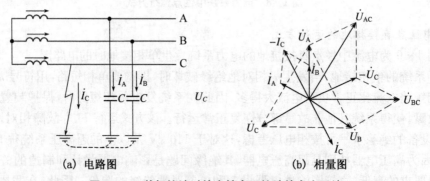

(a) 电路图   (b) 相量图

图 1-11 单相接地时的中性点不接地的电力系统

由相量图可知,这时,C 相的对地电压为零,A、B 相对地电压则分别为 $\dot{U}'_A = \dot{U}_A + (-\dot{U}_C) = \dot{U}_{AC}$,$\dot{U}'_B = \dot{U}_B + (-\dot{U}_C) = \dot{U}_{BC}$。由相量图可知,C 相接地时,完好的 A、B 两相对地

电压都由原来的相电压上升到线电压,即上升到原对地电压的 $\sqrt{3}$ 倍。C相接地时,系统的接地电流 $\dot{I}_C$ 应为 A、B 两相对地电容电流之和,即: $\dot{I}_C = -\dot{I}_A + \dot{I}_B$。因此, $I_C = 3I_{C_0}$。由以上分析可知,当中性点不接地的系统发生单相接地故障时,线间电压不变,而非故障相对地电压升高到原来相电压的 $\sqrt{3}$ 倍,故障相电容电流增大到原来的 3 倍。

当电源发生不完全接地故障时,故障相的对地电压值将大于零而小于相电压,而其他完好相的对地电压值则大于相电压而小于线电压,接地电容电流也小于 $3I_{C_0}$。

必须指出:当电源中性点不接地的系统发生单相接地时,三相用电设备的正常工作关系并未受到影响,因为线电压无论其相位和量值都未发生改变,因此三相设备仍能照常运行。但是,这种线路不允许在单相接地故障情况下长期运行,因为,如果再发生一相接地就形成了两相短路,短路电流很大,因此规定:单相接地连续运行时间不能超过 2 小时。

3. 中性点经消弧线圈接地

若单相接地电容电流超过规定值(6~10 kV 线路为 30 A,35 kV 线路为 10 A),会产生稳定电弧致使电网出现暂态过电压,危及电器设备安全,这时应采用中性点经阻抗(消弧线圈或电阻)接地的运行方式。

目前,在我国电力系统中,110 kV 以上高压系统,为降低设备绝缘要求,多采用中性点直接接地运行方式;6~35 kV 中压系统中,为提高供电可靠性,首选中性点不接地运行方式,当接地电流不满足要求时,可采用中性点经阻抗(消弧线圈或电阻)接地的运行方式;低于 1 kV 的低压配电系统中,考虑到单相负荷的使用,通常均为中性点直接接地的运行方式。

三、任务布置

1. 查阅国家标准 GB 50052—2009《供配电系统设计规范》,了解负荷分级及供电要求、电源及供电系统、电压选择、低压配电四个部分的具体内容,以加深对本课程内容的理解和应用。

2. 试确定图 1-12 所示供电系统中变压器 T1 和线路 WL1,WL2 的额定电压。

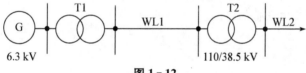

图 1-12

3. 试确定图 1-13 所示供电系统中发电机和所有变压器的额定电压。

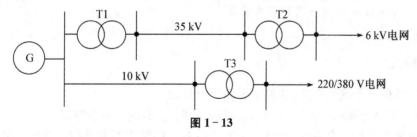

图 1-13

四、课后习题

1. 分别说明电力系统、动力系统和电力网的组成部分。
2. 水电厂、火电厂和核电站各利用哪种能源？各如何转换为电能的？
3. 我国规定的"工频"是多少？对其频率偏差有何规定？
4. 衡量电能质量的两个基本参数是什么？什么是电压质量？
5. 我国国家标准规定的三相交流电网额定电压都有哪些？
6. 用电设备的额定电压，为什么规定等于电网额定电压？
7. 发电机的额定电压为什么规定要高于同级电网额定电压5%？
8. 电网电压的高低如何划分？什么是低压？什么是高压？什么是超高压和特高压？
9. 什么叫电压偏差？电压偏差对感应电动机和照明光源各有什么影响？
10. 为什么工厂的高压配电电压大多采用 10 kV？在什么情况下，可采用 6 kV 为高压配电电压？
11. 三相交流电力系统的电源中性点有哪些运行方式？中性点不直接接地的电力系统与中性点直接接地的电力系统在发生单相接地时各有什么不同特点？

任务 2 工厂变配电所简介

知识教学目标

1. 了解工厂变配电所的类型及作用。
2. 了解变配电所选址要求。
3. 熟悉变电所一次电气设备及分类。
4. 了解变电所二次设备的作用。

能力培养目标

1. 能够明确工厂变配电所的类型及作用。
2. 会根据国家标准确定变配电所的选址原则。
3. 能区分变配电所的一次和二次设备。

一、任务导入

变电所的任务是接受电能、变换电压和分配电能。

配电所（又称开闭所）的任务是接受电能和分配电能，但不改变电压。

变配电所是工厂供电系统的枢纽，在工厂中占有特殊重要的地位。变电所的作用是变换电压、传输电能和分配电能，它是联系发电厂和电力用户的中间环节，同时通过变电所将各电压等级的电网联系起来，工厂变电所都是降压变电所，有多种分类方法。变电所的主接线、地址、布置、类型应根据工厂的具体要求进行选择。

变配电所中承担输送和分配电能任务的电路,称为一次电路或一次回路,亦称主电路、主结线(主接线)。而用来控制、指示、监测和保护一次设备运行的电路,称为二次电路或二次回路。

二、相关知识

(一)工厂变配电所的类型及作用

1. 变电所的类型

(1)按照变电所中主变压器的安装位置可以分为以下几种类型:

① 车间附设变电所。变压器室的一面墙或几面墙与车间的墙共用,变压器室的大门朝车间外开。如果按变压器室位于车间的墙内或墙外,可进一步分为内附式(如图 1-14 中的 1、2)和外附式(如图 1-14 中的 3、4)。

② 车间内变电所。变压器室位于车间内的单独房间内,变压器室的大门朝车间内开(如图 1-14 中的 5)。

③ 露天变电所。变压器安装在室外抬高的地面上(如图 1-14 中的 6)。如果变压器的上方设有顶板或挑檐的,则称为半露天变电所。

④ 独立变电所。整个变电所设在与车间建筑物有一定距离的单独建筑物内(如图 1-14 中的 7)。

⑤ 杆上变电台。变压器安装在室外的电杆上,又称柱上变电所。

⑥ 地下变电所。整个变电所设置在地下。

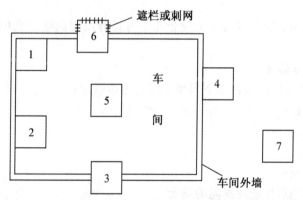

1、2—内附式;3、4—外附式;5—车间内式;6—露天(或半露天)式;7—独立式

图 1-14　车间变电所的类型示意图

⑦ 移动式变电所。整个变电所装设在可移动的车上。

⑧ 成套变电所。由电器制造厂按一定结线方案成套制造、现场装配的变电所。移动式变电所和成套变电所,都有室内和室外两种类型。

在负荷较大的多跨厂房、负荷中心在厂房中部且环境许可时,可采用车间内变电所。这种车间内变电所,位于车间的负荷中心,可以缩短低压配电的距离,降低电能损耗和电压损耗,减少有色金属消耗量,因此这种变电所的技术经济指标比较好。但是变电所建在车间内部,要占一定的生产面积,因此对一些生产面积比较紧凑和生产流程要经常调整、设备也要相应变动的生产车间不太适合;而且其变压器室的门朝车间内开,对生产的安全有一定的威胁。这种变电所在大型冶金企业中较多。

生产面积比较紧凑和生产流程要经常调整、设备也要相应变动的生产车间,宜采用附设变电所。至于是采用内附式还是外附式,要依具体情况而定。内附式要占一定的生产面积,但离负荷中心比外附式稍近一些,而从建筑艺术来看,内附式一般也比外附式好。外附式不占或少占生产面积,而且变压器室处于车间的墙外,比内附式更安全一些。因此,内附式和外附式各有所长。这两种型式的车间变电所,在机械类工厂中比较普遍。

杆上变电台最为简单经济,一般用于容量在 315 kV·A 及以下的变压器,而且多用于生活区供电。

地下变电所的通风散热条件差,湿度也较大,建筑费用也较高,但相当安全,且不碍观瞻。这种型式变电所在国外比较多见,而在国内较少,有些地下工程和矿井采用。

楼上变电所,适于 30 层以上的高层建筑。这种变电所要求结构尽可能轻型、安全,其主变压器通常采用无油的干式变压器,不少采用成套变电所。

(2) 按照变配电所的电压等级可以分为以下几种类型:

① 35 kV 变电所包括 35/10(6) kV 变电所和 35/0.38 kV 变电所。前者对用电单位来说常称总降压变电所或总变电所,后者又称 35 kV 直降变电所。

② 10(6) kV 配电所(简称配电所),有些地方又称开闭所。用户单位内的配电所常带有 10(6) kV 变电所。

③ 10(6) kV 变电所(简称变电所),指高压侧电压为 10(6) kV 的变电所。在工业企业内又称车间变电所。

另外,还有在炼钢、电解、铁路等工业企业中有特殊用途的电炉变电所、整流变电所、自动闭塞变电所等。

2. 变配电所所址选择

(1) 变配电所所址选择应根据下列要求综合考虑确定:

① 接近负荷中心;

② 接近电源侧;

③ 进出线方便;

④ 运输设备方便;

⑤ 不应设在有剧烈振动或高温的场所;

⑥ 不宜设在多尘或有腐蚀性气体的场所,如无法远离,不应设在污染源的主导风向的下风侧;

⑦ 不应设在厕所、浴室或其他经常积水场所的正下方(指相邻楼层的正下方),也不宜与上述场所相贴邻;

⑧ 不应设在地势低洼和可能积水的场所;

⑨ 不应设在有爆炸危险的区域内,但当变配电室为正压室时,可布置在 1 区、2 区内。对于易燃物质比空气重的爆炸性气体环境,位于 1 区、2 区附近的变电所、配电所的室内地面,应高出室外地面 0.6 m;

说明:根据《爆炸和火灾危险环境电力装置设计规范》GB 5008—92 中定义:1 区是指在正常运行时可能出现爆炸性气体混合物的环境;2 区是指在正常运行时不可能出现爆炸性气体混合物的环境,或即使出现也仅是短时存在的爆炸性气体混合物的环境。

⑩ 不宜设在有火灾危险区域的正上方或正下方。

(2) 变配电所如果与火灾危险区域的建筑物毗连时,应符合下列要求:

① 电压为 1~10 kV 配电所可通过走廊或套间与火灾危险环境的建筑物相通,通向走廊或套间的门应为难燃烧体。

② 变电所与火灾危险环境建筑物共用的隔墙应是密实的非燃烧体,管道和沟道穿过墙和楼板处,应采用非燃烧性材料严密堵塞。

③ 变压器室的门窗应通向非火灾危险环境。

(3) 装有可燃性油浸电力变压器的车间内变电所,不应设在耐火等级为三、四级的建筑物内;如设在耐火等级为二级的建筑物内,建筑物应采取局部防火措施。

(4) 多层建筑中,装有可燃性油的电气设备的变配电所应布置在底层靠外墙部位,但不应设在人员密集场所的正上方、正下方、贴邻或疏散出口的两旁。

(5) 高层主体建筑物内不宜布置装有可燃性油的电气设备的变配电所,如受条件限制必须布置时,应设在底层靠外墙部位,但不应设在人员密集场所的正上方、正下方、贴邻或疏散出口的两旁,并应采取相应的防火措施。

(6) 露天或半露天的变电所,不应设在下列场所:

① 有腐蚀性气体的场所;

② 挑檐为燃烧体或难燃体和耐火等级为四级的建筑物旁;

③ 附近有棉、粮及其他易燃物大量集中的露天堆场;

④ 有可燃粉尘、可燃纤维的场所,容易沉积灰尘或导电尘埃,且严重影响变压器安全运行的场所。

说明:建筑物的耐火等级分类标准见《建筑设计防火规范》GB 50016—2006。

3. 变配电所型式选择

(1) 35/10(6) kV 变电所分屋内式和屋外式,屋内式运行维护方便,占地面积少。在选择 35 kV 总变电所的型式时,应考虑所在地区的地理情况和环境条件,因地制宜;技术经济合理时,应优先选用占地少的型式。35 kV 变电所宜用屋内式。

(2) 配电所一般为独立式建筑物,也可与所带 10(6) kV 变电所一起附设于负荷较大的厂房或建筑物。

(3) 10(6) kV 变电所的型式应根据用电负荷的状况和周围环境情况综合考虑确定:

① 负荷较大的车间和站房,宜设附设变电所或半露天变电所。

② 负荷较大的多跨厂房,负荷中心在厂房中部且环境许可时,宜设车间内变电所或组合式成套变电站。

③ 高层或大型民用建筑物内,宜设室内变电所或组合式成套变电站。

④ 负荷小而分散的工业企业和大中城市的居民区,宜设独立变电所,有条件时也可设附设式变电所或户外箱式变电站。

（二）变电所电气系统

1. 变电所电气设备

变配电所一次电路中所有的电气设备，称为一次设备或一次元件。

凡用来控制、指示、监测和保护一次设备运行的电路，称为二次电路或二次回路，亦称副电路、二次结线（二次接线）。二次电路中通常接在互感器的二次侧中的所有电气设备，称为二次设备或二次元件。

（1）一次设备按其功能来分，可分为以下几类：

① 变换设备。其功能是按电力系统工作的要求来改变电压或电流，例如电力变压器、电流互感器、电压互感器等。

② 控制设备。其功能是按电力系统工作的要求来控制一次电路的通、断，例如各种高低压开关。

③ 保护设备。其功能是用来对电力系统进行过电流和过电压等的保护，例如熔断器和避雷器等。

④ 补偿设备。其功能是用来补偿电力系统的无功功率，以提高系统的功率因数，例如并联电容器。

⑤ 成套设备。它是按一次电路结线方案的要求，将有关一次设备及二次设备组合为一体的电气装置，例如高压开关柜、低压配电屏、动力和照明配电箱等。

本教材的后续内容将学习一次电路中常用的高压熔断器、高压隔离开关、高压负荷开关、高压断路器、高压开关柜、低压隔离开关、低压熔断器和低压断路器。

（2）二次设备是指对一次系统的状态进行测量、控制、检查和保护的设备装置。由这些设备构成的回路叫二次回路，总称二次系统。

二次系统的设备包含测量装置、控制装置、信号装置、继电保护装置、自动控制装置、直流系统、电缆及必要的附属设备。

2. 变配电所的电气系统接线图

用规定的符号和文字表示电气设备的元件及其相互间连接顺序的图称为接线图。工厂供配电系统的接线图，按其在变配电所中所起的作用分为下列两种：一种是表示变配电所中的电能输送和分配路线的接线图，称为一次接线图，由各种开关电器、电力变压器、母线、电力电缆、移相电容器等电气设备组成。另一种是表示用来控制、指示、测量和保护一次设备运行的接线图，称为二次接线图。

一次接线对系统运行，电气设备选择，厂房、配电装置布置，自动装置选择和控制方式起决定性作用，对电力系统运行的可靠性、灵活性、经济性起决定性作用。

电气主接线通常画成单线图的形式（即用一根线表示三相对称电路），在个别情况下，如三相电路不对称时，可用三线图表示。

3. 对变配电所主接线的基本要求

（1）保证供电的可靠性。

（2）具有一定的灵活性和方便性。主接线应能适应各种运行方式，并能灵活地进行方式转换，不仅在正常运行时能安全可靠供电，而且在系统故障或设备检修时，也能保证非故障和非检修回路继续供电，使停电时间最短、影响范围最小。

（3）具有经济性。

（4）具有发展和扩建的可能性。在设计主接线时应有发展余地，不仅要考虑最终接线的实现，同时还要兼顾到分期过渡接线的可能和施工的方便。

此外，安全也是至关重要的，包括设备安全及人身安全，要满足这一点，必须符合国家标准和有关技术规程的要求。

三、任务布置

查阅资料，给一高层建筑小区规划一个变电所。要求：

1. 选址合理；
2. 变电所设备配备合理；
3. 进线方便经济；
4. 规范接线方式。

四、课后习题

1. 车间附设式变电所与车间内变电所相比较，各有何优缺点？各适用于什么情况？
2. 变配电所所址选择应考虑哪些条件？
3. 变配电所的电气设备可以分成哪两类？分别有什么作用？
4. 电力系统中有哪些控制设备？
5. 什么是电力成套设备？
6. 变电所的选址原则有哪些？

单元 2　负荷计算与短路电流

任务 1　负荷计算

知识教学目标

1. 熟悉计算负荷的内容。
2. 掌握电力负荷的计算方法和步骤。
3. 熟悉无功功率补偿的作用和计算。
4. 掌握三相短路电流、两相短路电流和单相短路电流的计算方法。

能力培养目标

1. 能够用需要系数法求取简单供电系统的计算负荷。
2. 会进行无功功率补偿计算。
3. 会熟练用欧姆法和标幺值法完成无限大容量系统的短路电流计算。
4. 能够使用相关设计手册查取计算所用资料。

一、任务导入

　　工厂的电力负荷及其计算是分析工厂供电系统和进行供电设计计算的基础,首先学习与负荷曲线相关的一些概念,然后重点学习确定用电设备组和全厂计算负荷的方法,最后了解尖峰电流的计算方法。负荷计算是正确选择工厂供、配电系统中导线、电缆、开关电器、变压器等的基础,也是保障供电系统安全可靠运行的必要环节。

二、相关知识

(一) 用电设备工作制与设备容量

1. 工厂用电设备的工作制

工厂的用电设备,按其工作制分以下三类:

(1) 连续工作制

这类工作制的设备在恒定负荷下运行,且运行时间长到足以使之达到热平衡状态,如通风机、水泵、空气压缩机、电机发电机组、电炉和照明灯等。机床电动机的负荷,一般变动较大,但其主电动机一般也是连续运行的。

（2）短时工作制

这类工作制的设备在恒定负荷下运行的时间短（短于达到热平衡所需的时间），而停歇时间长（长到足以使设备温度冷却到周围介质的温度），如机床上的某些辅助电动机（例如进给电动机）、控制闸门的电动机等。

（3）断续周期工作制

这类工作制的设备周期性地时而工作，时而停歇，如此反复运行，而工作周期一般不超过 10 min，无论工作或停歇，均不足以使设备达到热平衡，如电焊机和吊车电动机等。

断续周期工作制的设备，可用"负荷持续率"（又称暂载率）来表征其工作特征。负荷持续率为一个工作周期内工作时间与工作周期的百分比值，用 ε 表示，即

$$\varepsilon = \frac{t}{T} \times 100\% = \frac{t}{t+t_0} \times 100\% \tag{2-1}$$

式中：T 为工作周期；t 为工作周期内的工作时间；t_0 为工作周期内的停歇时间。

2. 工厂用电设备的设备容量

断续周期工作制设备的额定功率（铭牌功率）P_N，是对应于某一标准负荷持续率 ε_N 的。如实际运行的负荷持续率 $\varepsilon \neq \varepsilon_N$，则实际功率 P_e 应按同一周期内等效发热条件进行换算。由于电流 I 通过电阻为 R 的设备在 t 时间内产生的热量为 I^2Rt，因此在设备产生相同热量的条件下，$I \propto 1/\sqrt{t}$。而在同一电压下，设备功率 $P \propto I$；又由式（2-1）知，同一周期 T 的负荷持续率 $\varepsilon \propto t$。因此 $P \propto 1/\sqrt{\varepsilon}$，即设备容量与负荷持续率的平方根值成反比。由此可知，如设备在 ε_N 下的功率为 P_N，则换算到 ε 下的设备容量 P_e 为

$$P_e = P_N \sqrt{\frac{\varepsilon_N}{\varepsilon}} \tag{2-2}$$

（二）负荷曲线

1. 工厂的负荷曲线

负荷曲线是表征电力负荷随时间变动情况的一种图形。它绘在直角坐标纸上，纵坐标表示负荷（有功功率或无功功率）值，横坐标表示对应的时间（一般以小时为单位）。

负荷曲线按负荷对象分，有工厂的、车间的或某类设备的负荷曲线；按负荷的功率性质分，有有功和无功负荷曲线；按所表示的负荷变动的时间分，有年的、月的、日的或工作班的负荷曲线。

图 2-1 是一班制工厂的日有功负荷曲线，其中图 2-1(a) 是依点连成的负荷曲线，图

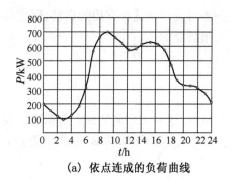
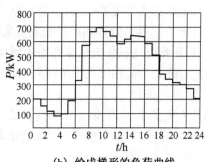

(a) 依点连成的负荷曲线　　　　　　(b) 绘成梯形的负荷曲线

图 2-1　日有功负荷曲线

2-1(b)是绘成梯形的负荷曲线。为便于计算,负荷曲线多绘成梯形,横坐标一般按半小时分格,以便确定"半小时最大负荷"。

年负荷曲线,通常绘成负荷持续时间曲线,按负荷大小依次排列,如图 2-2(c)所示。全年按 8 760 h 计。

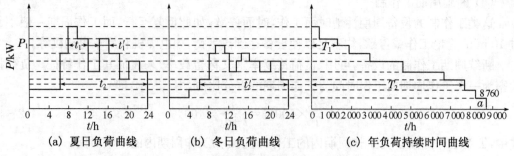

图 2-2　年负荷持续时间曲线的绘制

上述年负荷曲线,根据其一年中具有代表性的夏日负荷曲线[图 2-2(a)]和冬日负荷曲线[图 2-2(b)]来绘制。其夏日和冬日在全年中所占的天数,应视当地的地理位置和气温情况而定。例如在我国北方,可近似地认为夏日 165 天,冬日 200 天,而在我国南方,则可近似地认为夏日 200 天,冬日 165 天。

另一种形式的年负荷曲线,是按全年每日的最大负荷(通常取每日最大负荷的半小时平均值)绘制的,称为年每日最大负荷曲线,如图2-3所示。横坐标依次以全年十二个月份的日期来分格。这种年最大负荷曲线,可用来确定拥有多台电力变压器的工厂变电所在一年的不同时期宜于投入几台运行,即所谓经济运行方式,以降低电能损耗,提高供电系统的经济效益。

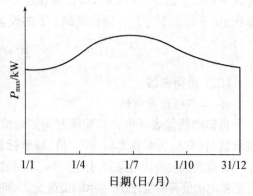

图 2-3　年每日最大负荷曲线

从各种负荷曲线上,可以直观地了解电力负荷变动的情况,通过对负荷曲线的分析,可以更深入地掌握负荷变动的规律,并可从中获得一些对设计和运行有用的资料,因此负荷曲线对于从事工厂供电设计和运行的人员来说,都是很必要的。

2. 与负荷曲线和负荷计算有关的物理量

(1) 年最大负荷和年最大负荷利用小时数

① 年最大负荷

年最大负荷 P_{max},就是全年中负荷最大的工作班内(这一工作班的最大负荷不是偶然出现的,而是全年至少出现过 2～3 次)消耗电能最大的半小时的平均功率,因此年最大负荷也称为半小时最大负荷 P_{30}。

② 年最大负荷利用小时数

年最大负荷利用小时数又称为年最大负荷使用时间 T_{max}，它是一个假想时间，在此时间内，电力负荷按年最大负荷 P_{max}（或 P_{30}）持续运行所消耗的电能，恰好等于该电力负荷全年实际消耗的电能。

年最大负荷利用小时数见图 2-4，P_{max} 延伸到 T_{max} 的横线与两坐标轴所包围的矩形面积，恰好等于年负荷曲线与两坐标轴所包围的面积，即全年实际消耗的电能 W_a，因此年最大负荷利用小时数为

$$T_{max}=W_a/P_{max} \qquad (2-3)$$

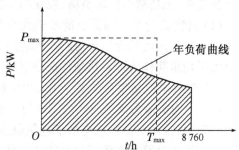

图 2-4　年最大负荷和年最大负荷利

年最大负荷利用小时数是反映电力负荷特征的一个重要参数，它与工厂的生产班制有明显的关系。例如一班制工厂，$T_{max}\approx1\,800\sim3\,000\,h$；两班制工厂，$T_{max}\approx3\,500\sim3\,800\,h$；三班制工厂 $T_{max}\approx5\,000\sim7\,000\,h$。

(2) 平均负荷和负荷系数

① 平均负荷

平均负荷 P_{av}，就是电力负荷在一定时间 t 内平均消耗的功率，也就是电力负荷在该时间消耗的电能 W_t 除以时间 t 的值，即

$$P_{av}=W_t/t \qquad (2-4)$$

图 2-5 用以说明年平均负荷。年平均负荷 P_{av} 的横线与两坐标轴所包围的矩形面积，恰好等于年负荷曲线与两坐标轴所包围的面积，即全年实际消耗的电能 W_a。因此，年平均负荷为

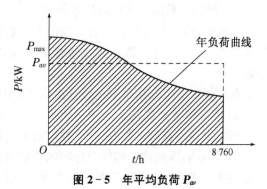

图 2-5　年平均负荷 P_{av}

$$P_{av}=W_a/8\,760 \qquad (2-5)$$

② 负荷系数

负荷系数又称负荷率，它是用电负荷的平均负荷 P_{av} 与其最大负荷 P_{max} 的比值，即

$$K_L=P_{av}/P_{max} \qquad (2-6)$$

对负荷曲线来说，负荷系数亦称负荷曲线填充系数，它表征负荷曲线不平坦的程度，即表征负荷起伏变动的程度。从充分发挥供电设备的能力、提高供电效率来说，希望此系数越高越趋近于 1 越好。从发挥整个电力系统的效能来说，应尽量使工厂的不平坦的负荷曲线"削峰填谷"，提高负荷系数。

对用电设备来说，就是设备的输出功率 P 与设备额定容量 P_N 的比值，即

$$K_L=P/P_N \qquad (2-7)$$

负荷系数（负荷率）有时用符号 β 表示；而有时也将有功负荷系数用 α 表示，无功负荷系数用 β 表示。

（三）三相电力负荷计算的内容和方法

1. 电力负荷计算的内容

电力负荷计算的内容包括：计算负荷、尖峰电流和平均负荷，其中计算负荷包括：有功功率计算负荷、无功功率计算负荷、视在功率计算负荷和计算电流。

（1）计算负荷又称需要负荷或最大负荷。计算负荷是一个假想的持续性负荷，其热效应与同一时间内实际变动负荷所产生的最大热效应相等。在配电设计中，通常采用 30 分钟的最大平均负荷作为按发热条件选择电器或导体的依据。

（2）尖峰电流指单台或多台用电设备持续 1 s 左右的最大负荷电流。

（3）平均负荷为某段时间内用电设备所消耗的电能与该段时间之比。常选用最大负荷班（即有代表性的一昼夜内电能消耗量最多的一个班）的平均负荷，有时也计算年平均负荷。平均负荷用来计算最大负荷和电能消耗量。

2. 负荷计算的方法

负荷计算的方法有需要系数法、利用系数法等几种。

（1）需要系数法。用设备功率乘以需要系数和同时系数，直接求出计算负荷。这种方法比较简便，应用广泛，尤其适用于配、变电所的负荷计算。

（2）利用系数法。采用利用系数求出最大负荷班的平均负荷，再考虑设备台数和功率差异的影响，乘以与有效台数有关的最大系数得出计算负荷。这种方法的理论根据是概率论和数理统计，因而计算结果比较接近实际。适用于各种范围的负荷计算，但计算过程稍繁。

单本教材主要介绍供配电设计中应用非常广泛的需要系数法。

3. 设备容量的确定

用电设备的铭牌上都有一个"额定功率"，但是由于各用电设备的额定工作条件不同，工作制也不相同，因此这些铭牌上标明的额定功率不能直接相加来作为全厂的电力负荷，而必须首先换算成同一工作制下的额定功率，然后才能相加。经过换算至同一规定的工作制下的"额定功率"，称为设备容量，用 P_e 表示。

（1）单台用电设备的设备容量

① 长期工作制和短期工作制的设备容量等于设备的铭牌额定功率，即 $P_e = P_N$。

② 断续周期工作制电动机的设备容量是指将额定负载持续率下的铭牌额定功率换算为统一负载持续率下的功率，即 $P_e = P_N \sqrt{\dfrac{\varepsilon_N}{\varepsilon}}$。

（a）起重设备。统一换算到负载持续率 ε 为 25％下的有功容量

$$P_e = P_N \sqrt{\frac{\varepsilon_N}{0.25}} = 2P_N \sqrt{\varepsilon_N} \tag{2-8}$$

式中：P_N 为起重设备额定功率；ε_N 为起重设备额定负载持续率。

（b）电焊设备。统一换算到负载持续率 ε 为 100％时的功率

$$P_e = S_N \sqrt{\varepsilon_N} \cos\varphi = P_N \sqrt{\varepsilon_N} \tag{2-9}$$

式中：S_N 为铭牌额定视在功率，单位为 kV·A；$\cos\varphi$ 为铭牌额定功率因数；P_N 为铭牌额定有功功率；ε_N 为与铭牌额定容量对应的额定负荷持续率。

【例 2 - 1】　某车间有一台 10 t 桥式起重机,设备铭牌上给出:额定功率 $P_N = 39.6$ kW,负荷持续率 $\varepsilon_N = 40\%$。试求该起重机的设备容量。

解:该起重机的设备容量为

$$P_e = 2P_N\sqrt{\varepsilon_N} = 2 \times 39.6 \times \sqrt{0.4}\ \text{kW} = 50\ \text{kW}$$

【例 2 - 2】　有一电焊变压器,其铭牌上给出:额定容量 $S_N = 42$ kV·A,负荷持续率 $\varepsilon_N = 60\%$,功率因数 $\cos\varphi = 0.62$。试求该电焊变压器的设备容量。

解:由于电焊装置的设备容量为统一换算到负载持续率为 100% 时功率,所以设备容量为

$$P_e = S_N\sqrt{\varepsilon_N}\cos\varphi = 42 \times \sqrt{0.6} \times 0.62\ \text{kW} = 20.2\ \text{kW}$$

(2)电炉变压器的设备容量是指额定功率因数时的有功功率

$$P_e = S_N\cos\varphi_N$$

式中:S_N 为电炉变压器的额定容量,单位为 kV·A;$\cos\varphi_N$ 为电炉变压器的额定功率因数。

(3)整流变压器的设备容量是指额定直流功率。

(4)白炽灯和卤钨灯的设备容量为灯泡额定功率。气体放电灯的设备容量为灯管额定功率加镇流器的功率损耗(荧光灯采用普通型电感镇流器加 25%,采用节能型电感镇流器加 15%～18%,采用电子镇流器加 10%;金属卤化物灯、高压钠灯、荧光高压汞灯用普通电感镇流器时加 14%～16%,用节能型电感镇流器时加 9%～10%)。

4. 用电设备组计算负荷的确定

计算负荷是指如果导体中通过一个假想不变负荷时所产生的最高温升,正好与它通过实际变动负荷时产生的最高温升相等,那么该假想不变负荷就称为计算负荷。

由于导体通过电流达到稳定温升的时间为(3～4)τ,τ 为发热时间常数。对中、小截面(35 mm² 以下)的导体,其 τ 为 10 min 左右,故载流导体约经 30 min 后可达到稳定温升值。由此可见,计算负荷实际上是与负荷曲线上查到的半小时最大负荷(亦即年最大负荷)基本是相当的。所以,计算负荷也可以认为就是半小时最大负荷。本书用半小时最大负荷 P_{30} 来表示有功计算负荷,用 Q_{30}、S_{30} 和 I_{30} 分别表示无功计算负荷、视在计算负荷和计算电流。下面介绍需要系数法的基本公式及其应用。

需要系数 K_d 是用电设备组在最大负荷所需要的有功功率 P_{30} 与其总的设备容量 P_e 的比值,即

$$K_d = \frac{P_{30}}{P_e} \tag{2-10}$$

实际需要系数 K_d 不仅与用电设备组的工作性质、设备台数、设备效率和线路损耗有关,而且与操作人员的技能和生产组织等多种因素有关。常见用电设备的需要系数见表 2 - 1。

按需要系数法确定三相用电设备组有功计算负荷的基本公式(常用单位为 kW)为

$$P_{30} = K_d P_e$$

确定无功计算负荷的基本公式(常用单位为 kvar)为

$$Q_{30} = P_{30}\tan\varphi$$

确定视在计算负荷的基本公式(常用单位为 kV·A)为

$$S_{30} = \frac{P_{30}}{\cos\varphi} = \sqrt{P_{30}^2 + Q_{30}^2}$$

确定计算电流的计算公式(常用单位为 A)为

$$I_{30} = \frac{S_{30}}{\sqrt{3}U_N}$$

式中,U_N 为用电设备的额定电压,单位为 kV。

需要系数法比较适合于用电设备台数比较多,而单台设备容量相差不大的情况。用此法计算时,首先要正确判明用电设备的类别和工作状态。例如,机修车间的金属切削机床电动机,应属于小批生产的冷加工机床;又如压塑机、拉丝机和锻锤等,应属于热加工机床;再如起重机、行车、电动葫芦、卷扬机均属于吊车类。

5. 多组用电设备计算负荷的确定

确定拥有多组用电设备的干线上或车间变电所低压母线上的计算负荷时,应考虑各组用电设备的最大负荷不同时出现的因素,因此在确定多组用电设备的计算负荷时,应结合具体情况对其有功负荷和无功负荷分别计入一个同时系数 $K_{\Sigma p}$ 和 $K_{\Sigma q}$。

对车间干线取:$\begin{cases} K_{\Sigma p} = 0.85 \sim 0.95 \\ K_{\Sigma q} = 0.90 \sim 0.97 \end{cases}$

对低压母线:

① 由用电设备组计算负荷直接相加来计算时取

$$\begin{cases} K_{\Sigma p} = 0.80 \sim 0.90 \\ K_{\Sigma q} = 0.85 \sim 0.95 \end{cases}$$

② 由车间干线计算负荷直接相加来计算时取

$$\begin{cases} K_{\Sigma p} = 0.90 \sim 0.95 \\ K_{\Sigma q} = 0.93 \sim 0.97 \end{cases}$$

总的有功功率计算负荷为

$$P_{30} = K_{\Sigma p}\sum P_{30(i)} \tag{2-11}$$

总的无功功率计算负荷为

$$Q_{30} = K_{\Sigma q}\sum Q_{30(i)} \tag{2-12}$$

以上两式中的 $\sum P_{30(i)}$ 和 $\sum Q_{30(i)}$ 分别为各组设备的有功和无功计算负荷之和。

总的视在计算负荷为

$$S_{30} = \sqrt{P_{30}^2 + Q_{30}^2} \tag{2-13}$$

总的计算电流为

$$I_{30} = \frac{S_{30}}{\sqrt{3}U_N} \tag{2-14}$$

【例 2-3】 某机修车间 380 V 线路上,接有金属切削机床电动机 20 台共 50 kW(其中较大容量电动机有 7.5 kW 1 台,4 kW 3 台,2.2 kW 7 台);通风机 2 台共 3 kW;电阻炉 1 台 2 kW。试确定此线路上的计算负荷。

解:(1) 各组用电设备的计算负荷

① 金属切削机床组

查表 2 - 1,取 $K_d=0.2$,$\cos\varphi=0.5$,$\tan\varphi=1.73$

则有:$P_{30(1)}=0.2\times50$ kW$=10$ kW

$$Q_{30(1)}=10\text{ kW}\times1.73=17.3\text{ kvar}$$

② 通风机组

查表 2 - 1,取 $K_d=0.8$,$\cos\varphi=0.8$,$\tan\varphi=0.75$

则有:$P_{30(2)}=0.8\times3$ kW$=2.4$ kW

$$Q_{30(2)}=2.4\text{ kW}\times0.75=1.8\text{ kvar}$$

③ 电阻炉

查表 2 - 1,取 $K_d=0.7$,$\cos\varphi=1$,$\tan\varphi=0$

则有:$P_{30(3)}=0.7\times2$ kW$=1.4$ kW

$$Q_{30(3)}=0$$

(2) 总计算负荷

取 $K_{\Sigma p}=0.95$,$K_{\Sigma q}=0.97$

$$P_{30}=0.95\times(10+2.4+1.4)\text{kW}=13.1\text{ kW}$$

$$Q_{30}=0.97\times(17.3+1.8+0)\text{kvar}=18.5\text{ kvar}$$

$$S_{30}=\sqrt{13.1^2+18.5^2}\text{ kV·A}=22.7\text{ kV·A}$$

$$I_{30}=\frac{S_{30}}{\sqrt{3}U_N}=\frac{22.7\text{ kV·A}}{\sqrt{3}\times0.38\text{ kV}}=34.5\text{ A}$$

在实际工程设计说明书中,为了使人一目了然,便于审核,常采用计算表格的形式,如表 2 - 1 所示。

表 2 - 1　例 2 - 3 的电力负荷计算表(按需要系数法)

序号	用电设备组名称	台数 n	容量 P_e/kW	需要系数 K_d	$\cos\varphi$	$\tan\varphi$	计算负荷 P_{30}/kW	Q_{30}/kvar	S_{30}/(kV·A)	I_{30}/A
1	金属切削机床	20	50	0.2	0.5	1.73	10	17.3		
2	通风机	2	3	0.8	0.8	0.75	2.4	1.8		
3	电阻炉	1	2	0.7	1	0	1.4	0		
车间总计		23	55				13.8	19.1		
		取 $K_{\Sigma p}=0.95$ $K_{\Sigma q}=0.97$					13.1	18.5	22.3	34.5

(四) 工厂供电系统的功率损耗

在确定各用电设备组的计算负荷后,如要确定车间或工厂的计算负荷,就需要逐级计入有关线路和变压器的功率损耗,如图 2 - 7 所示。例如,要确定车间变电所低压配电线 WL2 首端的计算负荷 $P_{30.4}$,就应将其末端计算负荷 $P_{30.5}$ 加上该线路损耗 ΔP_{WL2}(同理,无功计算负荷则应加上无功损耗,此略)。如要确定高压配电线 WL1 首端的计算负荷 $P_{30.2}$,就应将车间变电所低压侧计算负荷 $P_{30.3}$ 加上变压器 T 的损耗 ΔP_T,再加上高压配电线 WL1 的功

率损耗 ΔP_{WL1}。为此,下面讲述线路和变压器功率损耗的计算。

1. 线路功率损耗的计算

线路功率损耗包括有功功率损耗和无功功率损耗两大部分。

(1) 有功功率损耗

有功功率损耗是电流通过线路电阻所产生的,按下式计算

$$\Delta P_{WL} = 3I_{30}^2 R_{WL} \tag{2-15}$$

式中:I_{30} 为线路的计算电流;R_{WL} 为线路每相的电阻。

电阻 $R_{WL} = R_0 l$,这里 l 为线路长度,R_0 为线路单位长度的电阻值,可查有关手册或产品样本。表 2-2 列出了 LJ 型铝绞线的主要技术数据,可查得其各种截面下的 R_0 值。

表 2-2　LJ 型铝绞线的主要技术数据

额定截面/mm²	16	25	35	50	70	95	120	150	185	240
50 ℃的电阻 $R_0/(\Omega \cdot km^{-1})$	2.07	1.33	0.96	0.66	0.48	0.36	0.28	0.23	0.18	0.14
线间几何均距/mm	线路电抗 $X_0/(\Omega \cdot km^{-1})$									
600	0.36	0.35	0.34	0.33	0.32	0.31	0.30	0.29	0.28	0.28
800	0.38	0.37	0.36	0.35	0.34	0.33	0.32	0.31	0.30	0.30
1 000	0.40	0.38	0.37	0.36	0.35	0.34	0.33	0.32	0.31	0.31
1 250	0.41	0.40	0.39	0.37	0.36	0.35	0.34	0.34	0.33	0.33
1 500	0.42	0.41	0.40	0.38	0.37	0.36	0.35	0.35	0.34	0.33
2 000	0.44	0.43	0.41	0.40	0.40	0.39	0.37	0.37	0.36	0.35
室外气温 25 ℃导线最高温度 70 ℃ 时的允许载流量/A	105	135	170	215	265	325	375	440	500	610

注:1. TJ 型铜绞线的允许载流量约为同截面的 LJ 型铝绞线允许载流量的 1.29 倍。

2. 如当地环境温度不是 25 ℃,则导体的允许载流量应按以下附录表 3a 所列系数进行校正。

(2) 无功功率损耗

无功功率损耗是电流通过线路电抗所产生的,按下式计算

$$\Delta Q_{WL} = 3I_{30}^2 X_{WL} \tag{2-16}$$

式中:I_{30} 为线路的计算电流;X_{WL} 为线路每相的电抗。

电抗 $X_{WL} = X_0 l$,这里 l 为线路长度,X_0 为线路单位长度的电抗值,也可查有关手册或产品样本。表 2-2 列出了 LJ 型铝绞线的 X_0 值。但是,查 X_0 不仅要根据导线截面,而且要根据导线之间的几何均距。所谓线间几何均距,是指三相线路各相导线之间距离的几何平均值。如图 2-6(a)所示 A,B,C 三相线路,其线间几何均距为

$$a_{av} = \sqrt[3]{a_1 a_2 a_3} \tag{2-17}$$

如导线为等边三角形排列[图 2-6(b)],则 $a_{av} = a$;如导线为水平等距排列[图 2-6(c)],则 $a_{av} = \sqrt[3]{2}a = 1.26a$。

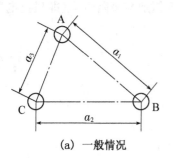
(a) 一般情况

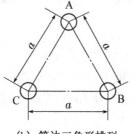
(b) 等边三角形排列

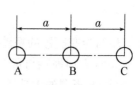
(c) 水平等距排列

图 2-6　三相线路的线间距离

表 2-3　LJ 型铝绞线允许载流量的温度校正系数(导体最高允许温度为 700℃)

实际环境温度/℃	5	10	15	20	25	30	35	40	45
允许载流量校正系数	1.20	1.15	1.11	1.05	1.00	0.94	0.89	0.82	0.75

2. 变压器功率损耗的计算

变压器功率损耗也包括有功功率损耗和无功功率损耗两大部分。

(1) 变压器的有功功率损耗

变压器的有功功率损耗由两部分组成:

① 铁芯中的有功功率损耗,即铁损 ΔP_{Fe}。铁损在变压器一次绕组的外施电压和频率不变的条件下,是固定不变的,与负荷无关,铁损可由变压器空载实验测定。变压器的空载损耗 ΔP_0 可认为就是铁损,因为变压器的空载电流 I_0 很小,在一次绕组中产生的有功损耗可略去不计。

② 有负荷时一、二次绕组中的有功功率损耗,即铜损 ΔP_{Gu}。铜损与负荷电流(或功率)的平方成正比,铜损可由变压器短路实验测定。变压器的短路损耗 ΔP_K 可认为就是铜损,因为变压器短路时一次侧短路电压 U_K 很小,在铁芯中产生的有功功率损耗可略去不计。

因此,变压器的有功功率损耗为

$$\Delta P_T = \Delta P_{Fe} + \Delta P_{Gu}\left(\frac{S_{30}}{S_N}\right)^2 \approx \Delta P_0 + \Delta P_K\left(\frac{S_{30}}{S_N}\right)^2 \qquad (2-18)$$

或

$$\Delta P_T \approx \Delta P_0 + \Delta P_K \beta^2 \qquad (2-19)$$

式中:S_N 为变压器的额定容量;S_{30} 为变压器的计算负荷;β 为变压器的负荷率,$\beta = \frac{S_{30}}{S_N}$。

(2) 变压器的无功功率损耗

变压器的无功功率损耗也由两部分组成:

① 用来产生主磁通即产生励磁电流的一部分无功功率,用 ΔQ_0 表示。它只与绕组电压有关,与负荷无关。它与励磁电流(或近似地与空载电流)成正比,即

$$\Delta Q_0 \approx \frac{I_0 \%}{100} S_N \qquad (2-20)$$

式中,$I_0\%$ 为变压器空载电流占额定电流的百分值。

② 消耗在变压器一、二次绕组电抗上的无功功率。额定负荷下的这部分无功损耗用

ΔQ_N 表示。由于变压器绕组的电抗远大于电阻,因此 ΔQ_N 近似地与短路电压(即阻抗电压)成正比,即

$$\Delta Q_N \approx \frac{U_K\%}{100} S_N \tag{2-21}$$

式中,$U_K\%$ 为变压器的短路电压占额定电压的百分值。

这部分无功损耗与负荷电流(或功率)的平方成正比。

因此,变压器的无功功率损耗为

$$\Delta Q_T \approx S_N \left[\frac{I_0\%}{100} + \frac{U_K\%}{100} \left(\frac{S_{30}}{S_N} \right)^2 \right] \tag{2-22}$$

或

$$\Delta Q_T \approx S_N \left(\frac{I_0\%}{100} + \frac{U_K\%}{100} \beta^2 \right) \tag{2-23}$$

上面公式中的 ΔP_0、ΔP_K、$U_K\%$、$I_0\%$ 等均可从有关设计手册或产品样本中查得。

(五) 工厂计算负荷的确定

工厂计算负荷是选择工厂电源进线一、二次设备(包括导线、电缆)的基本依据,也是计算工厂的功率因数和工厂需电容量的基本依据。确定工厂计算负荷的方法很多,可按具体情况选用。

1. 按逐级计算法确定工厂计算负荷

如图 2-7 所示,工厂的计算负荷(这里仅以有功负荷计算为例)$P_{30.1}$,应该是高压母线上所有高压配电线计算负荷之和,再乘上一个同时系数。高压配电线的计算负荷 $P_{30.2}$,应该是该线所供车间变电所低压侧的计算负荷 $P_{30.3}$,加上变压器的功率损耗 ΔP_T 和高压配电线的功率损耗 ΔP_{WL1}······如此逐级计算。但对一般工厂供电系统来说,由于线路一般不很长,因此在确定计算负荷时往往把线路损耗略去不计。

工厂及变电所低压侧总的计算负荷 P_{30}、Q_{30}、S_{30} 和 I_{30} 的计算公式,分别如前面式 (2-12)～(2-15)所示,其中 $K_{\Sigma P}=0.8\sim0.95$,$K_{\Sigma q}=0.85\sim0.97$。

2. 按需要系数法确定工厂计算负荷

将全厂用电设备的总容量 P_e(不含备用设备容量)乘上一个需要系数 K_d,即得到全厂的有功计算负荷,即

$$P_{30} = K_d P_e$$

表 2-4 列出了部分工厂的需要系数值,供大家参考。全厂的无功计算负荷、视在计算负荷和计算电流按式(2-13)～(2-15)计算。

表 2-4 部分工厂的全厂需要系数、功率因数及年最大有功负荷利用小时参考值

工厂类别	需要系数	功率因数	年最大有功负荷利用小时数	工厂类别	需要系数	功率因数	年最大有功负荷利用小时数
汽车机制造厂	0.38	0.88	5 000	重型机床制造厂	0.32	0.71	3 700
锅炉制造厂	0.27	0.73	4 500	机床制造厂	0.2	0.65	3 200
柴油机制造厂	0.32	0.74	4 500	石油机械制造厂	0.45	0.78	3 500
重型机械制造厂	0.35	0.79	3 700	量具刃具制造厂	0.26	0.60	3 800

工厂类别	需要系数	功率因数	年最大有功负荷利用小时数	工厂类别	需要系数	功率因数	年最大有功负荷利用小时数
工具制造厂	0.34	0.65	3 800	电线电缆制造厂	0.37	0.73	3 500
电机制造厂	0.33	0.65	3 000	仪器仪表制造厂	0.37	0.81	3 500
电器开关制造厂	0.34	0.75	3 400	滚珠轴承制造厂	0.28	0.70	5 800

3. 按年产量估算工厂计算负荷

将工厂年产量 A 乘上单位产品耗电量 a，就得到工厂全年的需电量

$$W_a = Aa \tag{2-24}$$

各类工厂的单位产品耗电量 a 可由有关设计单位根据实测统计资料确定，亦可查有关设计手册。

在求出年需电量 W_a 后，除以工厂的年最大负荷利用小时 T_{max}，就可求出工厂的有功计算负荷

$$P_{30} = W_a / T_{max} \tag{2-25}$$

其他计算负荷 Q_{30}、S_{30} 和 I_{30} 的计算公式，与上述需要系数法相同。

（六）尖峰电流的计算

尖峰电流是指持续时间 1～2 s 的短时最大负荷电流。

尖峰电流主要用来选择熔断器和低压断路器，整定继电保护装置及检验电动机自起动条件等。

1. 单台用电设备启动时的尖峰电流计算

单台用电设备的尖峰电流就是其起动电流，因此尖峰电流为

$$I_{pk} = I_{st} = K_{st} I_N \tag{2-26}$$

式中：I_N 为用电设备的额定电流；I_{st} 为用电设备的起动电流；K_{st} 为用电设备的起动电流倍数，其取值范围为：笼型电动机为 5～7，绕线型电动机为 2～3，直流电动机为 1.7，电焊变压器为 3 或稍大。

2. 多台用电设备尖峰电流的计算

有多台用电设备的线路上的尖峰电流按下式计算

$$I_{pk} = K_\Sigma \sum_{i=1}^{n-1} I_{N \cdot i} + I_{st \cdot max} \tag{2-27}$$

或

$$I_{pk} = I_{30} + (I_{st} - I_N)_{max} \tag{2-28}$$

式中：$I_{st \cdot max}$ 和 $(I_{st} - I_N)_{max}$ 分别为用电设备中起动电流与额定电流之差为最大的那台设备的起动电流及其起动电流与额定电流；$\sum_{i=1}^{n-1} I_{N \cdot i}$ 为将起动电流与额定电

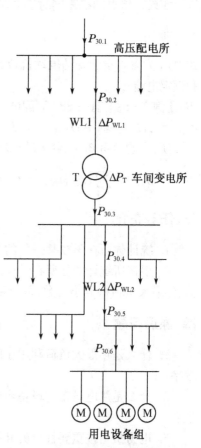

图 2-7　工厂供电系统中各部分的计算负荷和功率损耗

之差为最大的那台设备除外的其他 $n-1$ 台设备的额定电流之和;K_Σ 为上述 $n-1$ 台的同时系数,按台数多少选取,一般为 $0.7\sim1$;I_{30} 为全部投入运行时线路的计算电流。

【例 2-4】 有一 380 V 三相线路,供电给表 2-5 所示的 4 台电动机。试计算该线路的尖峰电流。

表 2-5 电动机起动情况

参 数	电动机			
	M1	M2	M3	M4
额定电流 I_N/A	5.8	5	35.8	27.6
起动电流 I_{st}/A	40.6	35	197	193.2

解: 由表 2-5 可知,电动机 M4 的 $I_{st}-I_N=193.2 \text{ A}-27.6 \text{ A}=165.6 \text{ A}$ 为最大。取 $K_\Sigma=0.9$,因此该线路的尖峰电流为

$$I_{pk}=0.9\times(5.8+5+35.8)\text{A}+193.2 \text{ A}=235 \text{ A}$$

3. 多台电动机同时自起动时尖峰电流的计算

如果一组电动机需同时起动时,尖峰电流应为所有参与自起动电动机的起动电流之和,即

$$I_{pk}=\sum_{i=1}^{n}K_{st(i)}I_{N\cdot i} \tag{2-29}$$

式中:n 为参与自起动的电动机台数;$K_{st(i)}$、$I_{N\cdot i}$ 为分别对应于第 i 台电动机的起动电流倍数和额定电流。

【例 2-5】 有一 380 V 配电支线给三台自起动电动机供电,已知 $K_{st(1)}=5$,$I_{N\cdot1}=5 \text{ A}$;$K_{st(2)}=4$,$I_{N\cdot2}=4 \text{ A}$;$K_{st(3)}=3$,$I_{N\cdot3}=10 \text{ A}$。求该配电线路的尖峰电流。

解: 由题意可知,三台电动机均为自起动方式,故配电线路尖峰电流为

$$I_{pk}=\sum_{i=1}^{3}K_{st(i)}I_{N\cdot i}=I_{pk}=\sum_{i=1}^{3}K_{st(i)}I_{N\cdot i}=(5\times5+4\times4+3\times10)\text{A}=71 \text{ A}$$

三、任务布置

1. 统计你所在学校某一年的电力负荷。

2. 根据所统计的你所在学校的电力负荷绘制年负荷曲线,求出年平均负荷、年最大负荷、年最大负荷持续小时数、负荷系数。

四、课后习题

1. 什么是年最大负荷利用小时数?什么是年最大负荷和年平均负荷?什么是负荷持续率?

2. 什么是用电设备的设备容量?设备容量与该台设备的额定容量是什么关系?分别说明。

3. 电力负荷按重要性分哪几级?各级负荷对供电电源有什么要求?

4. 工厂用电设备按工作制分哪几类?各有什么工作特点?

5. 在确定多组用电设备总的视在计算负荷和计算电流时,可不可以将各组的视在计算

负荷和计算电流直接相加？为什么？

6. 什么是计算负荷？为什么计算负荷通常采用半小时最大负荷？

7. 什么是尖峰电流？计算尖峰电流有什么用处？

8. 某车间有 380 V 交流电焊机 2 台，其额定容量 $S_N = 22$ kV·A，$\varepsilon_N = 60\%$，$\cos\varphi = 0.5$。试求设备容量。

9. 有一机修车间，拥有冷加工机床 52 台，共 200 kW；行车一台，共 5.1 kW（$\varepsilon_N = 15\%$）；通风机 4 台，共 5 kW；电焊机 3 台，共 10.5 kW（$\varepsilon_N = 65\%$）。车间采用 220/380 V 三相四线制（TN-C 系统）供电。试确定车间的计算负荷 P_{30}、Q_{30}、S_{30} 和 I_{30}。

10. 有一 380 V 的三相线路，供电给 35 台小批生产的冷加工电动机，总容量为 85 kW，其中较大容量的电动机有：7.5 kW 1 台，4 kW 3 台，3 kW 12 台。试用需要系数法确定其计算负荷。

11. 某车间有小批量生产冷加工机床电动机 40 台，总容量 152 kW，其中较大容量的电动机有 10 kW 1 台、7 kW 2 台、4.5 kW 5 台、2.8 kW 10 台；卫生用通风机 6 台共 6 kW。试用需要系数法求该车间的计算负荷。

12. 某车间有一条 380 V 线路供电给下表所列 5 台交流电动机。试计算该线路的计算电流和尖峰电流。（提示：计算电流在此可近似地按下式计算：$I_{30} = K_\Sigma \sum I_N$，式中 K_Σ 取 0.9）。

电动机启动参数

电动机参数	M1	M2	M3	M4	M5
额定电流 I_N/A	10.2	32.4	30	6.1	20
起动电流 I_{st}/A	66.3	227	165	34	140

13. 一机修车间，有冷加工机床 20 台，设备总容量为 150 kW。电焊机 5 台共 1.5 kW（$\varepsilon_N = 65\%$），通风机 4 台共 4.8 kW。车间采用 380/220 V 线路供电。试确定该车间的计算负荷。

14. 有一条高压线路供电给两台并列运行的电力变压器。高压线路采用 LJ - 70 铝绞线，等距水平架设，线距为 1 m。两台电力变压器均为 SL7 - 800/10 型，总的计算负荷为 900 kW，$\cos\varphi = 0.86$，$T_{max} = 4500$ h。试分别计算此高压线路和电力变压器的功率损耗和年电能损耗。

任务 2　无功功率补偿

知识教学目标

1. 了解功率因素的概念及提高功率因数的作用。

2. 熟悉提高功率因素的方法。

3. 掌握无功功率补偿的原理。

4. 熟悉无功功率补偿后的负荷计算。

能力培养目标

1. 能够进行功率因数的计算。

2. 能够按照要求进行无功功率补偿容量的计算。

3. 能够根据补偿容量选取补偿电容器。

一、任务导入

在交流电路中,电压与电流之间的相位差 φ 的余弦叫做功率因数,用符号 $\cos\varphi$ 表示,在数值上,功率因数是有功功率和视在功率的比值。

电力负荷如电动机、变压器、日光灯及电弧炉等,大多属于电感性负荷,这些电感性的设备在运行过程中不仅需要向电力系统吸收有功功率,还同时吸收无功功率。因此安装并联电容器无功补偿设备后,将可以提供补偿感性负荷所消耗的无功功率,减少了电网电源侧向感性负荷提供的且由线路输送的无功功率。

二、相关知识

(一) 提高功率因数的意义

1. 无功功率与功率因数

工厂供配电系统中的用电设备绝大多数都是根据电磁感应原理工作的。一部分用于做功,将电能转换为机械能,称为有功功率;另一部分用来建立交变磁场,将电能转换为磁能,再由磁能转换为电能,这样反复交换的功率,称为无功功率,这两种功率构成视在功率。有功功率 P、无功功率 Q 和视在功率 S 之间存在下述关系:

$$S=\sqrt{P^2+Q^2}$$

而
$$\cos\varphi=\frac{P}{S}$$

式中,$\cos\varphi$ 称为功率因数,功率因数的大小与用户负荷性质有关。当有功功率一定时,用户所需感性无功功率越大,其功率因数越小。图 2-8 为感性负荷的功率三角形,感性电路中电流 $\dot{I}$ 相位落后于电压 $\dot{U}$ 的相位 φ。

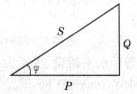

图 2-8 感性负荷的功率三角形

2. 功率因数对供电系统的影响

在工厂中,当有功功率需要量保持恒定,无功功率需要量增大将引起:

(1)增加供电系统的设备容量和投资,由图 2-8 知,在 P 为常数时,当用户所需 Q 愈大,S 也愈大。

(2)增大线路和设备损耗,年运行费用将增加,在传送同样有功功率情况下,无功增大,总电流增加,使供电线路及设备的铜损大大地增加,直接影响工厂的经济效益。

目前,我国已制定按功率因数调整电费的办法。功率因数的高低是供电部门征收电费的重要指标,当 $\cos\varphi$ 大于 0.9 时给予奖励,小于 0.9 时则给予处罚,甚至当功率因数很低时,将停止供电。

3. 工厂企业常用的功率因数计算方法

(1) 瞬时功率因数。工厂的功率因数是随设备类型、负荷情况、电压高低而变化的,其瞬时值可由功率因数表直接读取,或者根据电流表、电压表和有功功率表在同一瞬间的读数,按下式计算求得

$$\cos\varphi = \frac{P}{\sqrt{3}UI} \qquad (2-30)$$

式中:P 为有功功率表读数,单位为 kW;U 为线电压读数,单位为 kV;I 为线电流读数,单位为 A。

(2) 平均功率因数。指某一规定时间内功率因数的平均值。它实际是加权平均值,可根据下式决定:

$$\cos\varphi = \frac{W_P}{\sqrt{W_P^2 + W_Q^2}} = \frac{1}{\sqrt{1 + \left(\frac{W_Q}{W_P}\right)^2}} \qquad (2-31)$$

式中:W_P 为规定时间内有功电度表的积累数,单位为 kW·h;W_Q 为规定时间内无功电度表的积累数,单位为 kvar·h。

(3) 最大负荷时的功率因数。最大负荷时功率因数指在年最大负荷(即计算负荷)时的功率因数,按下式计算

$$\cos\varphi = \frac{P_{30}}{S_{30}} \qquad (2-32)$$

(4) 自然功率因数。指用电设备在没有安装人工补偿装置(移相电容器、调相机等)时的功率因数。自然功率因数有瞬时值和平均值两种。

(二) 无功功率补偿

1. 提高功率因数的方法

提高功率因数的方法主要分为两大类:

(1) 提高自然功率因数。不添置任何无功补偿设备,采取措施减少企业供给用电设备中无功功率的需要量,使功率因数提高。它不需要增加投资,是提高功率因数的基本措施。电动机、变压器等感性负荷是吸收无功功率最多的用电设备,选用的容量越大,吸收无功功率越大。如果这些设备经常处于空负荷或轻负荷运行,功率因数和设备效率都会降低,这是不经济的。

(2) 采取人工补偿。安装静电电容器、调相机等设备,供给用电设备所需的无功功率,以提高全厂总功率因数的方法称为功率因数的人工补偿。目前,采用加装静电电容器的人工补偿方式,对提高功率因数最为经济、有效。大型用电企业亦可加装同步调相机。

2. 无功功率补偿计算

图 2-9 表示功率因数提高与无功功率和视在功率变化的关系。假设功率因数由 $\cos\varphi$ 提高到 $\cos\varphi'$,这时在负荷需用的有功功率 P_{30} 不变的条件下,无功功率将由 Q_{30} 减小到 Q'_{30},视在功率将由 S_{30} 减小到 S'_{30}。相应地负荷电流 I_{30} 也得以减小,这将使系统的电能损耗和电

压损耗相应降低,既节约了电能,又提高了电压质量,而且可选较小容量的供电设备和导线电缆,因此提高功率因数对电力系统大有好处。

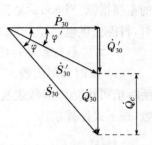

由图 2-9 可知,要使功率因数由 $\cos\varphi$ 提高到 $\cos\varphi'$,必须装设的无功补偿装置容量为

$$Q_c = Q_{30} - Q'_{30} = P_{30}(\tan\varphi - \tan\varphi')$$

或 $$Q_c = \Delta q_c P_{30}$$

图 2-9 功率因数的提高导致功率的变化

式中, $\Delta q_c = \tan\varphi - \tan\varphi'$,称为无功补偿率,或比补偿容量。无功补偿率,是表示要使 1 kW 的有功功率由 $\cos\varphi$ 提高到 $\cos\varphi'$ 所需要的无功补偿容量 kvar 值。

表 2-6 中列出了并联电容器的无功补偿率,可利用补偿前后的功率因数直接查出。

表 2-6　并联电容器的无功补偿率

补偿前 $\cos\varphi_1$	补偿后 $\cos\varphi_2$							
	0.85	0.88	0.90	0.92	0.94	0.95	0.96	0.97
0.50	1.112	1.192	1.248	1.306	1.369	1.404	1.442	1.481
0.55	0.899	0.979	1.035	1.093	1.156	1.191	1.228	1.268
0.60	0.714	0.794	0.850	0.908	0.971	1.006	1.043	1.083
0.65	0.549	0.629	0.685	0.743	0.806	0.841	0.878	0.918
0.68	0.458	0.538	0.594	0.652	0.715	0.750	0.788	0.828
0.70	0.401	0.481	0.537	0.595	0.658	0.693	0.729	0.769
0.72	0.344	0.424	0.480	0.538	0.601	0.636	0.672	0.712
0.75	0.262	0.342	0.398	0.456	0.519	0.554	0.591	0.631
0.78	0.182	0.262	0.318	0.376	0.439	0.474	0.512	0.552
0.80	0.130	0.210	0.266	0.324	0.387	0.422	0.459	0.499
0.81	0.104	0.184	0.240	0.298	0.361	0.396	0.433	0.483
0.82	0.078	0.158	0.214	0.272	0.335	0.370	0.407	0.447
0.85	—	0.080	0.136	0.194	0.257	0.292	0.329	0.369

在确定了总的补偿容量后,即可根据所选并联电容器的单个容量 q_c 来确定电容器的个数,即

$$n = Q_c / q_c$$

由上式计算所得的电容器个数 n,对于单相电容器(电容器全型号后面标"1"者)来说,应取 3 的倍数,以便三相均衡分配。常用的 BW 系列并联电容器的主要技术数据,如表 2-7 所列。

表 2-7　BW 型并联电容器的主要技术数据

型　号	额定容量/kvar	额定电容/μF	型　号	额定容量/kvar	额定电容/μF
BW0.4-12-1	12	240	BWF6.3-30-1W	30	2.4
BW0.4-12-3	12	240	BWF6.3-40-1W	40	3.2
BW0.4-13-1	13	259	BWF6.3-50-1W	50	4.0
BW0.4-13-3	13	259	BWF6.3-100-1W	100	8.0
BW0.4-14-1	14	280	BWF6.3-120-1W	120	9.63
BW0.4-14-3	14	280	BWF10.5-22-1W	22	0.64
BW6.3-12-1TH	12	0.96	BWF10.5-25-1W	25	0.72
BW6.3-12-1W	12	0.96	BWF10.5-30-1W	30	0.87
BW6.3-16-1W	16	1.28	BWF10.5-40-1W	40	1.15
BW10.5-12-1W	12	0.35	BWF10.5-50-1W	50	1.44
BW10.5-16-1W	16	0.46	BWF10.5-100-1W	100	2.89
BW6.3-22-1W	22	1.76	BWF10.5-120-1W	120	3.47
BWF6.3-25-1W	25	2.0			

注:1. 额定频率均为 50 Hz。

2. 并联电容器全型号表示和含义:

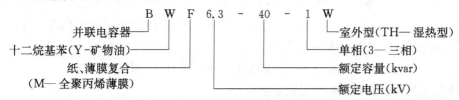

3. **无功补偿后的工厂计算负荷**

工厂(或车间)装设了无功补偿装置以后,则在确定补偿装置装设地点以前的总计算负荷时,应扣除无功补偿的容量,即总的无功计算负荷

$$Q'_{30} = Q_{30} - Q_C$$

补偿后总的视在计算负荷:

$$S'_{30} = \sqrt{P_{30}^2 + (Q_{30} - Q_C)^2} \qquad (2-33)$$

【**例 2-6**】　某厂拟建一降压变电所,装设一台主变压器。已知变电所低压侧有功计算负荷为 650 kW,无功计算负荷为 800 kvar。为了使工厂(变电所高压侧)的功率因数不低于 0.9,问:如在低压侧装设并联电容器进行补偿,需装设多少补偿容量? 补偿前后工厂变电所所选主变压器的容量有何变化?

解:(1) 补偿前的变压器容量和功率因数

变电所低压侧的视在计算负荷为

$$S_{30(2)} = \sqrt{650^2 + 800^2}\ \text{kV} \cdot \text{A} = 1\,031\ \text{kV} \cdot \text{A}$$

主变压器容量选择条件为 $S_{N.T} \geqslant S_{30(2)}$,因此未进行无功补偿时,主变压器容量应选为 1 250 kV·A(参看表 2-6)。这时变电所低压侧的功率因数为 $\cos\varphi_{(2)} = 650/1\,031 = 0.63$

(2) 无功补偿容量计算

按规定,变电所高压侧的 $\cos\varphi \geqslant 0.90$,考虑到变压器的无功功率损耗 ΔQ_T 远大于有功

功率损耗 ΔP_T，一般 $\Delta Q_T = (4\sim5)\Delta P_T$，因此在变压器低压侧补偿时，低压侧补偿后的功率因数应略高于 0.90，这里取 $\cos\varphi = 0.92$。

要使低压侧功率因数由 0.63 提高到 0.92，低压侧需装设的并联电容器容量为

$$Q_C = 650 \times [\tan(\arccos 0.63) - \tan(\arccos 0.92)]\,\text{kvar} = 525\,\text{kvar}$$

取 $Q_C = 530\,\text{kvar}$。

（3）补偿后的变压器容量和功率因数

变电所低压侧的视在计算负荷为

$$S'_{30(2)} = \sqrt{650^2 + (800-530)^2}\,\text{kV}\cdot\text{A} = 704\,\text{kV}\cdot\text{A}$$

因此无功补偿后主变压器容量可选为 800 kV·A（参看表 2-6）。

变压器的功率损耗为

$$\Delta P_T \approx 0.015 S'_{30(2)} = 0.015 \times 704\,\text{kV}\cdot\text{A} = 10.6\,\text{kW}$$

$$\Delta Q_T \approx 0.06 S'_{30(2)} = 0.06 \times 704\,\text{kV}\cdot\text{A} = 42.2\,\text{kvar}$$

无功补偿后变电所高压侧的计算负荷为

$$P'_{30(1)} = P'_{30(2)} + \Delta P_T = (650 + 10.6)\,\text{kW} = 661\,\text{kW}$$

$$Q'_{30(1)} = Q'_{30(2)} + \Delta Q_T = [(800-530) + 42.2]\,\text{kvar} = 312\,\text{kvar}$$

$$S'_{30(1)} = \sqrt{P'^2_{30(1)} + Q'^2_{30(1)}} = \sqrt{661^2 + 312^2}\,\text{kV}\cdot\text{A} = 731\,\text{kV}\cdot\text{A}$$

无功补偿后，工厂的功率因数为

$$\cos\varphi' = P'_{30(1)}/S'_{30(1)} = 661/731 = 0.904$$

因此，经无功补偿后功率因数满足规定要求。

（4）补偿前后比较

主变压器容量在补偿后减少

$$S_{N.T} - S'_{N.T} = (1\,250 - 800)\,\text{kV}\cdot\text{A} = 450\,\text{kV}\cdot\text{A}$$

如以基本电费每月 10 元/k·VA 计算，则每月工厂可节约基本电费为

$$450\,\text{k}\cdot\text{VA} \times 10\,\text{元/k}\cdot\text{VA} = 4\,500\,\text{元}$$

由此例可以看出，采用无功补偿来提高功率因数能使工厂取得可观的经济效果（此处尚未计算其他方面的经济效果）。

（三）电容器的选择

在工厂变电所中，主要是用电容器并联补偿来提高功率因数。

1. 电容器容量的选择

（1）电容器容量与电容值的关系。电容器的基本特征是储存电荷，电容值 C 是电容器的一个参数。

$$C = \frac{q}{U}$$

式中：q 为电容器所储存的电荷量，单位为库仑；U 为电容器两端施加的电压，单位为 V；C 为电容器电容值，单位为 F（法拉），因法拉太大，所以通常用微法，单位为 μF 或皮法，单位为 pF 进行计量。

当电容器两端施以正弦交流电压 U 时，它产生的无功功率（或无功容量）Q 为

$$Q_C = \frac{U^2}{X_C} = 2\pi f C U^2 \times 10^{-3} = 0.314 C U^2$$

式中：X_C 为电容器容抗；f 为电源频率，单位为 Hz；U 为电压，单位为 kV；C 为电容值，单位为 μF；Q_C 为无功功率，单位为 kvar。

【例 2-7】 某台电容器型号为 YY0.4-12-1，电容值为 239 μF，频率 50 Hz，电压 $U=$ 0.4 kV。试计算该电容器的实际容量。

解：$Q_C = 0.314 C U^2 = 0.314 \times 239 \times 0.4^2$ kvar $= 12$ kvar

(1) 对于单相电容器，电容器电流为 $I_C = \dfrac{Q_C}{U_\varphi} = 0.314 C U_\varphi$。

式中：Q_C 为单相无功功率，单位为 kvar；U_φ 为相电压，单位为 kV；I_C 为电容器电流，单位为 A。

此例中：$I_C = \dfrac{Q_C}{U_\varphi} = 0.314 C U_\varphi = 0.314 \times 239 \times 0.22$ A $= 16.5$ A。

(2) 对于三相电容器，电容器电流为

$$I_C = \frac{Q_C}{\sqrt{3} U_l} = \frac{0.314 C U_l}{\sqrt{3}}$$

式中：Q_C 为三相无功功率，单位为 kvar；U_l 为线电压，单位为 kV；I_C 为电容器电流，单位为 A。

2. 并联电容器的接线

无功补偿的并联电容器大多采用△形连接，只是少数容量较大的高压电容器组除外。而低压并联电容器绝大多数是做成三相的，且内部已接成三角形。

3. 并联电容器的装设位置

并联电容器在供电系统中的装设位置，有高压集中补偿、低压集中补偿和单独就地补偿三种方式。

(1) 高压集中补偿

这种补偿方式只能补偿 6~10 kV 母线以前线路上的无功功率，而母线后的厂内线路的无功功率得不到补偿，所以这种补偿方式的经济效果较后面两种补偿方式要差。但这种方式的初投资较少，便于集中运行维护，而且能对工厂高压侧的无功功率进行有效的无功补偿，以满足工厂总功率因数的要求，所以这种补偿方式在大、中型工厂中应用相当普遍。

(2) 低压集中补偿

低压集中补偿是将低压电容器集中装设在车间变电所的低压母线。

这种补偿方式特别适用于供电部门对工厂的电费制度实行的是两部电费制(一部分是按每月实际用电量计算电量，称为电度电费；另一部分是按装配的变压器容量计算电费，称为基本电费)，主变压器容量减小，基本电费就减少了，可使工厂的电费开支减少，所以这种补偿方式在工厂中应用非常普遍。

(3) 单独就地补偿

单独就地补偿，又称个别补偿或分散补偿，是将并联电容器组装设在需进行无功补偿的各个用电设备旁边。

这种补偿方式能够补偿安装部位以前的所有高、低压线路和变压器中的无功功率，所以其补偿范围最大，补偿效果最好，应予优先采用。但是这种补偿方式总的投资较大，且电容器组在被补偿的用电设备停止工作时，它也将一并被切除，因此其利用率较低。

单独就地补偿方式特别适用于负荷平稳、经常运转而容量又大的设备,如大型感应电动机、高频电炉等,也适用于容量虽小但数量多且长时间稳定运行的设备,如荧光灯等。对于供电系统中高压侧和低压侧基本无功功率的补偿,仍宜采用高压集中补偿和低压集中补偿的方式。

三、任务布置

1. 计算并分析装设并联电容器补偿装置前后,功率因数和计算负荷的变化情况。

2. 查阅由中国电力出版社出版的《工业与民用配电设计手册》第 3 版,学习功率因数补偿的并联电容器的接线方式、装设位置、控制和保护方式。

四、课后习题

1. 什么是交流电路的功率因数? 功率因数与哪些因素有关?

2. 什么是无功功率经济当量?

3. 为什么电容器可以补偿无功功率并提高功率因数?

4. 某用户为两班制生产,最大负荷月的有功用电能为 25 000 kW·h,无功用电能为 18 540 kvar·h,问该用户的月平均功率因数是多少? 欲将功率因数提高到 0.9,问需装设电容器组的总容量应当是多少?

5. 为什么并联电容器组大多数采用△形连接?

6. 高压集中补偿、低压集中补偿和单独就地补偿三种方式各有什么特点?

任务 3　短路电流概述

知识教学目标

1. 了解电力系统短路的类型、原因及严重后果。

2. 了解短路电流计算的内容和目的。

3. 熟悉三相短路时各种电流量从暂态到稳态过程变化的特点及相互间关系。

能力培养目标

1. 能够分析无限大容量系统三相短路的暂态过程。

2. 能够找出相关短路有关物理量之间的关系。

一、任务导入

短路电流是电力系统在运行中,相与相之间或相与地(或中性线)之间发生非正常连接(即短路)时流过的电流。其值可远远大于额定电流,这会对电力系统的正常运行造成严重影响和后果。短路电流取决于短路点距电源的电气距离。

三相系统中发生的短路有 4 种基本类型：三相短路，两相短路，单相对地短路和两相对地短路。其中，除三相短路时，三相回路依旧对称（因而又称对称短路）外，其余三类均属不对称短路。

发生短路时，电力系统从正常的稳定状态过渡到短路的稳定状态，这一暂态过程中，短路电流的变化很复杂。在短路后约半个周波（0.01 秒）时将出现短路电流的最大瞬时值，称为冲击电流。它会产生很大的电动力和热效应，其大小可用来校验电工设备在发生短路时动热稳定性。

二、相关知识

(一) 短路成因及类型

1. 短路的原因

短路就是指不同电位的导电部分之间的低阻性短接。包括载流导体相与相之间发生的非正常接触，或者各相与地之间的短路。

形成短路的原因有很多，主要有以下几种：

(1) 绝缘损坏。如设备绝缘材料老化、设计制造安装及维护不良等造成的设备缺陷发展成短路。

(2) 气象条件恶化。如雷击过电压造成的闪络放电、由于风灾引起架空断线或导线覆冰引起的电杆倒塌等。

(3) 人为过失。如人员由于未遵守安全操作规程而发生误操作，或者误将低电压的设备接入较高电压的电路中，也可能造成短路。

(4) 其他原因。如挖掘损伤电缆、鸟兽或风筝跨接在载流裸导体上等也会造成短路。

2. 短路的类型

在供电系统中危害最大的故障就是短路。在三相系统中，短路的基本形式有三相短路、两相短路、单相短路及两相接地短路。各种短路类型及其示意图如图 2 - 10 所示。

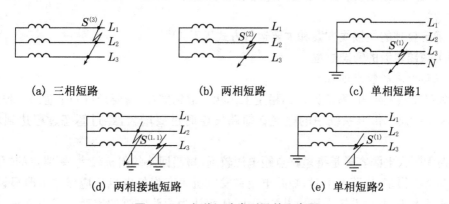

(a) 三相短路   (b) 两相短路   (c) 单相短路1

(d) 两相接地短路   (e) 单相短路2

图 2 - 10 各种短路类型及其示意图

当三相短路时，由于短路回路阻抗相等，因此三相电流和电压仍是对称的，故又称为对称短路，而出现其他类型短路时，为不对称短路。

电力系统中，发生单相短路的可能性最大，而发生三相短路的可能性最小。但一般三相短路的短路电流最大,造成的危害也最严重。为了使电力系统中的电气设备在最严重的短路状态下也能可靠地工作,因此检验电气设备的短路计算中,以三相短路计算为主。

(二) 短路危害

随着短路类型、发生地点和持续时间的不同,短路的后果可能只破坏局部地区的正常供电,也可能威胁整个系统的安全运行,短路的后果一般有以下几个方面:

1. 在工业供电系统中发生短路故障时,在短路回路中短路电流要比额定电流大几倍至几十倍,通常可达数千安,短路电流通过电气设备和导线必然要产生很大的电动力,并且使设备温度急剧上升,有可能损坏设备和电缆。

2. 设备通过短路电流将使其发热增加,如短路持续时间较长,电气设备可能由于过热造成导体熔化或绝缘损坏。

3. 短路时故障点往往有电弧产生,它不仅可能烧坏故障元件,且可能殃及周围设备。

4. 在短路点附近电压显著下降。系统中最主要的电力负荷是异步电动机,它的电磁转矩同端电压的平方成正比,电压下降时,电动机的电磁转矩显著减小,转速随之下降,当电压大幅度下降时,电动机甚至可能停转,造成产品报废、设备损坏等严重后果。

5. 发生不对称短路时,不平衡电流产生的磁通,可以在附近的电路内感应出很高的电动势,对于架设在高压电力线路附近的通信线路或铁道信号系统会产生严重的影响。

6. 当短路点离发电厂很近时,只要精心设计、认真施工、加强日常维护、严格遵守操作规程,大多数短路故障是可以避免的。

(三) 计算短路电流的目的

为了限制短路的危害和缩小故障影响的范围,在变电所和供电系统的设计和运行中,必须进行短路电流计算,以解决下列技术问题:

1. 选择电气设备和载流导体,必须用短路电流校验其热稳定性和机械强度;

2. 选择和整定机电保护装置,使之能正确地切除短路故障;

3. 确定限流措施,当短路电流过大造成设备选择困难或不够经济时,可采取限制短路电流的措施;

4. 确定合理的主接线方案和主要运行方式等。

(四) 短路电流的暂态过程

1. 短路电流的暂态过程

当短路突然发生时,系统原来的稳定工作状态遭到破坏,需要经过一个暂态过程才能进入短路稳定状态。供电系统中的电流在短路发生时也要增大,经过暂态过程达到新的稳定值。

所谓无限大电源容量是指短路点距电源较远,短路回路的阻抗较大,短路点的短路容量比电源容量小得多,短路发生时,短路电流在发电机中产生的电枢反应作用不明显,发电机的端电压基本不变,而系统电压也基本不变,从而认为短路电流的周期分量不衰减,该系统即可看作无限大电源容量系统。

实际上,真正的无限大容量电源系统是不存在的。然而对于容量相对于用户供电系统容量大得多的电力系统,当用户供电系统的负荷变动甚至发生短路时,电力系统变电所馈电母线上的电压能基本维持不变。如果电力系统的电源总阻抗不超过短路电路总阻杭的5%~

10%,或电力系统容量超过用户供电系统 50 倍时,可将电力系统视为无限大容量系统。

图 2-11(a)所示是一个电源为无限大容量的供电系统发生三相短路的电路。由于三相对称,因此这个三相短路的电路可用图 2-11(b)所示的等效单相电路来分析。

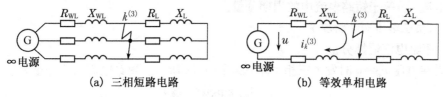

（a）三相短路电路　　　　（b）等效单相电路

图 2-11　无限大容量系统发生三相短路时的电路

系统正常运行时,电路中电流取决于电源和电路中所有元件包括负荷在内的总阻抗。

当发生三相短路时,图 2-11(a)所示的电路将被分成两个独立的回路,一个仍与电源相连接,另一个则成为没有电源的短路回路。

在图 2-12 所示的没有电源的短路回路中,电流将从短路发生瞬间的初始值按指数规律衰减到零,在衰减过程中,回路磁场中所储藏的能量将全部转化成热能。与电源相连接的回路由于负荷阻抗和部分线路阻抗被短路,所以电路中的电流要突然增大,但是,由于电路中存在着电感,根据楞次定律,电流不能突变,因而引起一个过渡过程,即短路暂态过程,最后达到一个新的稳定状态。

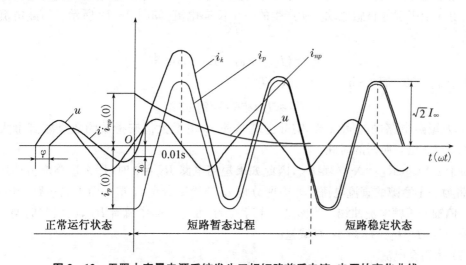

图 2-12　无限大容量电源系统发生三相短路前后电流、电压的变化曲线

图 2-12 表示了无限大容量电源系统发生三相短路前后电流、电压的变化曲线。由图 2-12 可以看出,短路电流在到达稳定值之前,要经过一个暂态过程(或称短路瞬变过程),这一暂态过程是短路非周期分量电流存在的那段时间。与无限大容量电源系统相连电路的电流 i_k 在暂态过程中包含有两个分量:周期分量 i_p 和非周期分量 i_{np},即 $i_k = i_p + i_{np}$。

周期分量 i_p 属于强制电流,它的大小取决于电源电压和短路回路的阻抗,其幅值在暂态过程中保持不变。从物理概念上讲,短路电流周期分量 i_p 是短路后由于电路阻抗突然减小很多倍,而按欧姆定律应突然增大很多倍的电流。

非周期分量 i_{np} 属于自由电流，是为了使电感回路中的磁链和电流不突变而产生的一个感生电流，它的值在短路瞬间最大，接着便以一定的时间常数按指数规律衰减，直到衰减为零。此暂态过程一般约持续 0.2 s 即告结束，系统进入短路的稳定状态，此时短路电流为稳态短路电流 i_∞，等于短路电流中的周期分量。

2. 三相短路的有关物理量

（1）短路电流周期分量

假设在电压 $u_\varphi=0$ 时发生三相短路，如图 2-12 所示。短路电流周期分量为

$$i_p=I_{k.m}\sin(wt-\varphi_k)$$

由于短路电路的电抗一般远大于电阻即 $X_\Sigma \gg R_\Sigma$，$\varphi_k=\arctan(X_\Sigma/R_\Sigma)\approx 90°$，因此短路初瞬间（$t=0$ 时）的短路电流周期分量

$$i_{p(0)}=-I_{k.m}=-\sqrt{2}I''$$

式中，I'' 为短路次暂态电流（short-circuit sub-transient current）有效值，它是短路后第一个周期的短路电流周期分量 i_p 的有效值。

在无限大容量系统中，由于系统母线电压维持不变，所以其短路电流周期分量有效值（习惯上用 I_k 表示）在短路的全过程中也维持不变，即 $I''=I_k=I_\infty$。

（2）短路电流非周期分量

短路电流非周期分量是由于短路电路存在着电感，用以维持短路初瞬间的电流不致突变而由电感上引起的自感电动势所产生的一个反向电流，如图 2-12 所示。短路电流非周期分量

$$i_{np}=(I_{k.m}\sin\varphi_k-I_m\sin\varphi)e^{-\frac{t}{\tau}}$$

由于 $\varphi_k=90°$，而 $I_m\sin\varphi \ll I_{k.m}$，故

$$i_{np}\approx I_{k.m}e^{-\frac{t}{\tau}}=\sqrt{2}I''e^{-\frac{t}{\tau}}$$

式中，τ 为短路电路的时间常数，实际上就是使 i_{np} 由最大值按指数函数衰减到最大值的 $1/e=0.3679$ 倍时所需的时间。

由于 $\tau=L_\Sigma/R_\Sigma=X_\Sigma/314R_\Sigma$，因此如果短路电路 $R_\Sigma=0$ 时，那么短路电流非周期分量 i_{np} 将为一不衰减的直流电流。非周期分量 i_{np} 与周期分量 i_p 迭加而得的短路全电流 i_k，将为一偏轴的等幅电流曲线。当然这是不存在的，因为电路中总有 R_Σ，所以非周期分量总要衰减，而且 R_Σ 越大，τ 越小，衰减越快。

（3）短路全电流

短路全电流为短路电流周期分量与非周期分量之和，即

$$i_k=i_{np}+i_p$$

某一瞬时 t 的短路全电流有效值 $I_{k(t)}$，是以时间 t 为中点的一个周期内的 $i_{p(t)}$ 有效值与 i_{np} 在 t 的瞬时值 $i_{np(t)}$ 的方均根值，即

$$I_{k(t)}=\sqrt{i_{np(t)}^2+i_{p(t)}^2}$$

（4）短路冲击电流

短路冲击电流为短路全电流中的最大瞬时值。由图 2-12 所示短路全电流 I_k 的曲线可以看出，短路后经半个周期（即 0.01 s），I_k 达到最大值，此时的电流即短路冲击电流。

短路冲击电流按下式计算

$$i_{sh}=i_{p(0.01)}+i_{np(0.01)}\approx\sqrt{2}I''(1+e^{-\frac{0.01}{\tau}})$$

或
$$i_{sh}=K_{sh}\sqrt{2}I'' \tag{2-34}$$

式中，K_{sh} 为短路电流冲击系数，当 $R_{\Sigma}\to\infty$，则 $K_{sh}\to2$；当 $L_{\Sigma}\to0$，则 $K_{sh}\to1$。因此 $1<K_{sh}<2$。

短路全电流 i_k 的最大有效值是短路后第一个周期的短路电流有效值，用 I_{sh} 表示，也可称为短路冲击电流有效值，用下式计算：

$$I_{sh}=\sqrt{I_{np(0.01)}^{2}+I_{p(0.01)}^{2}}\approx\sqrt{I''^{2}+(\sqrt{2}I''e^{-\frac{0.01}{\tau}})^{2}}$$

或
$$I_{sh}\approx\sqrt{1+2\,(K_{sh}-1)^{2}}\,I'' \tag{2-35}$$

在高压电路发生三相短路时，一般可取 $K_{sh}=1.8$，因此

$$i_{sh}=2.55I'' \tag{2-36}$$
$$I_{sh}=1.51I'' \tag{2-37}$$

在 $1\,000\,\text{kV}\cdot\text{A}$ 及以下的电力变压器二次侧及低压电路中发生三相短路时，一般可取 $K_{sh}=1.3$，因此

$$i_{sh}=1.84I'' \tag{2-38}$$
$$I_{sh}=1.09I'' \tag{2-39}$$

(5) 短路稳态电流

短路稳态电流是短路电流非周期分量衰减完毕以后的短路全电流，其有效值用 I_{∞} 表示。

为了表明短路的种类，凡是三相短路电流，可在相应的电流符号右上角加注(3)，例如三相短路稳态电流写作 $I_{\infty}^{(3)}$。同样的，两相和单相短路电流，则在相应的电流符号右上角分别加注(2)或(1)，而两相接地短路电流，则加注(1-1)。在不致引起混淆时，三相短路电流各量可不加注(3)。

三、任务布置

1. 在图 2-12 上指出无限大容量系统短路电流非周期分量、短路全电流、短路冲击电流、短路电流周期分量、短路稳态电流分别是哪条曲线？它们之间相互关系是怎样的？

2. 查阅参考资料，说明如果供电系统电源是有限容量系统，其三相短路过程将是什么样的？

四、课后习题

1. 什么是短路？短路故障产生的原因是什么？短路对电力系统有哪些危害？

2. 短路有哪些形式？哪种形式短路发生的可能性最大？哪种形式短路的危害最严重？

3. 短路电流周期分量和非周期分量各是如何产生的？

4. 什么是短路冲击电流？什么是短路次暂态电流和短路稳态电流？

5. 在无限大电源容量的电力系统中，三相短路电流、两相短路电流、单相短路电流各有什么特点？

任务4 短路电流的计算

知识教学目标

1. 熟悉短路电流计算的内容。
2. 熟悉电力系统、变压器、输电线路等效阻抗的计算方法。
3. 掌握三相无限大容量系统三相短路电流的计算步骤。
4. 掌握三相短路电流、两相短路电流和单相短路电流的计算方法。

能力培养目标

1. 能够化简供电系统的阻抗电路图。
2. 会用欧姆法完成无限大容量系统的短路电流计算。

一、任务导入

工厂供配电系统可以认为是有无限大的容量,当用户处短路后,系统母线电压能维持不变,即计算阻抗比系统阻抗要大得多。

三相短路电流常用的计算方法有欧姆法(又称有名单位制法)和标幺制法(又称相对单位制法)。欧姆法是最基本的短路计算方法,适用两个及两个以下电压等级的供电系统,如低压系统;而标幺制法适用多个电压等级的供电系统,多用于高压系统。

短路电流计算过程包括四步:第一,要绘出计算电路图,在计算电路图上,将短路计算所需考虑的各元件的额定参数都表示出来,并将各元件依次编号;第二,确定短路计算点,选择的短路计算点要使需要进行短路校验的电气元件有最大可能的短路电流通过;第三,按所选择的短路计算点绘出等效电路图,并计算电路中各主要元件的阻抗;第四,计算短路电流和短路容量。

通过无限大容量系统三相短路的计算结果,可以计算出两相短路电流和单相短路电流。

二、相关知识

(一) 欧姆法短路计算(又名单位制法)

欧姆法,因其短路计算中的阻抗都采用有名单位"欧姆"而得名。

在无限大容量系统中发生三相短路时,其三相短路电流周期分量有效值可按下式计算:

$$I_k^{(3)} = \frac{U_c}{\sqrt{3}|Z_\Sigma|} = \frac{U_c}{\sqrt{3}\sqrt{R_\Sigma^2 + X_\Sigma^2}} \tag{2-40}$$

式中:U_c 为短路点的短路计算电压(或称为平均额定电压)。由于线路首端短路时其短路最为严重,因此按线路首端电压考虑,即短路计算电压取为比线路额定电压 U_N 高 5%,按我国电压标准,U_c 有 0.4 kV、0.69 kV、3.15 kV、6.3 kV、10.5 kV、37 kV 等;Z_Σ、R_Σ、X_Σ 分别为短路电路的总阻抗(模)、总电阻和总电抗值。

在高压电路的短路计算中,通常总电抗远比总电阻大,所以一般可只计电抗,不计电阻。在计算低压侧短路时,也只有当短路电路的 $R_\Sigma > \frac{1}{3} X_\Sigma$ 时才需计及电阻。

如果不计电阻,则三相短路电流的周期分量有效值为

$$I_k^{(3)} = \frac{U_c}{\sqrt{3} X_\Sigma} \qquad\qquad (2-41)$$

三相短路容量为

$$S_k^{(3)} = \sqrt{3} U_c I_k^{(3)} \qquad\qquad (2-42)$$

下面讲述供电系统中各主要元件,如电力系统、电力变压器和电力线路的阻抗计算。至于供电系统中的母线、线圈型电流互感器的一次绕组、低压断路器的过电流脱扣线圈及开关的触头等的阻抗,相对来说很小,在短路计算中一般可略去不计。在略去上述的阻抗后,计算所得的短路电流自然稍有偏大,但用稍偏大的短路电流来校验电气设备,倒可以使其运行的安全性更有保证。

1. 电力系统的阻抗

电力系统的电阻相对于电抗来说很小,一般不予考虑。电力系统的电抗,可由电力系统变电所高压馈电线出口断路器(参看附录 10)的断流容量 S_α 来估算,这 S_α 就看作是电力系统的极限短路容量 S_k。因此电力系统的电抗为

$$X_s = U_c^2 / S_\alpha$$

式中:U_c 为高压馈电线的短路计算电压,但为了便于短路电路总阻抗的计算,免去阻抗换算的麻烦,此式的 U_c 可直接采用短路点的短路计算电压;S_α 为系统出口断路器的断流容量,可查有关手册或产品样本(参看附录 1),如只有开断电流 I_α 数据,则其断流容量

$$S_\alpha = \sqrt{3} I_\alpha U_N$$

式中,U_N 为额定电压。

2. 电力变压器的阻抗

(1) 变压器的电阻 R_T

可由变压器的短路损耗 ΔP_K 近似地计算。

因 $\qquad\qquad \Delta P_K \approx 3 I_N^2 R_T \approx 3 (S_N/\sqrt{3} U_c)^2 R_T = (S_N/U_c)^2 R_T$

故 $\qquad\qquad R_T \approx \Delta P_K (U_c/S_N)^2$

式中:U_c 为短路点的短路计算电压;S_N 为变压器的额定容量;ΔP_K 为变压器的短路损耗,可查有关手册或产品样本。

(2) 变压器的电抗 X_T

可由变压器的短路电压(即阻抗电压)百分值 $U_K\%$ 近似地计算

$$X_T \approx \frac{U_K\%}{100} \frac{U_c^2}{S_N}$$

式中,$U_K\%$ 为变压器的短路电压(阻抗电压)百分值,可查有关手册或产品样本。

3. 电力线路的阻抗

(1) 线路的电阻 R_{WL}

可由导线电缆的单位长度电阻 R_0 值求得,即

$$R_{WL} = R_0 l$$

式中：R_0 为导线电缆单位长度的电阻，可查有关手册或产品样本（可查附录 8）；l 为线路长度。

（2）线路的电抗 X_{WL}

可由导线电缆的单位长度电抗 X_0 值求得，即

$$X_{WL} = X_0 l$$

式中：X_0 为导线电缆单位长度的电抗，可查有关手册或产品样本（可查附录 8）；l 为线路长度。

如果线路的结构数据不详，X_0 可按表 2-8 取其电抗平均值，因为同一电压的同类线路的电抗值变动幅度一般不大。

表 2-8　电力线路每相的单位长度电抗平均值　（单位：Ω/km）

线路结构	线路电压	
	6～10 kV	220/380 V
架空线路	0.38	0.32
电缆线路	0.08	0.066

求出短路电路中各元件的阻抗后，就化简短路电路，求出其总阻抗，再计算短路电流周期分量 $I_k^{(3)}$。

在计算短路电路的阻抗时，需特别注意：假如电路内含有电力变压器，则电路内各元件的阻抗都应统一换算到短路点的短路计算电压。阻抗等效换算的条件是元件的功率损耗不变。

由 $\Delta P = \dfrac{U^2}{R}$ 和 $\Delta Q = \dfrac{U^2}{X}$ 可知，元件的阻抗值与电压平方成正比，因此阻抗换算的公式为

$$R' = R \left(\frac{U'_c}{U_c}\right)^2 \tag{2-43}$$

$$X' = X \left(\frac{U'_c}{U_c}\right)^2 \tag{2-44}$$

式中：R、X 和 U_c 为换算前元件的电阻、电抗和元件所在处的短路计算电压；R'、X' 和 U'_c 是换算后元件的电阻、电抗和元件所在处的短路计算电压。

就短路计算中考虑的几个主要元件的阻抗来说，只有电力线路的阻抗有时需要换算，例如计算低压侧的短路电流时，高压侧的线路阻抗就需要换算到低压侧。而电力系统和电力变压器的阻抗，由于它们的计算公式中均含有 U_c，因此计算阻抗时，公式中 U_c 直接代以短路点的计算电压，就相当于阻抗已经换算到短路点一侧了。

【例 2-8】　某工厂供电系统如图 2-13 所示。已知电力系统出口断路器为 SN10-10 Ⅱ型，试求工厂变电所高压 10 kV 母线上 $k-1$ 点短路和低压 380 V 母线上 $k-2$ 点短路的三相短路电流和短路容量。

解：

1. 求 $k-1$ 点的三相短路电流和短路容量（$U_{c1} = 10.5$ kV）

（1）计算短路电路中各元件的电抗及总电抗

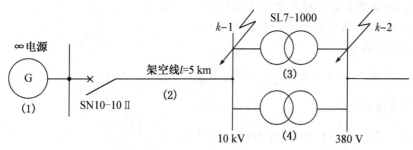

图 2-13　例 2-8 的短路计算电路

① 电力系统的电抗

由附录 10 可知 SN10-10 Ⅱ 型断路器的断流容量 $S_\alpha = 500\,\text{MV·A}$，因此，

$$X_1 = \frac{U_{c1}^2}{S_\alpha} = \frac{(10.5)^2}{500}\,\Omega = 0.22\,\Omega$$

② 架空线路的电抗

由表 2-8 得 $X_0 = 0.38\,\Omega/\text{km}$，因此

$$X_2 = X_0 l = 0.38 \times 5\,\Omega = 1.9\,\Omega$$

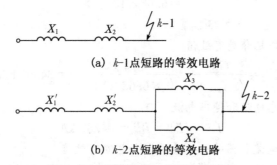

(a) k-1 点短路的等效电路

(b) k-2 点短路的等效电路

图 2-14　短路等效电路图(欧姆法)

③ 绘制 k-1 点短路的等效电路如图 2-14(a)所示，并计算其总电抗如下：

$$X_{\Sigma(k-1)} = X_1 + X_2 = (0.22 + 1.9)\,\Omega = 2.12\,\Omega$$

(2) 计算三相短路电流和短路容量

① 三相短路电流周期分量有效值

$$I_{k-1}^{(3)} = \frac{U_{c1}}{\sqrt{3}\,X_{\Sigma(k-1)}} = \frac{10.5}{\sqrt{3} \times 2.12}\,\text{kA} = 2.86\,\text{kA}$$

② 三相短路次暂态电流和稳态电流

$$I''^{(3)} = I_\infty^{(3)} = I_{k-1}^{(3)} = 2.86\,\text{kA}$$

③ 三相短路冲击电流及第一个周期短路全电流有效值

$$i_{sh}^{(3)} = 2.55 I''^{(3)} = 2.55 \times 2.86\,\text{kA} = 7.29\,\text{kA}$$

$$I_{sh}^{(3)} = 1.51 I''^{(3)} = 1.51 \times 2.86\,\text{kA} = 4.32\,\text{kA}$$

④ 三相短路容量

$$S_{k-1}^{(3)} = \sqrt{3}\,U_{c1} I_{k-1}^{(3)} = \sqrt{3} \times 10.5\,\text{kV} \times 2.86\,\text{kA} = 52.0\,\text{MV·A}$$

2. 求 $k-2$ 点的短路电流和短路容量($U_{c2}=0.4\ \text{kV}$)

(1) 计算短路电路中各元件的电抗及总电抗

① 电力系统的电抗

$$X'_1=\frac{U_{c2}^2}{S_\alpha}=\frac{(0.4)^2}{500}\ \Omega=3.2\times10^{-4}\ \Omega$$

② 架空线路的电抗

$$X'_2=X_0l\left(\frac{U_{c2}}{U_{c1}}\right)^2=0.38(\Omega/\text{km})\times5\ \text{km}\times\left(\frac{0.4\ \text{kV}}{10.5\ \text{kV}}\right)^2=2.76\times10^{-3}\ \Omega$$

③ 电力变压器的电抗

由变压器技术数据表得 $U_k\%=4.5$,因此

$$X_3=X_4\approx\frac{U_K\%}{100}\frac{U_{c2}^2}{S_N}=\frac{4.5}{100}\times\frac{(0.4\ \text{kV})^2}{1\ 000\ \text{kV}\cdot\text{A}}=7.2\times10^{-6}\ \text{k}\Omega=7.2\times10^{-3}\ \Omega$$

两台变压器并联,故并联电抗为 $3.6\times10^{-3}\ \Omega$。

④ 绘 $k-2$ 点短路的等效电路如图 2-14(b)所示,并计算其电抗

$$X_{\Sigma(k-2)}=X'_1+X'_2+X_3\parallel X_4$$
$$=3.2\times10^{-4}\ \Omega+2.76\times10^{-3}\ \Omega+3.6\times10^{-3}\ \Omega$$
$$=6.68\times10^{-3}\ \Omega$$

(2) 计算三相短路电流和短路容量

① 三相短路电流周期分量有效值

$$I_{k-2}^{(3)}=\frac{U_{c2}}{\sqrt{3}X_{\Sigma(k-2)}}=\frac{0.4\ \text{kV}}{\sqrt{3}\times6.68\times10^{-3}\ \Omega}=34.57\ \text{kA}$$

② 三相短路次暂态电流和稳态电流

$$I''^{(3)}=I_\infty^{(3)}=I_{k-2}^{(3)}=34.57\ \text{kA}$$

③ 三相短路冲击电流和第一个短路周期全电流有效值

$$i_{sh}^{(3)}=1.84I''^{(3)}=1.84\times34.57\ \text{kA}=63.6\ \text{kA}$$
$$I_{sh}^{(3)}=1.09I''^{(3)}=1.09\times34.57\ \text{kA}=37.7\ \text{kA}$$

④ 三相短路容量

$$S_{k-2}^{(3)}=\sqrt{3}U_{c2}I_{k-2}^{(3)}=\sqrt{3}\times0.4\ \text{kV}\times34.57\ \text{kA}=23.95\ \text{MV}\cdot\text{A}$$

在工程设计说明书中,往往只列短路计算表,如表 2-9 所示。

表 2-9　例 2-8 的计算结果

短路计算点	三相短路电流/kA					三相短路容量/MV·A
	$I_\infty^{(3)}$	$I''^{(3)}$	$I_{k-2}^{(3)}$	$i_{sh}^{(3)}$	$I_{sh}^{(3)}$	$S_{k-2}^{(3)}$
$k-1$ 点	2.86	2.86	2.86	7.29	4.32	52.0
$k-2$ 点	34.57	34.57	34.57	63.6	37.7	23.95

(二) 不对称短路电流的计算

1. 两相短路电流的计算

如图 2-15 所示,在无限大容量系统中发生两相短路时,其短路电流可由下式求得

$$I_k^{(2)} = \frac{U_c}{2|Z_\Sigma|} \tag{2-45}$$

式中，U_c 为短路点计算电压(线电压)。

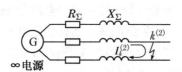

图 2-15　无限大容量系统中发生两相短路

如果只计电抗，则短路电流为

$$I_k^{(2)} = \frac{U_c}{2X_\Sigma} \tag{2-46}$$

其他两相短路电流 $I''^{(2)}$、$I_\infty^{(2)}$、$i_{sh}^{(2)}$ 和 $I_{sh}^{(2)}$ 等，都可按前面三相短路的对应短路电流的公式计算。

关于两相短路电流与三相短路电流的关系，可由 $I_k^{(2)} = \dfrac{U_c}{2|Z_\Sigma|}$、$I_k^{(3)} = \dfrac{U_c}{\sqrt{3}|Z_\Sigma|}$ 求得，

即　　　　　　　　　　$I_k^{(2)}/I_k^{(3)} = \sqrt{3}/2 = 0.866$

因此有　　　　　　　$I_k^{(2)} = \dfrac{\sqrt{3}}{2} I_k^{(3)} = 0.866 I_k^{(3)} \tag{2-47}$

上式说明，无限大容量系统中，同一地点的两相短路电流为三相短路电流的 0.866 倍。特别说明：上式只适用于远离发电机的无限大容量系统短路的情况，如果在发电机出口短路时，$I_k^{(2)} = 1.5 I_k^{(3)}$。

两相短路电流主要用于相间短路保护的灵敏度检验；单相短路电流主要用于单相短路保护的整定及单相短路热稳定度的校验。

三、任务布置

某供电系统如图 2-16 所示，已知电力系统出口断路器的断流容量为 500 MV·A，用欧姆法计算工厂变电所 10 kV 母线上 $k-1$ 点短路和变压器低压 380 V 母线上 $k-2$ 点短路的三相短路电流和短路容量。

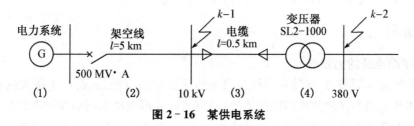

图 2-16　某供电系统

四、课后习题

1. 什么是短路计算的欧姆法？什么叫短路计算的标幺制法？各有什么特点？

2. 什么是短路计算电压? 它与线路额定电压有什么关系?

3. 在无限大容量电力系统中,两相短路电流和单相短路电流各与三相短路电流有什么关系?

4. 有一地区变电所通过一条长 4 km 的 6 kV 电缆线路供电给某厂一个装有两台并列运行的 SL7 - 800 型主变压器的变电所。地区变电站出口断路器的断流容量为 300 MV·A。试用欧姆法求该厂变电所 6 kV 高压侧和 380 V 低压侧的短路电流 $I_k^{(3)}$、$I''^{(3)}$、$I_\infty^{(3)}$、$i_{sh}^{(3)}$、$I_{sh}^{(3)}$ 及短路容量 $S_k^{(3)}$,并列出短路计算表。

任务 5 短路电流的效应

知识教学目标

1. 了解短路电流的电动力效应和热效应。
2. 了解电动力效应和热效应的计算条件。

能力培养目标

1. 进行电气或导体的动稳定校验条件。
2. 进行电气或导体的热稳定校验条件。

一、任务导入

通过短路计算得知,供电系统发生短路时,短路电流相当大,是正常运行电流的几十甚至上百倍。如此大的短路电流通过电器和导体时,会产生具有破坏性的电动力效应和热效应。

短路电流数值非常大,一方面在导体之间会产生很大的电动力,即电动力效应;另一方面会产生很大的热量,即热效应。这两类短路效应,对电器和导体的安全运行威胁极大,必须充分注意,在电气设备和导线、电缆的选择时满足这两方面的要求。

二、相关知识

(一) 短路电流的力效应

供电系统发生短路时,导体中将流过很大的短路冲击电流,从而产生很大的电动力,这时如果导体和它的支撑物的机械强度不够,必将造成变形或破坏而引起严重事故。为此,必须研究短路电流冲击值所产生电动力的大小和特征,以便在选择电气设备时考虑它的影响,保证具有足够的稳定性,使电气设备可靠地运行。

对于三平行导体,发生三相短路时,中间一相所受的电动力最大。此时电动力的最大瞬时值可用下式计算

$$F = 0.173 K_S i_{sh}^2 \frac{L}{a} \tag{2-48}$$

式中：i_{sh} 为三相短路时，短路电流的冲击值，单位为 kV；L 为平行导体长度；a 为两导体的轴线间距离；K_S 为导线的形状系数。

导体的形状系数 K_S 与导体截面形状、几何尺寸及相互位置关系有关。圆形或正方形截面导体 $K_S=1$；矩形导体截面的周长尺寸远小于两根导体之间距离时 $K_S=1$。

形状系数 K_S 是 $\frac{a-b}{h+b}$ 的 $\frac{b}{h}$ 函数，可由图 2-17 查得，其中 a、b、h 如图中所示。当母线立放时 $m=\frac{b}{h}<1$，其 $K_S<1$；当母线平放时 $m=\frac{b}{h}>1$，则 $K_S>1$，但最大不超过 1.4；如 $\frac{a-b}{h+b} \geqslant 2$ 时，则有 $K_S \approx 1$。

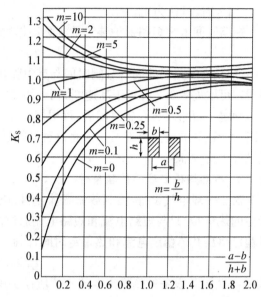

图 2-17　矩形截面母线的形状系数曲线

三相线路发生三相短路时中间相导体所受的电动力，比两相短路时导体所受的电动力大，是两相短路电流的 1.15 倍。

（二）短路电流的热效应

1. 短路时导体的发热过程和发热计算

短路前后导体的温度变化曲线如图 2-18 所示。导体在短路前正常负荷时的温度为 θ_L。设在 t_1 时发生短路，在 t_2 时保护装置动作，切除短路故障。短路电流持续时间 t_k 很短，通常不会超过 2~3 s，可认为是一个绝热过程，即短路电流产生的热量不向周围介质扩散，全部用来使导体温度升高。导体温度按指数函数规律迅速升高至 θ_k 后，短路被切除，导体温度又按指数函数规律下降，直至达到周围介质温度 θ_0。

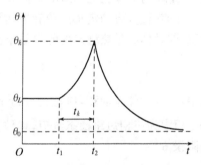

图 2-18　短路前后导体的温度变化曲线

按照导体的允许发热条件，导体在正常负荷和短路时的最高允许温度见附录6。若导体和电气设备在短路时的发热温度不超过允许温度，则认为其短路热稳定度是满足要求的。

要确定导体短路后实际达到的最高温度 θ_k，应先求出短路期间实际的短路全电流 i_k 或 $I_{k(t)}$ 在导体中产生的热量 Q_k，但按此电流计算出其产生的热量是相当困难的，因此一般采用一个恒定的短路稳态电流 I_∞ 来等效计算实际短路电流所产生的热量。由于通过导体的短路电流实际上不是 I_∞，因此假定一个时间，在此时间内，I_∞ 通过导体所产生的热量，恰好与实际短路电流 i_k 或 $I_{k(t)}$ 在实际短路时间 t_k 内通过导体所产生的热量相等。这一假定的时间，称为短路发热假想时间或短路热效时间，用 t_{ima} 表示。等效关系如下式：

$$Q_k = \int_0^{t_k} i_k^2 R \, \mathrm{d}t = I_\infty^2 R t_{ima} \tag{2-49}$$

对无限大容量电力系统,短路发热假想时间可用下式近似计算:

$$t_{\text{ima}} = t_k + 0.05 \text{ s} \qquad (2-50)$$

当 $t_k > 1$ s 时,可认为 $t_{\text{ima}} = t_k$。

短路时间 t_k 为短路保护装置的实际动作时间 t_{op} 与断路器的断路时间 t_α 之和,即

$$t_k = t_{op} + t_\alpha \qquad (2-51)$$

式中,t_α 又为断路器的固有分闸时间与其电弧延燃时间之和。对于一般高压断路器(如油断路器),可取 $t_\alpha = 0.2$ s;对于高速断路器(如真空断路器),可取 $t_\alpha = 0.1 \sim 0.15$ s。

确定了短路发热假想时间后,可根据式(2-49)计算短路发热热量 Q_k,再计算出导体在短路后所达到的最高温度 θ_k。但是这种计算过程相当繁复,在工程设计中不实用,可查阅有关设计手册,此略。

2. 短路热稳定度的校验条件

对于一般电气设备,因其载流导体材料、长度及截面积都已确定,所以短路电流通过时产生的热量 Q_k 只与短路电流和短路电流通过的时间有关。同样,电气设备在出厂前,通过试验已得出其热稳定电流和热稳定时间,因此一般电气设备的热稳定度校验条件为

$$I_t^2 t \geqslant I_\infty^{(3)2} t_{\text{ima}} \qquad (2-52)$$

式中:I_t 为电气设备的热稳定电流有效值;t 为电气设备的热稳定时间。I_t 和 t 可由有关手册或产品样本查得。附录中列出部分常用高、低压电器的主要技术数据,供参考。

母线、绝缘导线和电缆等导体的热稳定度校验条件为

$$\theta_{k.\max} \geqslant \theta_k \qquad (2-53)$$

式中,$\theta_{k.\max}$ 为导体在短路时的最高允许温度,如附录表 11 所列。

如前所述,要确定 θ_k 比较麻烦,因此也可根据短路热稳定度的要求来确定其最小允许截面积,即导体满足热稳定度的等效条件为

$$A \geqslant A_{\min} = I_\infty^{(3)} \frac{\sqrt{t_{\text{ima}}}}{C} \qquad (2-54)$$

式中:A 为导体截面积,单位为 mm^2;$A_{\min}$ 为导体满足热稳定度的最小允许截面积,单位为 mm^2;$I_\infty^{(3)}$ 为三相短路稳态电流,单位为 A;C 为导体的热稳定系数,单位为 $\text{A} \cdot \text{s}^{\frac{1}{2}}/\text{mm}^2$,可查附录 6。

三、任务布置

某 10 kV 铝芯聚氯乙烯电缆通过的三相稳态短路电流为 8.5 kA,通过短路电流的时间为 2 s。按短路热稳定条件确定该电缆所要求的最小截面。

四、课后习题

1. 什么是短路电流的电动力效应?为什么要采用短路冲击电流来计算?
2. 什么是短路电流的热效应?为什么要采用短路稳态电流来计算?
3. 什么是电气设备或导体的热稳定性?
4. 什么是电气设备或导体的动稳定性?

单元3 变电站电气设备运行维护

任务1 高压电气设备

知识教学目标

1. 熟悉高压电气设备的类型、作用。
2. 了解各高压电气设备的结构。
3. 理解各高压电气设备的工作原理。
4. 熟悉各设备的使用注意事项。

能力培养目标

1. 了解高压电气设备的操作方法。
2. 熟悉高压电气设备的运行维护。

一、任务导入

开关设备接通或断开电路时,其触头间出现强烈白光的现象称为弧光放电,这种白光叫电弧。电弧是一种极强烈的电游离现象,其特点是弧光很强、温度很高,而且具有导电性。

电弧不仅延长了切断电路的时间,而且电弧的高温可能烧损开关的触头,造成电路的弧光短路,甚至引起火灾和爆炸事故。此外,强烈的弧光可能损伤人的视力,严重的可使人眼失明。因此开关设备在结构设计上要保证操作时电弧能迅速地熄灭,所以有必要了解各种开关电器的结构和工作原理,了解开关电弧的形成与熄灭。

1. 电弧的产生

电弧燃烧是电流存在的一种方式,电弧内存在着大量的带电质点,这些带电质点的产生与维持需经历以下四个过程:

(1)热电子发射。开关触头分断电流时,随着触头接触面积的减小,接触电阻增大,触头表面会出现炽热的光斑,使触头表面分子中的外层电子吸收足够的热能而发射到触头间隙中去,形成自由电子,这种电子发射叫做热电子发射。

(2)强电场发射。开关触头分断之初,电场强度很大,在强电场的作用下,触头表面的电子可能进入触头间隙,也形成自由电子,这种电子发射叫做强电场发射。

(3)碰撞游离。已产生的自由电子在强电场的作用下高速向阳极移动,在移动中碰撞到中性质点,就可能使中性质点获得足够的能量而游离成带电的正离子和新的自由电子,即碰撞游离。碰撞游离的结果,使得触头间正离子和自由电子大量增加,介质绝缘强度急剧下降,间隙被击穿形成电弧。

(4) 热游离。电弧稳定燃烧,电弧的表面温度达 3 000～4 000 ℃,弧心温度高达 10 000 ℃。在此高温下,中性质点热运动加剧,获得大量的动能,当其相互碰撞时,可生成大量的正离子和自由电子,进一步加强了电弧中的游离,这种由热运动产生的游离称为热游离。电弧温度越高,热游离越显著。

由于上述几种方式的综合作用,使电弧产生并得以维持。

2. 电弧的熄灭

在电弧中不但存在着中性质点的游离,同时也存在着带电质点的去游离。要使电弧熄灭,必须使触头间电弧中的去游离(带电质点消失的速率)大于游离(带电质点产生的速率)。带电质点的去游离主要是复合和扩散。

(1) 复合。复合是指带电质点在碰撞的过程中重新组合为中性质点。复合的速率与带电质点浓度、电弧温度、弧隙电场强度等因素有关。通常是电子附着在中性气体质点上,形成负离子,然后再与正离子复合。

(2) 扩散。扩散是指电弧与周围介质之间存在着温度差与离子浓度差,带电质点就会向周围介质中运动。扩散的速度与电弧及周围介质间温差、电弧及周围介质间离子的浓度差、电弧的截面面积等因素有关。

(3) 交流电弧的熄灭。交流电弧的电流过零时,电弧将暂时熄灭。电弧熄灭的瞬间,弧隙温度骤降,去游离(主要为复合)大大增强。对于低压开关而言,可利用交流电流过零时电弧暂熄灭这一特点,在 1～2 个周期内使电弧熄灭。对于具有较完善灭弧结构的高压断路器,交流电弧的熄灭也仅需要几个周期的时间,而真空断路器只需半个周期的时间,即电流第一次过零时就能使电弧熄灭。

3. 开关电器中常用的灭弧方法

(1) 拉长电弧法。电弧必须由一定的电压来维持,迅速拉长电弧,会使电弧单位长度的电压骤降,离子的复合迅速增强,从而加速电弧的熄灭。

高压开关中装设强有力的断路弹簧,其目的就在于加快触头的分断速度,迅速拉长电弧。这种灭弧方法是开关电器中普遍采用的最基本的一种灭弧法。

(2) 吹弧灭弧法

利用外力(如油流、气流或电磁力)吹动电弧,在电弧拉长时使之加速冷却,降低电弧中的电场强度,加速带电质点的复合与扩散,加速电弧的熄灭。吹弧的方式按施加外力的性质分为气吹、油吹、电动力吹和磁力吹等;按吹弧的方向分为横吹和纵吹两种。目前广泛使用的油断路器、SF_6 断路器以及低压断路器中都利用了吹弧灭弧法进行灭弧。低压开关利用其迅速拉开时本身回路所产生的电动力吹动电弧,使电弧加速拉长;有的开关则采用专门的磁吹线圈来吹动电弧,如表 3－1 所示。

(3) 粗弧分细灭弧法

将粗弧分成若干平行的细小电弧,增大了电弧与周围介质的接触面积,改善了电弧的散热条件,降低了电弧的温度,从而使带电质点的复合和扩散得到加强,使电弧加速熄灭。如

RN1、RN2 等高压熔断器,其熔管内熔丝由多根镀银的细铜丝并联组成,熔丝熔断会产生若干平行的细小电弧。

（4）长弧切短灭弧法

由于电弧的电压降主要降落在阴极区和阳极区,而且基本上是一个常数,而弧柱电压降又较小,所以可以利用金属片将长弧切成若干短弧,如图 3-1 所示。这样维持触头间电弧稳定燃烧的电压降相当于增加了若干倍,当外施电压(触头间)小于电弧上的电压降时,电弧不能维持而迅速熄灭。如低压断路器和部分刀开关的灭弧罩就是利用这个原理来灭弧的。

表 3-1　吹弧灭弧法的类型、示意图及应用

分类方法	类型	示意图及说明	应用举例
吹弧方向	纵吹	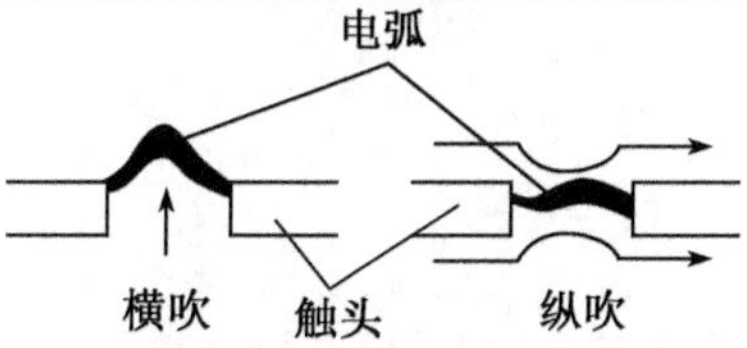 纵吹主要使电弧冷却变细;横吹主要将电弧拉长,增大电弧表面积,使冷却作用加强。横吹比纵吹的效果要好	大多数开关电器采用吹弧灭弧法,且多采用纵横混合吹弧
	横吹		
施加外力性质	气吹	利用压缩气体或自产气体吹弧	跌开式熔断器 压气式负荷开关
	油吹	利用绝缘油对流或油分解产生的高压油气混合物吹弧	多油断路器 少油断路器
	磁力吹	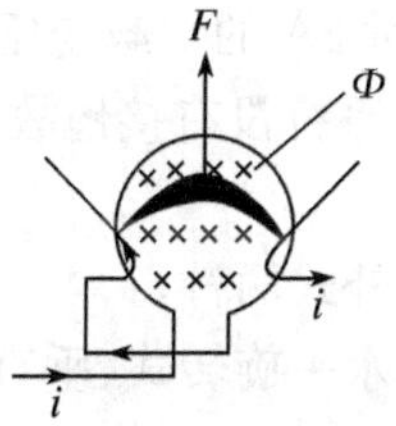 采用专门的磁吹线圈来灭弧	磁吹断路器 磁吹避雷器
	电动力灭弧	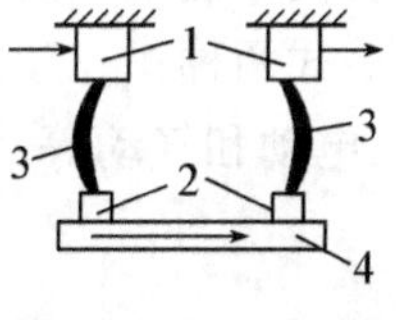	低压开关

（5）真空灭弧法

真空具有较高的绝缘强度,若将开关触头装在真空容器内,则在此间产生的电弧(真空电弧)较小,且在电流第一次过零时就能将电弧熄灭。如真空断路器、真空负荷开关就是利用这个原理来灭弧的。

（6）六氟化硫灭弧法

六氟化硫(SF_6)气体具有优良的绝缘性能和灭弧性能,采用 SF_6 可极大地提高开关的

断流容量和减少灭弧所需时间。如 SF$_6$ 断路器、SF$_6$ 负荷开关就是利用这个原理来灭弧的。

在现代的开关电器中,通常是综合利用上述某几种灭弧方法的组合来达到灭弧的目的。而且,越是重要的电气设备,其灭弧措施越完善。同时,电气设备的灭弧性能往往是衡量其运行可靠性和安全性的重要指标之一。

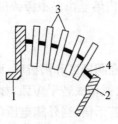
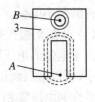

(a) 消弧栅侧视图　　　　　(b) 消弧栅片切弧原理

1—静触头;2—动触头;3—金属栅片;4—电弧

图 3-1　将长弧切割成若干短弧

二、相关知识

(一) 高压隔离开关

1. 隔离开关的用途和分类

隔离开关是一种最简单的高压开关,在实际应用中也称刀闸。由于隔离开关没有专门的灭弧装置,不能用来开断负荷和短路电流。在配电装置中,隔离开关的主要用途有:

(1) 用隔离开关在需要检修的部分和其他带电部分构成明显可见的断口,保证检修工作的安全。

(2) 利用"等电位原理",用隔离开关进行电路的切换工作。

(3) 由于隔离开关通过拉长电弧方法灭弧,具有切断小电流的可能性,所以隔离开关可用于下列操作:断开和接通电压互感器和避雷器;断开和接通母线或直线连接在母线上设备的电容电流;断开和接通励磁电流不超过 2A 的空载变压器或电容电流不超过 5A 的空载线路;断开和接通变压器中性点的接地线(系统没有接地故障才能进行)。

隔离开关可按下列原则进行分类:

(1) 按装设地点可分为户内式和户外式两种;

(2) 按隔离开关的运行方式可分为水平旋转式、垂直旋转式、摆动式和插入式四种;

(3) 按绝缘支柱的数目可分为单柱式、双柱式和三柱式三种;

(4) 按是否带接地隔离开关可分为有接地隔离开关和无接地隔离开关两种;

(5) 按极数多少可分为单极式和三极式两种;

(6) 按配用的操作机构可分为手动、电动和气动等。

隔离开关的型号表示和含义如下:

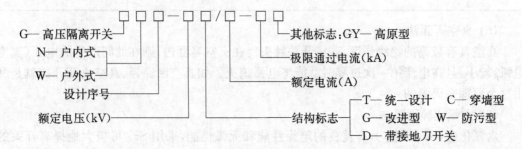

2. 隔离开关的结构原理

(1) 户内式隔离开关(GN 型)

图 3-2 为 GN8-10/600 型隔离开关的外形图。GN8-10/600 型开关每相导电部分通过一个支柱绝缘子和一个套管绝缘子安装,每相隔离开关中间均有拉杆绝缘子,拉杆绝缘子与安装在底架上的转轴相连,主轴通过拐臂与连杆和操作机构相连。

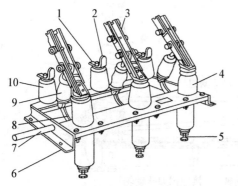

1—上端线端子;2—静触头;3—闸刀;4—套管绝缘子;
5—下接线端子;6—框架;7—转轴;8—拐臂;9—升降绝缘子;10—支柱绝缘子

图 3-2 GN8-10/600 型高压隔离开关

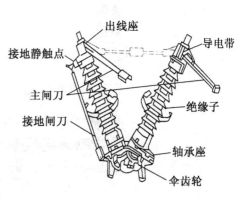

图 3-3 GW5-35D 型户外式隔离开关

(2) 户外式隔离开关(GW 型)

户外式隔离开关的工作条件比较恶劣,绝缘要求高,应保证在冰雪、雨水、风、灰尘、严寒和酷暑等条件下可靠地工作。户外隔离开关应具有较高的机械强度,因为隔离开关可能在触点结冰时操作,这就要求隔离开关触点在操作时有破冰作用。

图 3-3 为 GW5-35D 型户外式隔离开关的外形图。它是由底座、支柱绝缘子和导电回路等部分组成,两绝缘子呈"V"形,交角 50°,借助连杆组成三极联动的隔离开关。底座部分有两个轴承,用以旋转棒式支柱绝缘子,两轴承座间用齿轮啮合,即操作任一柱,另一柱可随之同步旋转,以达分断、关合的目的。图 3-4 为 GW6 型单柱式隔离开关,应用在 220 kV 回路,由于剪刀式结构,能有效地节约占地面积。图 3-5 为 GW4 型柱状结构隔离开关,原理同"V"形。图 3-6 为 1 100 kV 特高压柱状隔离开关,中间柱可以转动 90°,使主触头闭合。

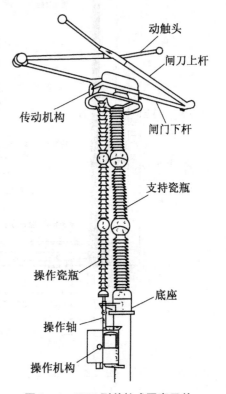

图 3-4 GW6 型单柱式隔离开关

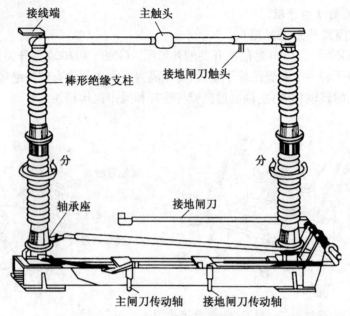

接线端　　　　　　　主触头

棒形绝缘支柱

接地闸刀触头

分　　　　　　　　　　分

轴承座　　　　接地闸刀

主闸刀传动轴　　接地闸刀传动轴

图 3 - 5　GW4 型柱状结构隔离开关

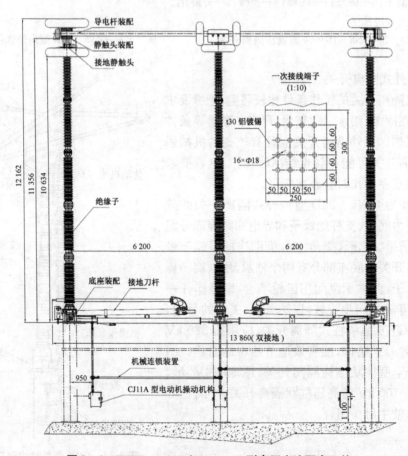

导电杆装配

静触头装配

接地静触头

一次接线端子
(1:10)

t30 铝镀锡

16×Φ18

绝缘子

底座装配　接地刀杆

13 860(双接地)

机械连锁装置

CJ11A 型电动机操动机构

图 3 - 6　GW27 - 1100D/J6300 - 63 型高压交流隔离开关

（二）高压断路器

高压断路器（文字符号为 QF）是高压输配电线路中最为重要的电气设备。它具有可靠的灭弧装置，因此，不仅能通断正常的负荷电流，而且能接通和承担一定时间的短路电流，并能在保护装置作用下自动跳闸，切除短路故障。

高压断路器的形式可按使用场合分为户内和户外两种，也可以按断路器采用的灭弧介质分为高压压缩空气断路器、高压油断路器、高压真空断路器、高压 SF_6 断路器等多种形式。目前，高压压缩空气断路器已基本不使用，高压油断路器也属于淘汰产品，高压真空断路器和高压 SF_6 断路器得到广泛使用。高压断路器的全型号表示和含义如下：

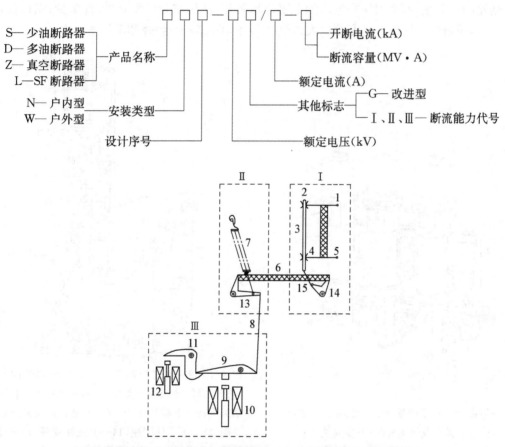

1、5—接线端子；2—静触头；3—动触头；4—中间触头；6—绝缘拉杆；7—分闸弹簧；8、15—分闸拉杆；9—合闸机构；10—合闸电磁铁；11—分闸搭钩；12—分闸电磁铁；13、14—拐臂

图 3-7　断路器的工作原理图

断路器的工作原理如图 3-7 所示，系统发生故障后，继电保护装置使分闸电磁铁 12 有电向上顶，分闸搭钩 11 顺时针方向转动，合闸机构 9 的合闸位置不能维持，在断路弹簧 7 的作用下，拐臂 13、14 逆时针转动，拉杆 6 带动可动触头 3 向下运动，动、静触头分开，将系统故障部分切除。

断路器合闸时,合闸电磁铁 10 的线圈有电,将合闸机构 9 向上顶,并拉紧分闸弹簧 7,使拐臂 13、14 顺时针方向转动。拉杆 15 推动动触头 3 向上运动,与静触头 2 接触,连通系统回路,当合闸机构达到合闸位置后,被分闸搭钩卡住,而保持在合闸位置,然后合闸电磁铁断电,铁芯落下复位。

1. 高压油断路器

采用变压器油作灭弧介质的断路器称为油断路器。油断路器又可分为多油断路器和少油断路器。

图 3-8 是 SN10-10 型少油断路器的外形图。图 3-9 是该型断路器内部剖面图。该断路器的特点是:开关触头在绝缘油中闭合和断开;油只作为灭弧介质,油量少;结构简单,体积小,重量轻;外壳带电,必须与大地绝缘,人体不能触及;燃烧和爆炸危险少。

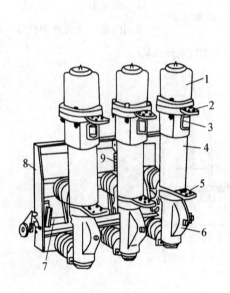

1—铝帽;2—上接线端子;3—油标;4—绝缘油(内装灭弧室及触头);5—下接线端子;6—基座;7—主轴;8—框架;9—分闸弹簧

图 3-8　SN10-10 型高压少油断路器外形图

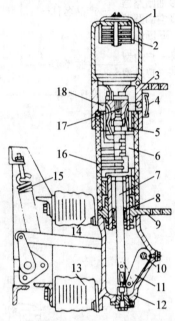

1—铝帽;2—油气分离器;3—上接线端子;4—油标;5—静触头;6—灭弧室;7—动触头;8—中间滚动触头;9—下接线端子;10—转轴;11—拐臂;12—基座;13—下支柱瓷瓶;14—上支柱瓷瓶;15—短路弹簧;16—绝缘筒;17—逆止阀;18—绝缘油

图 3-9　少油断路器内部剖面图

SN10-10 型断路器可配用 CS2 型手动操作机构、CD 型电磁操动机构或 CT 型弹簧操动机构。CD 型和 CT 型操动机构都有跳闸和合闸线圈,通过断路器的传动机构使断路器动作。电磁操动机构需用直流电源操作,也可以手动,远距离跳、合闸。弹簧储能操动机构可交、直流操作电源两用,可以手动,也可以远距离跳、合闸。

少油断路器的主要缺点是:检修周期短,在户外使用受大气条件影响大,配套性差。

SW2-40.5 型断路器本体由基座、支持瓷套、灭弧室装配以及传动系统四个部分组成。

其外形结构如图 3-10 所示。断路器三相单柱都固定在同一基座上,每相单柱的下部是支持瓷套,上部是灭弧室装配,灭弧室装配中装有导电系统和灭弧单元,传动系统则装于基座及下瓷套中。

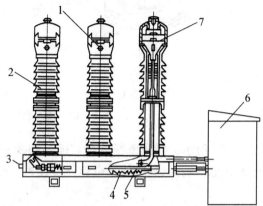

1—油位指示计;2—断路器本体;3—油缓冲器;4—分闸弹簧;
5—水平拉杆;6—操动机构;7—压油活塞

图 3-10　SW2-40.5 型少油断路器外形结构图

2. 高压真空断路器

(1) 真空断路器的特点

真空灭弧室的绝缘性能好,触头开距小(12 kV 真空断路器的开距约为 10 mm,40.5 kV 的约为 25 mm),要求操动机构的操作功率小,动作快。

由于开距小,电弧电压低,电弧能量小,开断时触头表面烧损轻微.特别适用于要求频繁操作的场所。

真空断路器使用安全,维护简单,操作噪声小,防火防爆。真空开关使用中,灭弧室无需检修。在 10 kV、35 kV 配电系统中,使用广泛,是配电开关无油化的最好换代产品。

(2) 真空断路器灭弧室结构

真空灭弧室的基本元器件有外壳、波纹管、动静触头和屏蔽罩等,如图 3-11 所示。在真空灭弧室内,装有一对动、静触头,触头周围是屏蔽罩。灭弧室的外部密封壳体可以是玻璃或陶瓷。动触头的运动部件连接

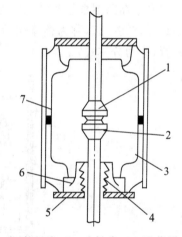

1—静触头;2—动触头;3—屏蔽罩;
4—波纹管;5—与外壳封接的金属
法兰盘;6—波纹管屏蔽罩;7—玻壳

图 3-11　真空灭弧室的结构

着波纹管,作为动密封。波纹管能在动触头往复运动时保证真空灭弧室外壳的完全密封。

真空开关常用的触头有:圆盘形触头、横向磁场的触头和纵向磁场的触头。

圆盘形触头只能在不大的电流下维持电弧为扩散型,如图 3-12 所示。随着开断电流的增大,阳极出现斑点,电弧由扩散型转变为集聚型时就难以熄灭了。增大圆盘形触头的直径可以延缓阳极斑点的形成。

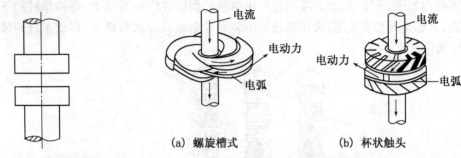

图 3-12 圆盘形触头   (a) 螺旋槽式   (b) 杯状触头

图 3-13 横向磁场的触头

横向磁场的触头如图 3-13 所示。横向磁场就是与弧柱轴线相垂直的磁场,它与电弧电流产生的电磁力能使电弧在电极表面运动,防止电弧停留在某一点上,延缓阳极斑点的产生,提高开断性能。

纵向磁场的触头。在同样的触头直径下,纵向磁场触头能够开断的电流最大。纵向磁场的触头结构比较复杂,机械强度不易解决。该触头比常规的圆盘触头的损耗大,触头温升高。

(3) ZN28-12 型真空断路器

ZN28-12 真空断路器,配用 CD17 型电磁操动机构,也可配用相应的弹簧操动机构。本系列真空断路器根据其结构特点分为两大类:一类是 ZN28-12 系列,其特点是操动机构和断路器装在一起,称为整体式;另一类是 ZN28A-12 系列,其特点是操动机构和断路器分开布置,称为分体式。

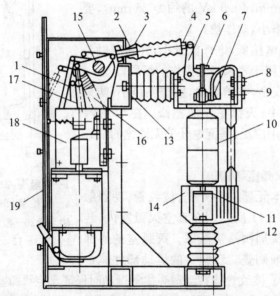

1—开距调整垫片;2—触头压力弹簧;3—弹簧座;4—接触行程调整螺栓;5—拐臂;6—导向板;7—导电夹紧固螺栓;8—动支架;9—螺钉;10—真空灭弧室;11—真空灭弧室固定螺栓;12—绝缘子;13—绝缘子固定螺栓;14—静支架;15—主轴;16—分闸拉簧;17—输出杆;18—机构;19—面板

图 3-14 ZN28-12 真空断路器

　　配CD17型电磁操动机构的ZN28-12型真空断路器的基本结构如图3-14所示。产品总体结构为落地式,每个真空灭弧室由一只落地绝缘子和一只悬挂绝缘子固定,真空灭弧室旁有半棒形绝缘子支撑。

　　3. 高压六氟化硫(SF_6)断路器

　　六氟化硫(SF_6)断路器是一种利用SF_6气体作为灭弧和绝缘介质的断路器。SF_6是一种无色、无味、无臭、无毒、不燃的惰性气体,其化学特性相当稳定,对金属和绝缘材料无腐蚀作用。SF_6属于强电负性气体,容易和电子结合形成负离子,从而阻碍放电的形成和发展,所以SF_6气体具有优良的绝缘和灭弧性能。在均匀电场中其绝缘强度约为空气的2.5倍,其灭弧能力为空气的100倍以上,当压力为300 kPa时,与变压器油的绝缘能力相当。这样,和空气绝缘相比,SF_6气体绝缘可使电气设备减小占地面积和体积,和变压器油绝缘相比则有防火防爆的优点。因此,SF_6气体已广泛用于高压断路器、GIS和充气管道电缆等。SF_6断路器的触头一般都设计成具有自动净化的功能,因电弧而产生的氟化物在灭弧后的极短时间内能自动还原,对其残余杂质可用特殊的吸附剂清除,基本上对人体和设备没有什么危害。

　　图3-15所示为LN2-10型高压SF_6断路器的外形结构图和其灭弧室的内部结构剖面图。

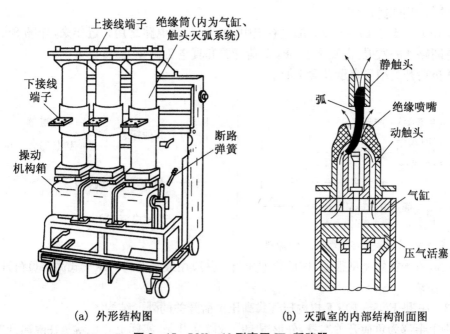

(a) 外形结构图　　　　　　　(b) 灭弧室的内部结构剖面图

图3-15　LN2-10型高压SF_6断路器

　　断路器的静触头和灭弧室中的压气活塞是相对固定的。当跳闸时,装有动触头和绝缘喷嘴的气缸由断路器的操动机构通过连杆带动离开静触头,使气缸和活塞产生相对运动来压缩SF_6气体,并使之通过喷嘴吹出,用吹弧法来迅速熄灭电弧。

　　SF_6断路器具有下列优点:断流能力强,灭弧速度快,绝缘性能好,检修周期长,适用于需频繁操作及易燃易爆等危险的场所。但是,SF_6断路器要求加工精度高,对密封性能要求更严,因此价格相对昂贵。由于 SF₆ 断路器在电弧高温作用下会产生有强烈腐蚀性、有剧毒的 F_2 等物质,所以检修时应注意防毒。

目前 SF₆ 断路器主要应用在需频繁操作及易燃易爆等危险的场所以及超高压电力系统中。

(三) 高压负荷开关

1. 概述

高压负荷开关是一种可以带负荷分、合电路的控制电器,它具有结构简单、动作可靠、造价低等特点。

户内型负荷开关的灭弧装置是以有机玻璃等固体产气材料制造的。开关本身根据负荷电流的通、断容量设计,而不是根据短路电流设计制造,所以它只能拉、合电气设备或线路的负荷电流、过负荷电流,不能拉断短路电流,适用于小容量电路作为手动控制设备。

户内型负荷开关具有明显的断开点,因此在断开电源后,又具有隔离开关的作用。与户内型负荷开关配合使用的高压熔断器(RN1 型)作为保护元件,用来切断电路中的过载电流和短路电流,它具有控制电器和保护电器的功能。

户外型负荷开关(俗称柱上油开关),它没有明显断开点,三相触点装置于同一油桶内,依靠油介质灭弧,每相有两个串联的断点,不装专门灭弧室。触点分开时产生两个串联的电弧,在油的作用下电弧熄灭。

负荷开关主要在 10～35 kV 配电系统中,作为分、合电路之用。近年来,伴随 SF₆ 断路器与真空断路器的发展,也发展了 SF₆ 负荷开关和真空负荷开关。

高压负荷开关型号表示及含义如下:

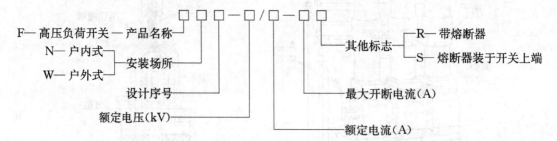

2. 高压负荷开关的结构及工作原理

高压负荷开关的类型很多,这里着重介绍一种应用最多的户内压气式高压负荷开关。

(1) 结构

图 3-16 是 FN3-10RT 户内压气式高压负荷开关的外形结构图。

图中上半部为负荷开关本身,外形很像一般隔离开关,实际上它也就是在隔离开关的基础上加一个简单的灭弧装置。负荷开关上端的绝缘子就是一个简单的灭弧室,它不仅起支持绝缘子的作用,而且内部是一个气缸,装有由操作机构主轴传动的活塞,其作用类似打气筒。绝缘子上部装有绝缘喷嘴和弧静触点。

(2) 工作原理

负荷开关分闸时,通过操作机构,使主轴转动 90°,在分闸储能弹簧迅速收缩复原的爆发力作用下,主轴转动完成非常快,主轴转动带动传动机构,使绝缘拉杆迅速向上运动,使弧

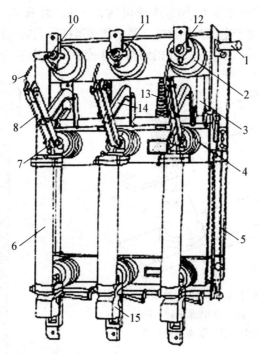

1—主轴；2—上绝缘子兼气缸；3—连杆；4—下绝缘子；5—框架；6—RN1
型高压熔断器；7—下触座；8—闸刀；9—弧动触；10—绝缘喷嘴（内有弧
静触点）；11—主静触点；12—上触座；13—断路弹簧；14—绝缘拉杆；
15—热脱扣器

图 3‑16   FN3‑10RT 型高压负荷开关

触点的静、动触点迅速分断，这是主轴分闸转动的联动动作的一部分，同时另一部分主轴转动使活塞连杆向上运动，使气缸内的空气被压缩，缸内压力增大，当弧触点分断产生电弧时，气缸内的压缩空气从喷口迅速喷出，电弧被迅速熄灭，使燃弧持续时间不超过 0.03 s。

应说明的是：运行中的负荷开关应定期进行巡视检查和停电检修，检修周期应根据分断电流大小及分合次数来确定，操作任务频繁易造成弧触点和喷口的烧蚀，轻者应检修，严重的应及时更换，以防止发生故障。

（四）高压熔断器

1. 概述

熔断器是一种当所在电路的电流超过规定值并经一定时间后，使其熔体熔化而分断电流、断开电路的一种保护电器。熔断器的功能主要是对电路及电路设备进行短路保护，但有时也具有过负荷保护的功能。

供电系统中，室内广泛采用 RN1、RN2 型高压管式熔断器，室外则广泛采用 RW4、RW10（F）型等跌落式熔断器。

2. RN1 和 RN2 型户内高压熔断器

RN1 型与 RN2 型的结构基本相同，都是瓷质熔管内充石英砂填料的密闭管式熔断器，RN1 型主要用作高压线路和设备的短路保护，也能起过负荷保护的作用，其熔体要通过主电路的电流,因此其结构尺寸较大,额定电流可达 100 A。而 RN2 型只用作高压电压互感器一次侧的短路保护。由于电压互感器二次侧全部接阻抗很大的电压线圈,致使它接近于空载工作,其一次侧电流很小,因此 RN2 型的结构尺寸较小,其熔体额定电流一般为 0.5 A。

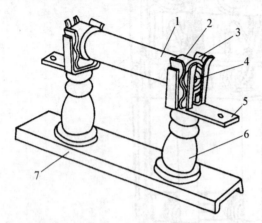

1—瓷熔管;2—金属管帽;3—弹性触座;4—熔断
指示器;5—接线端子;6—瓷绝缘子;7—底座

图 3-17 RN1、RN2 型高压熔断器

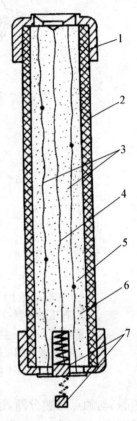

1—管帽;2—瓷管;3—工作熔体;
4—指示熔体;5—锡球;6—石英砂
填料;7—熔断指示器

**图 3-18 RN1、RN2 型高压熔断器的
熔管剖面示意图**

图 3-17 是 RN1、RN2 型高压熔断器的外形结构,图 3-18 是其熔管剖面示意图。由图 3-18 可知,熔断器的工作熔体(铜熔丝)上焊有小锡球。锡是低熔点金属,过负荷时锡球受热首先熔化,包围铜熔丝,铜锡的分子互相渗透而形成熔点较铜的熔点低的铜锡合金,使铜熔丝能在较低的温度下熔断,这就是所谓"冶金效应"。它使得熔断器能在不太大的过负荷电流或较小的短路电流时动作,提高了保护的灵敏度。又由图可知,这种熔断器采用几根熔丝并联,以便在它们熔断时能产生几根并行的电弧,利用粗弧分细灭弧法来加速电弧的熄灭。而且这种熔断器的熔管内是充填有石英砂的,熔丝熔断时产生的电弧完全在石英砂内燃烧,因此灭弧能力很强,在短路后不到半个周期即短路电流未达冲击值 i_{sh} 之前即能完全熄灭电弧、切断短路电流,从而使熔断器本身及其所保护的电压互感器不必考虑短路冲击电流的影响,因此这种熔断器属于"限流"熔断器。

当短路电流或过负荷电流通过熔体时,工作熔体熔断后,指示熔体也相继熔断,其红色的熔断指示器弹出,如图 3-18 中虚线所示,给出熔断的指示信号。

3. RW4 和 RW10(F)型户外高压跌落式熔断器

跌落式熔断器,又称跌开式熔断器,广泛用于环境正常的室外场所,其功能是,既可作 6～10 kV 线路的设备短路保护,又可在一定条件下,直接用高压绝缘钩棒(俗称令克棒)来操作熔管的分合。一般的跌开式熔断器如 RW4-10(G)型等,只能无负荷下操作,或通断小容量的空载变压器和空载线路等,其操作要求与隔离开关相同。而负荷型跌落式熔断器如

RW10-10(F)型,则能带负荷操作,其操作要求与负荷开关相同。

　　图 3-19 是 RW4-10(G)型跌落式熔断器的基本结构。这种跌落式熔断器串接在线路上。正常运行时,其熔管上端的动触头借熔丝张力拉紧后,利用钩棒将此动触头推入上静触头内锁紧,同时下动触头与下静触头也相互压紧,从而使电路接通。当线路上发生短路时,短路电流使熔丝熔断,形成电弧。消弧管由于电弧烧灼而分解出大量气体,使管内压力剧增,并沿管道形成强烈的气流纵向吹弧,使电弧迅速熄灭。熔丝熔断后,熔管的上动触头因失去张力而下翻,使锁紧机构释放熔管,在触头弹力及熔管自重作用下,回转跌开,造成明显可见的断开间隙。

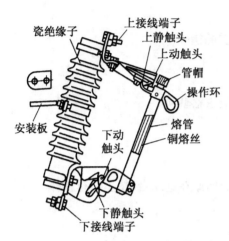

图 3-19　RW4-10(G)型跌开式熔断器

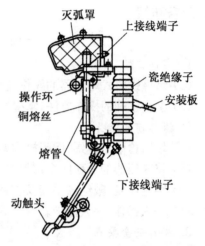

图 3-20　RW10-10(F)型跌开式熔断器

　　这种跌开式熔断器采用了"逐级排气"的结构。由图 3-19 可以看出,其熔管上端在正常运行时是封闭的,可以防止雨水浸入。在分断小的短路电流时,由于上端封闭形成单端排气,使管内保持足够大的压力,这样有利于熄灭小的短路电流所产生的电弧。而在分断大的短路电流时,由于管内产生的气压大,使上端薄膜冲开而形成两端排气,这样有助于防止分断大的短路电流时可能造成的熔管爆裂,从而有效地解决了自产气熔断器分断大小故障电流的矛盾。

　　RW10-10(F)型跌落式熔断器是在一般跌落式熔断器的静触头上加装简单的灭弧室,因而能带负荷操作。这种负荷型跌落式熔断器有推广应用的趋向(如图 3-20)。

　　跌落式熔断器依靠电弧燃烧使产气管分解产生的气体来熄灭电弧,即使是负荷型跌落式熔断器加装有简单的灭弧室,其灭弧能力都不强,灭弧速度不快,不能在短路电流到达冲击值之前熄灭电弧,因此属"非限流"熔断器。

　　4. 高压熔断器选择

　　首先应根据使用环境、负荷种类、安装方式和操作方式等条件选择出合适的类型。然后,按照额定电压、额定电流、额定断流能力选择熔断器的技术参数。在选择和校验熔断器技术参数时,应注意以下几点:

　　(1) 对于限流型熔断器,熔断器的额定电压与所在电网的电压应为同一电压等级,若熔断器的电压等级高于电网的电压等级,如 10 kV 的熔断器用于 6 kV 线路上,熔体熔断时将会产生过电压。

(2) 在校验熔断器的断流能力时,对于限流型熔断器用次暂态电流 I'',对于非限流型熔断器用短路冲击电流的有效值 I_{im}。

(3) 利用产气灭弧的熔断器,选择时,熔断器安装处短路电流的最大、最小值,应在熔断器分断电流的上、下限范围内。否则短路电流过大,管内气压过高,会造成熔管爆炸。电流过小,产气量太少,管内压力过低而达不到灭弧的目的。

(4) 熔断器的额定电流应不小于熔体的额定电流,否则熔断器将会因过热而损坏。

三、任务布置

实训　跌落式熔断器的操作

1. 实训目的

(1) 掌握跌落式熔断器的操作流程。

(2) 学会正确的操作方法,掌握操作要领和安全注意事项。

2. 操作前的准备

(1) 填写检修工作票、倒闸操作票。

(2) 将变压器的负荷侧全部停电。

(3) 穿绝缘靴、戴绝缘手套及护目镜,使用绝缘杆,站在绝缘台、垫上进行操作。

(4) 一人操作,一人监护。

3. 操作安全要点

(1) 送电操作时,先合两边相,后合中相。

(2) 停电操作时,先拉中相,后拉两边相。

(3) 有风时,先拉下风侧边相,后拉上风侧边相,防止弧光短路。

4. 更换熔丝的操作

(1) 取下熔丝管,RW3 型用绝缘杆顶静触头(鸭嘴);RW4 及 RW7 型则拉熔丝管上端的操作环(即 3 顶、4 拉)。

(2) 打磨被电弧烧伤的熔丝管静、动触头。

(3) 调整熔丝管静、动触头的距离及紧固件,熔丝应位于消弧管的中部偏上处。

(4) 更换熔丝前应检查熔丝管与产气管是否良好无损伤,损坏应更换。

(5) 更换熔丝时应压接牢固,接触良好,防止造成机械损伤。

(6) 送电操作时,先用绝缘杆金属端钩穿入操作环,令其绕轴向上转到接近静触头的地方,稍加停顿,看到上动触头确已对准上静触头,迅速向上推,使上动触头与上静触头良好接触,并被锁紧机构锁在这一位置,然后轻轻退下绝缘杆。

四、课后习题

1. 填空题

(1) 电弧熄灭的条件是弧道中的_____大于_____。

(2) 熔断器仅用在_____ kV 及以下电压等级的小容量电气装置中作短路保护或过

负荷保护用。

(3) SF_6 气体绝缘和空气绝缘相比的优点是_____，和变压器油绝缘相比的优点是_____。

2. 选择题

(1) 熔断器熔体上焊有小锡球目的是利用"冶金效应"法，其作用是为了(　　)。

　　A. 减少金属蒸气　　B. 缩短熔断时间　　C. 降低熔体的熔点　D. 提高通流能力

(2) 关于熔断器，下列说法中错误的是(　　)。

　　A. 电路中流过短路电流时，利用熔体产生的热量使自身熔断，从而切断电路，起到保护电气设备的作用

　　B. 熔断器可分为限流熔断器和不限流熔断器两大类

　　C. 熔断器不能作正常的切断和接通电路用，而必须与其他电气设备配合使用

　　D. 同一电流通过不同额定电流的熔体时，额定电流大的熔体先熔断

3. 判断题

(1) 隔离开关与断路器串联时，隔离开关应先合后分。　　　　　　　　(　　)

(2) 具有限流作用的熔断器所保护的电气设备可不进行动、热稳定度校验。(　　)

(3) 高压限流熔断器只能用在等于其额定电压的电网中。　　　　　　　(　　)

(4) 熔体的额定电流应小于熔断器的额定电流，但大于回路持续工作电流。(　　)

(5) 所有型式的负荷开关都可以作隔离开关用。　　　　　　　　　　　(　　)

(6) 真空断路器灭弧室内为真空，分断时不会产生电弧。　　　　　　　(　　)

(7) 线路停电操作的顺序是：拉开线路两端的开关，拉开线路侧闸刀、母线侧闸刀，在线路上可能来电的各端合接地闸刀(或挂接地线)。　　　　　　　　　　(　　)

4. 简答题

(1) 电弧对电气设备的安全运行有哪些影响？开关电器中有哪些常用的灭弧方法？其中最常用、最基本的灭弧方法是什么？

(2) 比较高压断路器、高压负荷开关和高压隔离开关的功能、结构特点，操作时分别应注意哪些事项？

(3) 比较真空断路器、SF_6 断路器和少油断路器，各自的主要优缺点是什么？

任务 2 低压电气设备

知识教学目标

1. 熟悉低压电气设备类型、作用。

2. 了解各电气设备的结构。

3. 理解各电气设备的工作原理。

4. 掌握自动空气开关的结构及原理。

能力培养目标

1. 了解熔断器的安装方法。
2. 熟悉自动空气开关的接线。
3. 掌握 RM10 型熔断器的熔体更换方法。

一、任务导入

低压电气设备种类繁多,采用的有闸刀开关、刀熔开关、熔断器、断路器等,在低压配电系统中得到广泛的应用。

二、相关知识

(一) 闸刀开关

闸刀开关是一种最简单的低压开关,它只能用于手动操作接通或开断电压电路的正常工作电流。闸刀开关的分类方法很多,在结构上可分为单极、双极和三极三种;按其操作方法可分为中间手柄、旁边手柄和杠杆操作三种;按用途可分为单投和双投两种;按灭弧机构分有带灭弧罩和不带灭弧罩两种。

没有灭弧罩的闸刀开关,不能断开大的负荷电流。带灭弧罩的闸刀开关,可用来切断额定电流。在开断电路时,刀片与触点间产生的电弧因磁力作用而被拉入钢栅片的灭弧罩内,切断成若干短弧而迅速熄灭。图 3-21 为 HD13 型闸刀开关的结构图,由于它的额定电流大于 600A,所以每一极有两个矩形截面的接触支座(固定触点),刀刃为两个接触条(动触点),与支座接触的部分压成半圆形突部,使之形成接触。

在闸刀开关中还有一种新型的组合开关电器——刀熔开关。它是用来代替低压配电装置中闸刀开关和熔断器的一种组合电器。它同时具有熔断器和闸刀开关的基本性能。图 3-22 是刀熔开关的结构示意图。

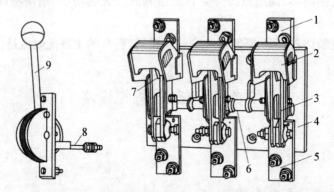

1—上接线端子;2—灭弧罩;3—闸刀;4—底坐;5—下接线端子;
6—主轴;7—静触头;8—连杆;9—操作手柄

图 3-21　HD13 型闸刀开关

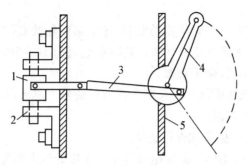

1—RT0型熔断器；2—触点；3—连杆；4—操作手柄；5—低压配电屏板面

图 3 - 22　刀熔开关的结构示意图

(二) 低压熔断器

熔断器主要由熔管、金属熔体和固定触点座组成。熔断器串于被保护电路中，能在电路发生短路或严重过负荷时自动熔断，从而切断电源，起到保护作用。熔断器有无填料熔断器（管型熔断器）、有填料熔断器（螺旋式、封闭式熔断器）等几种。

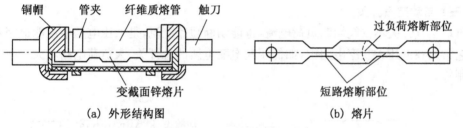

(a) 外形结构图　　　　　　　　　　　(b) 熔片

图 3 - 23　RM10 型熔断器

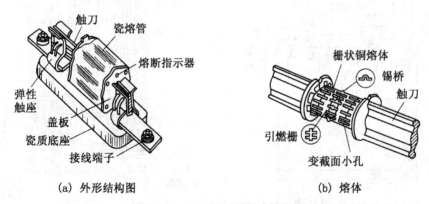

(a) 外形结构图　　　　　　　　　　　(b) 熔体

图 3 - 24　RT0 系列封闭式熔断器

图 3 - 23 所示为常用的、无填料型 RM10 系列管型熔断器，其额定电压为交流 220 V、380 V，直流 220 V、440 V，额定电流为 5～1 000 A，分断能力为 10～12 kA。它的内部熔体采用变截面锌片，以降低熔点和提高分断能力。RM10 系列管型熔断器熔体可自行更换，使

用方便。

图 3-24 所示为 RT0 系列封闭式熔断器,这类熔断器的管体由高频电瓷制成,具有耐热性强、机械强度高和外表面光洁等性能。其额定电流为 $10 \sim 1\,000$ A,极限分断能力可达 50 kA,也有一个熔断指示器,便于观察。

熔断器的额定电流是熔断器支持长期允许通过的最大电流,熔体的额定电流是指熔体本身长期允许通过的最大电流。

熔体额定电流 I_{RN} 可根据负载性质选择:

对于一般电阻性负载,熔体的额定电流等于 1.1 倍的最大负荷电流。

当用于感性电动机负载时,应考虑起动电流的影响,在不经常起动或起动时间不长(10 s 及以下)的情况下,可按下式计算确定

$$I_{RN} = \frac{I_{st}}{2.5 \sim 3} \tag{3-1}$$

在经常起动或起动时间较长(40 s 以上)的情况下,可按下式计算确定

$$I_{RN} = \frac{I_{st}}{1.6 \sim 2} \tag{3-2}$$

式(3-1)、(3-2)中,I_{st} 为电动机起动电流。

(三) 自动空气开关

自动空气开关不仅能切断负荷电流,也能切断短路电流,是低压电路中性能最完善的开关。它常用在低压大功率电路中,如低压配电变电所的总开关、大负荷电路和大功率电动机的控制等。

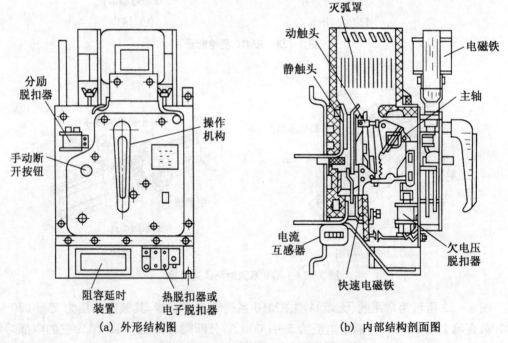

(a) 外形结构图 (b) 内部结构剖面图

图 3-25 DW15 型框架式自动空气开关

　　图 3-25 为 DW15 型自动空气开关的结构图,其最大缺点是当自动开关接通的电路有故障时,由于手柄被手推在合闸位置而不能自动断开,这样有可能使事故扩大。为了克服这个缺点,自动空气开关一般设有自由脱扣机构。

　　图 3-26 为三极自动空气开关的工作原理图。如图所示为合闸状态,此时触点 1 与锁键 2 连在一起,锁键与搭钩 3 锁住,维持合闸位置,此时弹簧 6 处于拉长状态。搭钩 3 可以绕转轴 4 转动,如果搭钩 3 向上被杠杆 5 顶开,即锁键与搭钩脱扣,则触点 1 在弹簧 6 作用下迅速跳开,脱扣动作由各种脱扣器来完成。

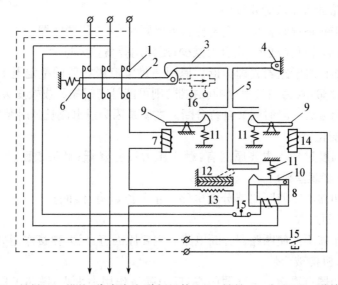

1—触点;2—锁键;3—搭钩(代表自由脱扣机构);4—转轴;5—杠杆;6—弹簧;7—过流脱扣器;8—欠压脱扣器;9、10—衔铁;11—弹簧;12—热脱扣器双金属片;13—加热电阻丝;14—分励脱扣器;15—按钮;16—合闸电磁铁(DW 型可装,DZ 型无)

图 3-26　三极自动空气开关原理图

这些脱扣器有:

① 过电流脱扣器 7,当电流超过某一规定值时,开关自动跳开;

② 失压(欠电压)脱扣器 8,当电压低于某一值时使开关迅速跳闸;

③ 热脱扣器 12,主要用于过载保护,它是双金属片结构;

④ 分励脱扣器 14,供远距离控制使开关跳闸,也可以外接继电保护装置。

　　需要说明的是:不是任何自动空气开关都装有这些脱扣器,用户在使用自动空气开关时,应根据需要进行选用。

　　自动空气开关按电源的种类,可分为交流和直流自动开关;按结构形式可为万能式(框架式)和装置式(封闭式或塑料外壳式)两类。万能式自动开关(DW 系列)制成敞开式结构,其保护方案和操作方式较多,额定电流也较大。装置式自动开关(DZ 系列)具有封闭的塑料外壳,除操作手柄和板前接线头露出外,其余部分安装在壳内,具有体积小、外观整洁、使用安全的特点。

三、任务布置

实训　低压断路器的检修

1. 实训目的

(1) 熟悉低压断路器的结构。

(2) 了解其故障现象及排除方法。

2. 实训内容

分析低压断路器常见故障及原因。

(1) 手动操作断路器时触头不能闭合。主要原因有:欠压脱扣器无电压和线圈损坏;机构不能复位再扣;储能弹簧变形,闭合力减少;反作用弹簧拉力过大。

(2) 启动电动机时断路器立即分断。原因是过电流脱扣器的整定电流太小,可调整脱扣器的瞬时整定弹簧;若为空气阻尼的脱扣器,则可能是闭门失灵或橡皮膜破裂。

(3) 断路器闭合后一段时间又自行分断。主要是因为过电流长延时整定值不对或热元件等精确度发生变化。

(4) 断路器温度过高。主要原因有:触头压力过分降低;触头表面过分磨损或接触不良;导电零件的连接螺丝松动。

(5) 分励脱扣器不能使断路器分断电路。主要原因有:线圈损坏;电源电压低;电路螺丝松动;再扣接触面过大。

(6) 欠压脱扣器不能使断路器分断电路。主要原因有:反力弹簧作用力变小;储能释放弹簧作用力变小;机构被卡住。

(7) 欠压脱扣器有噪声。主要原因有:反力弹簧作用力太大;铁芯工作面上有油污;短路环断裂。

四、课后习题

1. 填空题

(1) 低压断路器有_____、_____、_____和_____四种脱扣器。

(2) 熔断器_____联在被保护电路中,能在电路发生短路时切断电源,起到保护作用。

2. 判断题

(1) RM10 系列管型熔断器熔体可自行更换。　　　　　　　　　　　　　　　(　　)

(2) 低压空气开关能够带负荷操作。　　　　　　　　　　　　　　　　　　(　　)

(3) 熔断器的额定电流应该大于熔体的额定电流。　　　　　　　　　　　　(　　)

3. 选择题

(1) 低压电器常用的灭弧方法是(　　)。

　　A. 通过机械装置将电弧迅速拉长

　　B. 用磁吹等方法加大电弧与固体介质的接触面

　　C. 触头间隙采用六氟化硫气体介质

　　D. 利用相互绝缘的金属栅片分割电弧

（2）低压断路器具有的功能包括（　　）。

　　A. 通断电路　　　　B. 短路保护　　　　C. 过载保护　　　　D. 失压保护

4. 简答题

（1）带灭弧与不带灭弧的低压闸刀开关有何操作要求？

（2）低压断路器有哪几种保护？

任务 3　互感器

知识教学目标

1. 熟悉互感器类型、作用。

2. 了解互感器结构。

3. 理解互感器工作原理。

4. 掌握互感器接线方式及使用注意事项。

能力培养目标

1. 了解互感器操作方法。

2. 熟悉互感器运行维护。

3. 熟悉互感器极性测试。

一、任务导入

电流互感器和电压互感器统称为互感器，他们其实就是一种特殊的变压器。在变配电系统中具有极其重要的作用。其主要作用有：

（1）变换功能。把高电压和大电流变换为低电压和小电流，便于连接测量仪表和继电器。

（2）隔离作用。使仪表、继电器等二次设备与主电路绝缘。

（3）扩大仪表、继电器等二次设备应用的电流范围，使仪表、继电器等二次设备的规格统一，利于批量生产。

二、相关知识

（一）电流互感器

1. 电流互感器的结构和原理

电流互感器的类型很多，如按一次绕组的匝数分类，可分为单匝式和多匝式；按用途分类，可分成测量用和保护用；按绝缘介质分类，可分为油浸式和干式等。常用的电流互感器外形结构如图 3-27～3-30 所示，电流互感器的原理如图 3-31 所示。

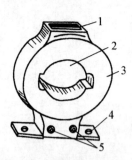

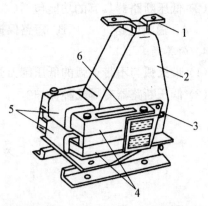

1—铭牌;2——次母线穿孔;3—铁芯(外绕二次绕组,环氧树脂浇注);4—安装板;5—二次接线端子

图 3-27 LMZJ1-0.5 型电流互感器

1——次接线端子;2——次绕组(环氧树脂浇注);3—二次接线端子;4—铁芯;5—二次绕组(两个);6—警告牌(上写"二次侧不得开路"等字样)

图 3-28 LQJ-10 型电流互感器

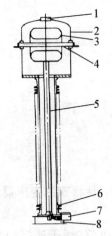

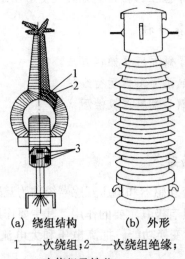

1—防爆片;2—壳体;3—二次绕组及屏蔽筒;4——次绕组;5—二次出线管;6—套管;7—二次端子盒;8—底座

图 3-29 SF₆ 电流互感器

(a) 绕组结构　　(b) 外形

1——次绕组;2——次绕组绝缘;3—二次绕组及铁芯

图 3-30 LCW-110 型支柱绝缘电流互感器

电流互感器的一次电流 I_1 与二次电流 I_2 之间有下列关系:

$$I_1 = \frac{N_1}{N_2} I_2 = K_i I_2$$

式中,K_i 为电流互感器的变流比。变流比通常又表示为额定一次电流和二次电流之比,即

$K_i = \dfrac{I_{N1}}{I_{N2}}$,例如 100 A/5 A。

不同类型的电流互感器的结构特点不同,但归纳起来有下列共同点:

(1)电流互感器的一次绕组匝数很少,二次绕组匝数很多。如芯柱式的电流互感器一次绕组为一穿过铁芯的直导体。母线式和套管式电流互感器本身没有一次绕组，使用时穿入母线和套管，利用母线或套管中的导体作为一次绕组。

（2）一次绕组导体粗，二次绕组导体细，二次绕组的额定电流一般为 5 A(有的为 1 A)。

（3）工作时，一次绕组串联在一次电路中，二次绕组串联在仪表、继电器的电流线圈回路中。二次回路阻抗很小，二次回路接近于短路状态。

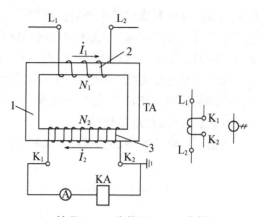

1—铁芯；2——次绕组；3—二次绕组
图 3 - 31 电流互感器

2. 电流互感器的接线方案

电流互感器在三相电路中常见有四种接线方案，如图 3 - 32 所示。

（1）一相式接线。如图 3 - 32(a)所示，这种接线在二次侧电流线圈中通过的电流，反映的是一次电路对应相的电流，通常用于负荷平衡的三相电路，供测量电流和接过负荷保护装置用。

（2）两相 V 形接线。如图 3 - 32(b)所示，这种接线也叫两相不完全星形接线，电流互感器通常接于 A、C 相上，流过二次侧电流线圈的电流，反映一次电路对应相的电流，而流过公共电流线圈的电流为 $\dot{I}_a+\dot{I}_c=-\dot{I}_b$，它反映了一次电路 B 相的电流。这种接线广泛应用于 6～10 kV 高压线路中，测量三相电能、电流和作过负荷保护用。

（3）两相电流差接线。如图 3 - 32(c)所示，这种接线也常把电流互感器接于 A、C 相，

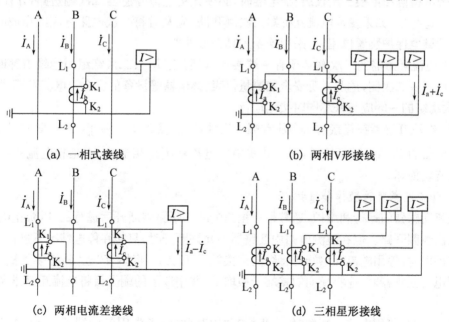

(a) 一相式接线   (b) 两相V形接线

(c) 两相电流差接线   (d) 三相星形接线

图 3 - 32 电流互感器四种常用接线方案

在三相短路对称时流过二次侧电流线圈的电流为$i=i_a+i_c$,其值为相电流的$\sqrt{3}$倍。这种接线在不同的短路故障下,反映到二次侧电流线圈的电流各自不同,因此对不同的短路故障具有不同的灵敏度。这种接线主要用于$6\sim10\text{ kV}$高压电路中的过电流保护。

(4)三相星形接线。如图3-32(d)所示,这种接线流过二次侧电流线圈的电流分别对应主电路的三相电流,它广泛用于负荷不平衡的三相四线制系统和三相三线制系统中,用做电能、电流的测量及过电流保护。

电流互感器全型号的表示和含义如下:

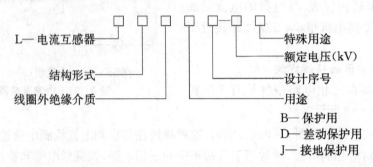

```
L— 电流互感器 ──┐  ┌── 特殊用途
                          ├── 额定电压(kV)
      结构形式 ───────────── 设计序号
    线圈外绝缘介质 ─────────── 用途
                              B— 保护用
                              D— 差动保护用
                              J— 接地保护用
```

3.电流互感器的使用注意事项及处理方法

(1)电流互感器在工作时二次侧不能开路。如果开路,二次侧会出现危险的高压电,危及设备及人身安全。而且铁芯会由于二次开路磁通剧增而过热,并产生剩磁,使得互感器准确度降低。因此,电流互感器安装时,二次侧接线要牢固,且二次回路中不允许接入开关和熔断器。

在带电检修和更换二次仪表、继电器时,必须先将电流互感器二次侧短路,才能拆卸二次元件。运行中,如果发现电流互感器二次侧开路,应及时将一次电路电流减小或降至零,将所带的继电保护装置停用,并采用绝缘工具进行处理。

(2)电流互感器的二次侧必须有一端接地,以防止其一、二次绕组间绝缘击穿时,一次侧的高压窜入二次侧,危及人身安全和测量仪表、继电器等设备的安全。电流互感器在运行中,二次绕组的一端应与铁芯同时接地运行。

(3)电流互感器在连接时必须注意端子极性,防止接错线。例如,在V形接线中,如果电流互感器的K_1、K_2端子接错,则公共线中的电流就不是相电流,而是相电流的$\sqrt{3}$倍,可能使电流表损坏。

4.电流互感器的操作和维护

电流互感器的运行和维护,通常是在被测电路的断路器断开后进行的,以防止电流互感器的二次线圈开路。但在被测电路中断路器不允许断开时,只能在停电情况下进行。

在停电时,停用电流互感器应将纵向连接端子板取下,将标有"进"侧的端子横向短接。在启用电流互感器时,应将横向短接端子板取下,并用取下的端子板将电流互感器纵向端子接通。

在运行中,停用电流互感器时,应将标有"进"侧的端子先用备用端子板横向短接,然后取下纵向端子板。在启用电流互感器时,应使用备用端子板将纵向端子接通,然后取下横向端子板。

在电流互感器起、停用时,应注意在取下端子板时是否出现火花。如果发现火花,应立即把端子板装上并拧紧,然后查明原因。工作中,操作员应站在绝缘垫上,身体不得碰到接地物体。

电流互感器在运行中,值班人员应定期检查下列项目:互感器是否有异声及焦味;互感器接头是否有过热现象;互感器油位是否正常,有无漏油、渗油现象;互感器瓷质部分是否清洁,有无裂痕、放电现象;互感器的绝缘状况。

电流互感器的二次侧开路是最主要的事故。在运行中造成开路的原因有:端子排上导线端子的螺丝因受震动而脱扣;保护屏上的压板未与铜片接触而压在胶木上,造成保护回路开路;可读三相电流值的电流表的切换开关经切换而接触不良;机械外力使互感器二次线断线等。

在运行中,如果电流互感器二次开路,则会引起电流保护的不正确动作,铁芯发出异声,在二次绕组的端子处会出现放电火花。此时,应先将一次电流减少或降至零,然后将电流互感器所带保护推出运行。采取安全措施后,将故障互感器的端子短路,如果电流互感器有焦味或冒烟,应立即停用互感器。

(二) 电压互感器

1. 电压互感器的功能、类型和结构特点

电压互感器的种类也较多,按相数分类,有单相电压互感器和三相电压互感器;按绝缘方式和冷却方式分类,有油浸式和干式;按用途分类,有测量用和保护用;按结构原理分类,有电磁感应式和电容分压式等。典型的电压互感器外形结构如图 3-33~3-35 所示。

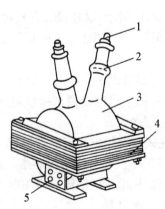

1——次接线端子;2—高压绝缘套管;3—一、二次绕组
(环氧树脂浇注);4—铁芯(壳式);5—二次接线端子

图 3-33　JDZJ-10 型电压互感器

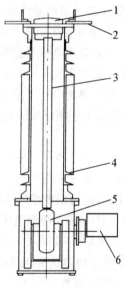

1—防爆片;2——次出线端子;3—高压引
线;4—瓷套;5—器身;6—二次出线

图 3-34　SF₆ 独立式电压互感器

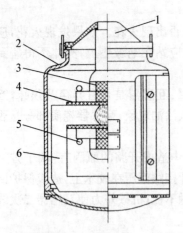

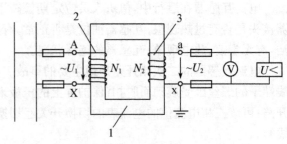

1—盒式绝缘子;2—外壳;3—一次绕组;　　　　　1—铁芯;2—一次绕组;3—二次绕组
4—二次绕组;5—电屏;6—铁芯

图 3－35　SF₆组合式电压互感器　　　　　**图 3－36　电压互感器原理图**

电压互感器的原理图如图 3－36 所示,它的结构特点是:

(1) 一次绕组匝数很多,二次绕组匝数很少,相当于一个降压变压器。

(2) 工作时一次绕组并联在一次电路中,二次绕组并联接仪表、断路器的电源线圈回路,二次绕组负载阻抗很大,接近于开路状态。

(3) 一次绕组导线较细,二次绕组导线较粗,一次侧额定电压一般为 100 V,用于接地保护的电压互感器的二次侧额定电压为 $100/\sqrt{3}$ V,开口三角形侧为 100/3 V。

2. 电压互感器的接线方案

电压互感器的接线方案也有四种常见的形式,如图 3－37 所示。

(1) 一个单相电压互感器的接线。如图 3－37(a)所示,这种接线方式常用于供仪表、继电器接于三相电路的一个线电压。

(2) 两个单相电压互感器接成 V/V 形。如图 3－37(b)所示,这种接线方式常用于供仪表、继电器接于三相三线制电路的各个线电压,广泛应用于工厂变配电所 10 kV 高压配电装置中。

(3) 三个单相电压互感器或一个三相双绕组电压互感器接成 Y₀/Y₀ 形。如图 3－37(c)所示,这种接线方式常用于三相三线制和三相四线制线路,用于供电给要求接线电压的仪表、继电器,同时也可供电给要求接相电压的绝缘监察用电压表。

(4) 三个单相三绕组电压互感器或一个三相五芯柱式三绕组电压互感器接成 Y₀/Y₀/△ 形(开口三角形)。如图 3－37(d)所示,这种接线方式常用于三相三线制线地路。其接成 Y₀ 形的二次绕组供电给要求线电压的仪表、继电器以及要求相电压的绝缘监察用电压表;接成开口三角形的辅助二次绕组,连接作为绝缘监察用的电压继电器。

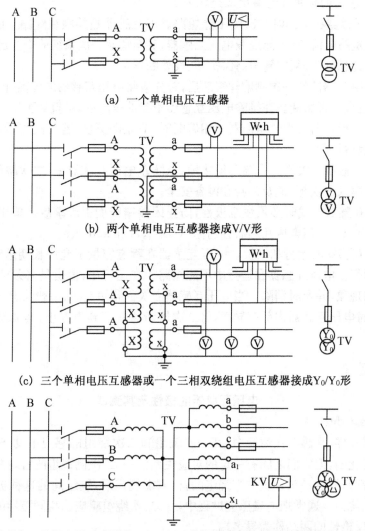

(a) 一个单相电压互感器

(b) 两个单相电压互感器接成 V/V 形

(c) 三个单相电压互感器或一个三相双绕组电压互感器接成 Y_0/Y_0 形

(d) 三个单相三绕组电压互感器或一个三相五芯柱式三绕组电压互感器接成 $Y_0/Y_0/\triangle$ 形

图 3-37 电压互感器的接线方案

电压互感器全型号的表示和含义如下:

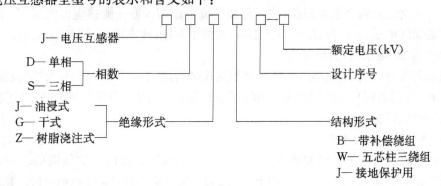

3. 电压互感器的使用注意事项及处理方法

（1）电压互感器在工作时二次侧不能短路。因互感器是并联在线路上的，如发生短路将产生很大的短路电流，有可能烧毁电压互感器，甚至危及一次系统的安全运行。所以电压互感器的一、二次侧都必须实施短路保护，装设熔断器。

当发现电压互感器的一次侧熔丝熔断后，首先应将电压互感器的隔离开关拉开，并取下二次侧熔丝，检查是否熔断。在排除电压互感器本身的故障后，可重新更换合格熔丝后将电压互感器投入运行。若二次侧熔断器一相熔断时，应立即更换；若再次熔断，则不应再次更换，待查明原因后处理。

（2）电压互感器二次侧有一端必须接地，以防止电压互感器一、二次绕组绝缘击穿时，一次侧的高压窜入二次侧，危及人身和设备安全。

（3）电压互感器接线时必须注意极性，防止因接错线而引起事故。单相电压互感器分别标 A、X、和 a、x。三相电压互感器分别标 A、B、C、N 和 a、b、c、n。

（4）电压互感器的运行和维护。电压互感器在额定容量下允许长期运行，但不允许超过最大容量运行。电压互感器在运行中不能短路。在运行中，值班员必须注意检查二次回路是否有短路现象，并及时消除。当电压互感器二次回路短路时，一般情况下高压熔断器不会熔断，但此时电压互感器内部有异声，将二次熔断器取下异声停止，其他现象与断线情况相同。

三、任务布置

电压互感器的极性及其测试

1. 减极性与加极性

与变压器一样，互感器在运行中，其一次绕组和二次绕组的感应电动势 E_1、E_2 的瞬时极性是不断变化的，但它们之间有一定的对应关系。一、二次侧绕组的首端要么同为正极性（末端为负极性），要么一正一负。当绕组的首、末端规定后，绕组间的这种极性对应关系就取决于绕组的绕向。通常把电磁感应过程中，一、二次绕组感应出相同极性的两端称为同名端，感应出相反极性的两端称为异名端。

在一次绕组的同名端通入一个正在增大的电流，则该端将感应出正极性，二次绕组的同名端亦感应出正极性。如果二次回路是闭合的，则将有感应电流从该端流出。根据电流的这一对应关系，可以判别绕组的同名端。此外，还可以采取这样的方法，按图 3-38 所示接线，把一、二次绕组的两个末端短接，在一侧加交流电流 U_1，另一侧感应出电压 U_2，测量两个绕组首端间的电压 U_3。若 $U_3 = |U_1 - U_2|$，则两个首端（或末端）为同名端；若 $U_3 = |U_1 + U_2|$，则两个首端（或末端）为异名端。

互感器若按照同名端来标记一、二次绕组对应的首尾端，这样的标记称为"减极性"标记法（L_1 与 K_1 为同名端），反之则称为"加极性"标记法（L_1 与 K_1 为异名端）。在电工技术中通常采用"减极性"标记法。

2. 互感器同名端的测定

（1）直流法。直流法接线如图 3-38 所示。在电流互感器的一次线圈（或二次线圈）上，通过按钮开关 SB 接入 1.5～3 V 的干电池 E，L_1 接电池正极，L_2 接电池负极。在二次绕组两端接以低量程直流电压表或电流表。仪表的正极接 K_1，负极接 K_2，按下 SB 接通电路时，若直流电流表或直流电压表指针正偏为"减极性"（L_1 与 K_2 为同名端），反偏为"加极性"（L_1 与 K_1 为异名端）；若 SB 打开切断电路时，指针反偏为"减极性"，正偏为"加极性"。直流法测定极性简便易行，结果准确，是现场常用的一种方法。

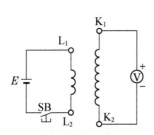

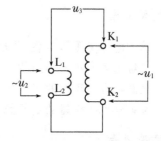

图 3 - 38　直流法测定绕组极性接线图　　　　图 3 - 39　交流法测定绕组同名端

（2）交流法。交流法接线如图 3 - 39 所示。将电流互感器一、二次侧绕组的尾端 L_2、K_2 连在一起。在匝数较多的二次绕组上通以 1～5 V 的交流电压 U_1，再用 10 V 以下的小量程交流电压表分别测量 U_2 及 U_3 的数值。若 $U_3 = U_1 - U_2$ 则为"减极性"；若 $U_3 = U_1 + U_2$ 则为"加极性"。

在测定中应注意通入的电压 U_1 尽量低，只要电压表的读数能看清楚即可，以免电流太大损坏线圈。为读数清楚，电压表的量程应尽量小些。当电流互感器的变比在 5 倍及以下时，用交流法测定极性既简单又准确；当电流互感器的变比较大（10 倍以上）时，因 U_2 的数值较小，U_1 与 U_3 的数值很接近，电压表的读数不易区别大小，故不宜采用此测定方法。

（3）仪表法。一般的互感器校验仪都带有极性指示器，因此在测定电流互感器误差之前，便可以预先检查极性。若极性指示器没有指示，则说明被测电流互感器极性正确（减极性）。

四、课后习题

1. 判断题

（1）互感器属二次设备。　　　　　　　　　　　　　　　　　　　　（　　）

（2）电流互感器使用中，其二次侧严禁开路。　　　　　　　　　　　（　　）

（3）所有的 PT 二次绕组出口均应装设熔断器。　　　　　　　　　　（　　）

（4）互感器二次侧有一端必须接地。　　　　　　　　　　　　　　　（　　）

2. 简答题

（1）电流互感器使用注意事项是什么？

（2）电压互感器使用注意事项是什么？

（3）为什么运行中电压互感器的二次回路不允许短路？

（4）为什么运行中电流互感器的二次回路不允许开路？

（5）电流互感器常用的接线方式有哪几种？各用于什么场合？

3. 填空题

（1）电流互感器二次侧额定电流是_____，电压互感器二次侧额定电压是_____。

（2）互感器同名端的测定方法有_____和_____。

任务 4　电力变压器

知识教学目标

1. 熟悉电力变压器类型、作用。
2. 了解电力变压器的结构。
3. 理解电力变压器的工作原理。
4. 掌握电力变压器的运行维护。

能力培养目标

1. 了解故障原因。
2. 熟悉变压器故障排除。

一、任务导入

电力变压器是变电所中最关键的一次设备，其主要功能是将电力系统中的电能电压升高或降低，以利于电能的合理输送、分配和使用。

二、相关知识

（一）变压器工作原理

国产电力变压器型号的表示和含义如下：

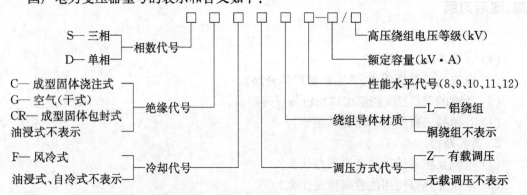

图 3-40 是单相变压器原理图，在闭合的铁芯上，绕有两个互相绝缘的绕组，和电源连接的一侧叫一次侧绕组；输出电能的一侧叫二次侧绕组。当交流电源电压 $\dot{U}_1$ 加到一次侧绕组后，就有交流电流 $\dot{I}_1$ 通过该绕组，在铁芯中产生交变的磁通。交变的磁通 φ 沿铁芯闭合，同时交链一、二次侧绕组，在两个绕组中分别产生感应电动势 $\dot{E}_1$ 和 $\dot{E}_2$。如果二次侧带负载，便产生二次侧的电流 $\dot{I}_2$，即二次侧绕组有电能输出。

由电磁感应定律可得：

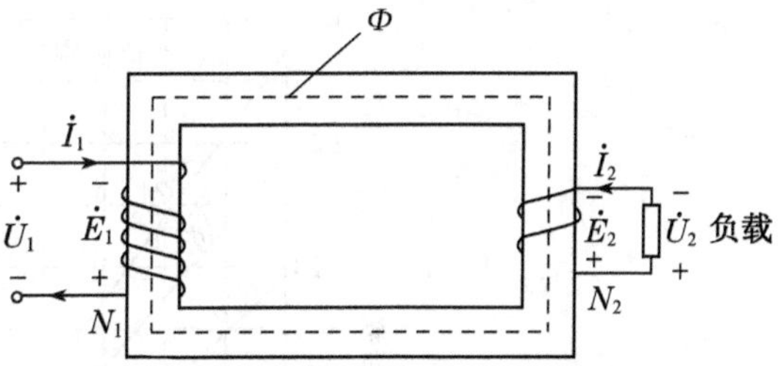

一次绕组的感应电动势的有效值为

$$E_1 = 4.44fN_1\varphi_m \qquad (3-3)$$

二次绕组的感应电动势的有效值为

$$E_2 = 4.44fN_2\varphi_m \qquad (3-4)$$

式中：f 为电源的频率，单位为 Hz；N_1、N_2 分别为一、二次侧绕组的匝数；φ_m 为主磁通的最大值。

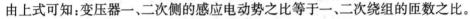

图 3-40　变压器工作原理图

由式(3-3)、(3-4)可得

$$\frac{E_1}{E_2} = \frac{N_1}{N_2} \qquad (3-5)$$

由上式可知：变压器一、二次侧的感应电动势之比等于一、二次绕组的匝数之比。

若忽略变压器一、二次侧的漏电抗和电阻，可以近似的认为

$$\frac{E_1}{E_2} = \frac{N_1}{N_2} \approx \frac{U_1}{U_2} = K \qquad (3-6)$$

式中，K 为变压器的电压比。

可见，变压器一、二次侧的匝数不同，导致一、二次绕组的电压不等，改变变压器的电压比就可以改变变压器的输出电压。

(二) 变压器运行维护

1. 电力变压器的正常过负荷能力

电力变压器的过负荷能力是指电力变压器在一个较短时间内输出的功率，其值可能大于额定容量。由于变压器并不是长期在额定负荷下运行，一般变压器的负荷每昼夜都有周期性变化，每年四季也有季节性变化，在很多时间内，变压器的实际负荷小于其额定容量，温升较低，绝缘老化的速度比正常规定的速度慢。因此，在不缩短变压器绝缘的正常使用期限的前提下，变压器具有一定的短期过负荷能力。

在变压器运行规程中，根据绝缘介质的"等值老化"原则，对油浸式变压器正常情况下允许的过载能力作出了规定，过载能力与日负荷系数有关。

(1) 由于昼夜负荷变化而允许的正常过负荷。当日负荷系数<1时，高峰时允许的过负荷倍数和过负荷持续时间可按图 3-41 所示的曲线确定。

(2) 由于夏季低负荷而允许的过负荷。如果在夏季(6、7、8 三个月)的最大负荷低于变压器的额定容量时，每低 1％可在冬季(12、1、2 三个月)过负荷 1％，以 15％为限。

以上两项之和可以累积使用，对室内油浸式变压器过负荷的总数不应超过 20％，对室外菁油浸式变压器过负荷的总数不应超过 30％。

干式电力变压器一般不考虑正常过负荷。

2. 电力变压器的事故过负荷能力

当电力系统或工厂变电所发生事故时，为了保证重要用户和设备的连续供电，故允许变压器短时间(消除事故所必需的时间)较大幅度地过负荷运行，称为事故过负荷。油浸式变压器允许的事故过负荷倍数及时间如表 3-2 所示。

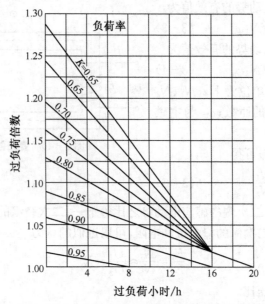

图 3-41 电力变压器过负荷曲线

表 3-2 油浸式变压器允许的事故过负荷倍数及时间

过负荷倍数	1.30	1.45	1.6	1.75	2.0	2.4	3.0
过负荷时间/min	120	80	30	15	7.5	3.5	1.5

如果变压器的过负荷倍数和过负荷时间超过允许值,则应按规定减小变压器的负荷。

3. 变压器运行中的检查和维护

(1) 检查周期

在有人值班的变电所,所内变压器每天至少检查一次,每周应有一次夜间检查;无人值班的变电所每周至少检查一次;室外柱上变压器应每月巡视检查一次;新设备或经过检修的变压器在投运 72 小时内、在变压器负荷变化剧烈、天气恶劣(如大风、大雾、大雪、冰雹、寒潮等)、变压器运行异常或线路故障后,应增加特殊巡视。

(2) 变压器的定期外部检查

① 变压器的油温、油位和油色应正常,储油柜的油位应与温度相对应,各部位应无渗、漏油。

变压器上层油温不应高于 85 ℃。变压器油温突然增高,可能是其内部有故障或散热装置有堵塞所致。油温升高可导致油面过高。若油面过低,有两种可能:一是漏油严重;二是油表管上部排气孔或吸湿器排气孔堵塞而出现的假油面。

油枕内油的颜色应是透明微带黄色和半蓝色,如呈红棕色则有两种可能:一是油面计本身脏污,二是由于变压器油老化变质所致。一般变压器油每年应进行一次滤油处理,以保证变压器油在正常状态下运行。

② 检查变压器的声音是否正常。当变压器正常运行时,有一种均匀的"嗡嗡"电磁声,如果运行中有其他声音,则属于声音异常。

③ 检查套管是否清洁,有无破损裂纹和放电痕迹,套管油位应正常。

④ 各冷却器手感温度应相近,风扇、油泵运转正常,油流继电器工作正常。

⑤ 检查引线是否过松、过紧,接头的接触应良好不发热,无烧伤痕迹。检查电缆和母线有无异常情况,各部分电气距离是否符合要求,无发热迹象;检查变压器的接地线,是否接地良好。

⑥ 呼吸器应畅通,吸湿剂干燥,不应饱和、变色。

⑦ 压力释放器或安全气道防爆膜应完好无损。

⑧ 瓦斯继电器的油阀门应打开,应无渗漏油。

⑨ 变压器的所有部件不应有漏油和严重渗油,外壳应保持清洁。

⑩ 室内安装的变压器,应检查门、窗、门闩是否完整,房屋是否漏雨,照明和温度是否适宜,通风是否良好。

(3) 新装或检修后变压器投入运行前的检查项目

① 各散热管、净油器及瓦斯继电器与油枕阀门开闭应正常。

② 要注意安全排除内部空气,强油循环风冷变压器在投入运行前应启用全部冷却设备,使油循环运转一段时间,将残留气体排出,如轻瓦斯保护装置连续动作,则不得投入运行。

③ 检查分接头位置正确,并做好记录。

④ 呼吸器应畅通,油封完好,硅胶干燥未变色,数量充足。

⑤ 瓦斯继电器安装方向、净油器进出口方向、潜油泵风扇运转方向正确;变压器外壳接地、铁芯接地、中性点接地情况良好,电容式套管电压抽取端应不接地。

4. 变压器的负荷检查

(1) 应经常监视变压器电源电压的变化范围,应在±5%额定电压以内,以确保二次电压质量。如电源电压长期过高或过低,应通过调整变压器的分接开关,使二次电压趋于正常。

(2) 对于安装在室外的变压器,无计量装置时,应测量典型负荷曲线;对于有计量装置的变压器,应记录小时负荷,并画出日负荷曲线。

(3) 测量三相电流的平衡情况。对 Y,ynO 接线的三相四线制的变压器,其中线电流不应超过低压线圈额定电流的 25%,超过时应调节每相的负荷,尽量使各相负荷趋于平衡。

5. 变压器的投运和停运

(1) 在投运变压器之前,运行人员应仔细检查,确认外部无异物,临时接地线已拆除,分接开关位置正常,各阀门状态正确。变压器及其保护装置在良好状态,具备带电运行条件。

(2) 新安装或停用 2 个月及以上的变压器投运前,应进行试验,合格后方可投运。

(3) 新投运的变压器必须在额定电压下做冲击合闸试验,新安装的变压器做五次;大修后的变压器做三次。

(4) 变压器投运或停运操作顺序应在《变电站现场运行规程》中加以规定,并需遵守下列各项原则:

① 强油循环风冷变压器投运前应先启用冷却装置。② 变压器的充电应当在装有保护

装置的电源侧进行。③ 新装、大修、事故检修或换油后的变压器,在施加电压前静置时间不应少于以下规定:35 kV 及以下,3~5 h;110 kV 及以下,24 h;220 kV,48 h;待消除油中的气泡后,方可投入运行。

(5) 在 110 kV 及以上中性点直接接地的系统中,投运和停运变压器时,操作前必须先将中性点接地。正常运行时中性点运行方式由调度确认。

6. 瓦斯保护装置的运行

(1) 变压器运行时,本体和有载分接开关的重瓦斯保护装置均应投入运行,动作于跳闸。

(2) 变压器在运行中滤油、补油、换潜油泵或更换净油器的吸附剂时,应将重瓦斯改投动作于信号。

(3) 当油位计的油面异常升高或呼吸系统有异常现象,需要打开放气或放油阀门时,应先将重瓦斯改投动作于信号。

7. 变压器分接开关的运行与维护

(1) 无载调压变压器分接开关的运行与维护

无载调压变压器,当变换分接头位置时,应先正反方向转动五圈,再调至所需位置,测量直流电阻合格后,方可运行。对运行中不需要改变分头位置的变压器,每年应结合预防性试验将分接头正反方向转动五圈,并测量直流电阻合格,方可运行。

(2) 有载调压变压器分接开关的运行与维护

① 运行人员应根据调度下达的电压曲线,自行调压操作。操作后应认真检查分头动作和电压电流的变化情况,并做好记录。每天操作次数不准超过 10 次(每调一个分接头为一次),每次间隔最少 1 min。

② 当变压器过负荷 1.2 倍及以上时,禁止操作有载分接开关。

③ 运行中调压开关重瓦斯保护应投跳闸。当轻瓦斯信号频繁动作时,应做好记录,汇报调度,并停止进行调压操作,分析原因及时处理。

④ 有载调压开关应每半年取油样进行试验,其耐压不得低于 30 kV,当油耐压在 25~30 kV 之间,应停止调压操作,若低于 25 kV 时,应立即安排换油。当运行时间满一年或调压次数达 4 000 次时应换油。

⑤ 新投入的调压开关,第一年需吊心检查一次,之后在切换次数达 5 000 次或运行时间达 3 年,应将切换部分吊出检查。

⑥ 两台有载调压变压器并列运行时,允许在变压器 85% 额定负荷下调压,但不得在单台主变压器上连续调节两挡,必须在一台主变压器调节一挡后再调节另一台主变压器一挡,每调一挡后要检查电流变化情况,是否过负荷。降压时应先调节负荷电流大的一台,再调节负荷电流小的一台;升压时与此相反。调节完毕应再次检查主变压器分接头是否在同一位置,并注意负荷的分配。

(3) 变压器有载调压开关巡视检查项目

① 电压表指示应在变压器规定的调压范围内。

② 位置指示灯与机械指示器的指示应正确反映调压挡次。

③ 计数器动作应正常并及时做好动作次数的记录。

④ 油位、油色应正常,无渗漏。

⑤ 瓦斯继电器应正常,无渗漏。

(4) 有载调压开关电动操作出现"连动"(即操作一次,调节两个及以上分头)现象时,应在指示盘上出现第二个分头位置后立即切断电动机电源,然后用手摇到适当的分头位置,汇报并组织检修。

(三) 变电所变压器的选择

工厂企业变电所的主变压器给整个企业的所有用电设备供电,正确地选择主变压器的台数和容量对供电的可靠性和经济性都有着重要的意义。主变压器应根据负荷类别、斟酌计算负荷选择其台数和容量,并应考虑留有发展余地。

1. 主变压器台数的确定

(1) 具有一类负荷的变电所

具有一类负荷的变电所,应满足用电负荷对供电可靠性的要求。《工业企业设计规范》也规定,对具有大量一、二类负荷的变电所,一般选用两台变压器,当其中一台故障或检修时,另一台能对全部一、二类负荷继续供电,并不得小于全部负荷的 70%。

(2) 只有二、三类负荷的变电所

对只有二、三类负荷的变电所,可只选用一台变压器,但应铺设与其他变电所相连的联络线作为备用电源。对季节负荷或昼夜负荷变动较大的,宜采用经济运行方式的变电所,也可以采用两台变压器。

2. 变电所主变压器容量的确定

当变电所选用两台变压器且同时运行时,每台主变压器容量应按下式计算:

$$S_{N.T} \geqslant \frac{K_{t.p}P_{\Sigma}}{\cos\varphi_{a.c}} = K_{t.p}S_{a.c} \tag{3-7}$$

式中:P_{Σ} 为变电所总的有功计算负荷,单位为 kW;$S_{N.T}$ 为变压器的额定容量,单位为 kV·A;$\cos\varphi_{a.c}$ 为变电所人工补偿后的功率因数,一般应在 0.95 以上;$S_{a.c}$ 为变电所人工补偿后的视在容量,单位为 kV·A;$K_{t.p}$ 为故障保证系数,根据全企业一、二类负荷所占比重确定,对于工厂企业 $K_{t.p}$ 不应小于 0.70。

当两台变压器采用一台工作、一台备用运行方式时,则变压器的容量应按下式计算:

$$S_{N.T} \geqslant S_{a.c} \tag{3-8}$$

当变电所只选一台变压器时,主变压器容量 $S_{N.T}$ 应满足全部用电负荷的需要(一般应考虑 15%~25% 的富裕容量)。即主变压器型号的选择应尽量考虑采用低损耗、高效率的变压器。目前广泛使用的低损耗电力变压器有 SL7、SFL7、S7、S9 等型号。部分常用电力变压器技术数据见表 3-3。

表 3-3 常用电力变压器的技术数据

型号	额定容量/(kV·A)	额定电压/kV		额定损耗/kW		阻抗电压%	空载电流%	连接组	重量/t	外形尺寸/mm		
		高压	低压	空载	短路					长	宽	高
S9-400/10	400			0.84	4.2	4	1.9		1.65	1 500	1 230	630
S9-500/1	500			1	5	4	1.9		1.90	1 570	1 250	1 670
S9-630/10	630	10		1.2	6.2	4.5	1.8		2.38	1 880	1 530	1 980
S9-800/10	800	6.3	0.4	1.4	7.5	4.5	1.5	Y,ynO	3.22	2 200	1 550	2 320
S9-1000/10	1 000	6		1.72	10	4.5	1.2		3.95	2 280	1 560	2 480
S9-1250/10	1 250			2.2	11.8	4.5	1.2		4.65	2 310	1 910	2 630
S9-1600/10	1 600			2.45	14	4.5	1.1		5.21	2 350	1 950	2 700
SL7-5000/35	5 000			6.57	36.7	7	0.9	Y,d11	11	2 880	2 370	3 690
SL7-6300/35	6 300			8.2	41	7.5	0.9	Y,d11	11.34	3 350	2 520	3 760
SPL7-8000/35	8 000			11.5	45	7.5	0.8	YN,d11	17.1	4 100	3 060	3 430
SFL7-10000/35	10 000	35		13.6	53	7.5	0.8	YN,d11	18.6	3 920	3 230	3 780
SFL7-12500/35	12 500		6.3 10.5	16	63	8	0.7	YN,d11	24.3	4 110	3 360	4 560
SFL7-16000/35	16 000			19	77	8	0.7	YN,d11	27.6	4 220	3 260	4 150
SF17-20000/35	20 000			22.5	93	8	0.7	YN,d11	32.1	4 230	4 030	4 350
SFL7-8000/63	8 000			14	47.5	9	1.1		19.9	4 140	3 370	4 185
SFL7-10000/63	10 000			16.5	56	9	1.1		22.7	3 765	3 810	4 230
SFL7-12500/63	12 500	63	6.3 10.5	19.5	66.5	9	1	YN,d11	22.7	3 765	3 810	4 230
SF17-16000/63	16 000			23.5	81.5	9	1		30.4	4 875	3 720	4 775
SFL7-20000/63	20 000			27.5	99	9	0.9		37.1	4 970	4 610	4 760

(四) 变压器常见故障处理

运行人员发现运行中的变压器有不正常现象(如漏油、油位过高或过低、温度异常、声响不正常及冷却系统异常等)时,应立即汇报,设法尽快消除故障。

1. 变压器内部的异常声音

变压器在正常运行时,由于周期性变化的磁通在铁芯中流过,而引起硅钢片间的振动,产生均匀的"嗡嗡"声,这是正常的,如果产生不均匀的其他声音,均是不正常现象。

变压器运行发生异常声音有以下几种可能:

(1) 过负荷及大负荷起动造成负荷变化大。变压器由于外部原因,像过电压(如中性点不接地,系统中单相接地,铁磁共振等)均会引起较正常声音大的"嗡嗡"声,但也可能随负载的急剧变化,呈现"割割割"突击的间歇响声,同时电流表、电压表也摆动,是容易辨别的。

(2) 个别零件松动。铁芯的夹紧螺栓或方铁松动,可发出非常惊人的锤击和刮大风之声,如"叮叮叮"或"呼…呼…"之声。此时指示仪表和油温均正常。

(3) 内部接触不良放电打火。铁芯接地不良或断线,引起铁芯对其他部件放电,而发生劈裂声。

(4) 系统有接地或短路及铁磁谐振。由于铁芯的穿心螺栓或方铁的绝缘损坏,使硅钢片短路而产生大的涡流损耗,致使铁芯长期过热,硅钢片片间绝缘损坏,最后形成"铁芯着火"而发出不正常的鸣音。

由于线圈匝间短路,造成短路处严重局部过热,以及分接开关接触不良局部发热,使油局部沸腾发出"咕噜咕噜"像水开了似的声音。

上述情况,变压器保护装置应动作,将变压器从电网上切除。否则,应手动切除防止事故扩大。

2. 温度不正常

在正常冷却条件下,变压器的温度不正常,且不断升高。此时,值班人员应检查:

(1) 变压器的负荷是否超过允许值。若超过允许值,应立即调整。

(2) 校对温度表,看其是否准确。

(3) 检查变压器的散热装置或变压器的通风情况。若温度升高的原因是散热系统的故障,如蝶阀堵塞或关闭等,不停电即能处理,应立即处理,否则应停电处理。若通风冷却系统的风扇有故障,又不能短时间修好,可暂时调整负荷,使其为风机停止时的相应负荷。若经检查结果证明散热装置和变压器室的通风情况良好,温度不正常,油温较平时同样负荷时高出 10 ℃以上,则认为是变压器内部故障,应立即将变压器停运修理。

3. 油枕内油位的不正常变化

若发现变压器油枕的油面,比此油温正常油面低时,应加油。加油时,将瓦斯保护装置改接到信号。加油后,待变压器内部空气完全排除后,方可将瓦斯保护装置恢复正常状态。

如大量漏油使油面迅速下降时,应禁止将瓦斯继电器动作于信号,必须采取停止漏油的措施,同时加油至规定油面。为避免油溢,当油面因温度升高而逐渐升高,在可能高出油面指示计时,应放油,使油面降至适当高度。

4. 油枕喷油或防爆管喷油

油枕喷油或防爆管薄膜破碎喷油,表示变压器内部已经严重损伤,喷油使油面下降到一定程度时,瓦斯保护动作使变压器两侧断路器跳闸。若瓦斯保护未动,油面低于箱盖时,由于引线对油箱绝缘的降低,造成变压器内部有"吱吱"的放电声,此时,应切断变压器的电源,防止事故扩大。

5. 油色明显变化

油色明显变化时,应取油样化验,可以发现油内有碳质和水分,油的酸价增高,闪点降低,绝缘强度降低。这说明油质急剧下降,容易引起线圈对地放电,必须停止运行。

6. 套管有严重的破损和放电现象

套管瓷裙严重破损和裂纹,或表面有放电及电弧的闪络时,会引起套管的击穿。由于此时发热很剧烈,套管表面膨胀不均,而使套管爆炸。此时变压器应停止运行,更换套管。

7. 瓦斯保护装置动作时的处理

瓦斯保护装置动作分两种情况:一是动作于信号,不跳闸;二是瓦斯保护既动作于信号又动作于跳闸。

(1) 瓦斯保护装置动作于信号而不跳闸。当瓦斯保护装置信号动作而不跳闸时,值班人员应停止声音信号,对变压器进行外部检查,查明原因。其原因可能是:因漏油、加油和冷却系统不严密,以致空气进入变压器内;因温度下降和漏油,致使油面缓慢降低;变压器故障,产生少量气体;保护装置二次回路故障等。

若气体不可燃,而且是无色无嗅的,混合气体中主要是惰性气体,氧气含量大于 16%,油的闪点不降低,说明是空气进入变压器内,变压器可以继续运行。

若气体是可燃的,则说明变压器内部有故障;如气体为黄色不易燃,说明是木质绝缘损坏;若气体为灰黑色且易燃,氢气的含量在 30% 以下,有焦油味,闪点降低,说明油因过热而分解或油内曾发生过闪络故障;若气体为浅灰色且带强烈臭味,可燃,说明是纸或纸板绝缘损坏。

(2)瓦斯继电器动作于信号跳闸。其原因可能是变压器内部发生严重故障;油位下降太快;保护装置二次回路有故障;在某些情况下,如变压器修理后投入运行,油中空气分离出来得太快,也可能使断路器跳闸。

在未查明变压器跳闸的原因前,不准重新合闸。

8. 变压器的自动跳闸

变压器自动跳闸时,如有备用变压器应将备用变压器投入,然后查明原因。如检查结果不是由内部故障所引起的,而是由于过负荷、外部短路或保护装置二次回路故障所造成的,则变压器可不经外部检查重新投入运行,否则需进行内部检查,测量线圈的绝缘电阻等,以查明变压器的故障原因,原因查明并处理后方可投入运行。

9. 变压器着火

变压器着火时,应首先断开电源,停用冷却器,使用灭火装置灭火。若油溢在变压器顶盖上着火时,则应打开下部油门放油至适当油位;若是变压器内部故障引起着火,则不能放油,以防变压器发生爆炸。如有备用变压器,应将其投入运行。

10. 分接开关故障

若发现变压器油箱内有"吱吱"的放电声,电流表随着响声发生摆动,瓦斯继电器可能发出信号,经化验油的闪点降低,此时可初步认为是分接开关故障,其故障原因可能是:

(1)分接开关弹簧压力不足,触头滚轮压力不均,使接触面积减少,以及因镀银层的机械强度不均而严重磨损等引起分接开关在运行中烧毁。

(2)分接开关接触不良,引出线焊接不良,经不起短路冲击而造成分接开关故障。

(3)分接开关操作有误,使分接头位置切换错误,而使分接开关烧毁。

(4)分接开关绝缘材料性能降低,在大气过电压和操作过电压下绝缘击穿,造成分接开关相间短路。

有载分接开关故障可能有下列原因:

(1)过渡电阻在切换过程中被击穿烧毁,在烧断处发生闪络,引起触头间的电弧越拉越长,并发生异常声音。

(2)分接开关由于密封不严而进水,造成相间闪络。

(3)由于分接开关滚轮卡住,使分接开关停在过渡位置上,造成相间短路而烧毁。

三、任务布置

实训 变压器的一般检修

1. 实训目的

(1)了解变压器一般检修的全过程。

(2) 掌握变压器一般检修的具体内容和技术要求。

2. 准备工作

300 mm、200 mm 活动扳手各一把,细砂布一张,导电复合脂少许,棉纱少许,绝缘棒(令克棒)一副,验电器一个。

3. 操作步骤

(1) 了解需检修配电变压器所在位置、数量、额定容量、存在缺陷等详细情况。

(2) 接到工作负责人"该线路已由运行转检修,接地线已封好,可以工作"的命令后赶赴现场。

(3) 到现场后首先核对停电线路、杆号、及所检修的配电变压器是否与所接受的任务相符。

(4) 用验电器验电,确定该线路确实停电后,拉开配电变压器的低压刀闸。

(5) 用绝缘棒(令克棒)断开跌落式熔断器。

(6) 检查配电变压器油标是否在规定位置,油色是否正常,并由此判断是否需补充或更换变压器油。

(7) 检查吸湿器的干燥剂是否变色,必要时更换干燥剂。

(8) 检查高、低压瓷套管有无裂纹、伤痕、渗油现象,必要时更换或紧固瓷套管。

(9) 用 200 mm 活动扳手沿顺时针方向拧住设备线夹下面的螺母,用 300 mm 活动扳手沿逆时针方向徐徐用力卸下设备线夹上面的螺母。

(10) 卸下设备线夹,检查设备线夹有无烧痕,用细砂布打磨其导电接触部位,并涂上一层导电复合脂。

(11) 用细砂布打磨锈蚀的螺母、垫片,并在导电连接部位涂抹导电复合脂。

(12) 装上设备线夹,用棉纱擦拭瓷套管、油标、吸湿器。

(13) 检查变压器箱盖螺栓紧固情况,检查橡胶垫有无损坏。如橡胶垫处有渗、漏油时均匀紧固箱盖螺栓。

(14) 检查散热片是否有渗、漏油现象,并擦净油污。

(15) 检查变压器接地极、接地线,处理锈蚀、断股、松动现象。

(16) 用绝缘棒(令克棒)合上跌落式熔断器。

(17) 合上低压刀闸。

(18) 向工作负责人汇报检修工作已结束,可以送电。

4. 技术要求

(1) 油标应在规定位置,油色无混浊现象。

(2) 配电变压器本体、冷却装置及所有附件无缺陷,且不渗、漏油。

(3) 变压器顶盖上应无遗留杂物。

(4) 接地引线无断股现象,接地可靠。

(5) 变压器各部位应清扫干净。

四、课后习题

1. 填空题

电力变压器的额定容量,是指它在规定_____的条件下,_____安装时,在规定的_____所能连续输出的。

2. 选择题

关于变电所主变压器台数的选择,正确的说法有(　　　)。

  A. 对供有大量一、二级负荷的变电所,宜采用两台变压器

  B. 对季节性负荷而宜于采用经济运行方式的变电所,可考虑采用两台变压器

  C. 如果负荷集中而容量又相当大时,虽为三级负荷,也可以采用两台或以上变压器

  D. 为提高供电可靠性,变压器台数越多越好

3. 简答题

(1) 什么是变压器的允许温度和温升,为保证安全运行,对其有何规定?

(2) 什么是变压器的过负荷能力,分几种过负荷? 变压器总的过负荷倍数如何规定?

(3) 变压器的电源电压变化范围是如何规定的?

(4) 变压器的负荷检查包括哪些内容?

(5) 变压器常见的故障有哪些,如何处理?

(6) 无载调压变压器如何进行分接开关的倒换操作?

(7) 什么是变压器的经济运行? 变压器的损耗有几种,和什么因素有关?

(8) 变压器并列运行的条件是什么?

任务5　成套配电设备

知识教学目标

1. 熟悉高压开关柜的结构及原理。

2. 了解低压配电屏的结构、原理。

3. 了解 GIS 新技术。

能力培养目标

1. 了解高压开关柜维护。

2. 熟悉低压配电屏的维护。

一、任务导入

  成套配电装置是将各种有关的开关电器、测量仪表、保护装置和其他辅助设备按照一定的方式组装在统一规格的箱体中,组成一套完整的配电设备。使用成套配电装置,可使变电

所布置紧凑、整齐美观,操作和维护方便,并可加快安装速度,保证安装质量,但耗用钢材较多,造价较高。

成套配电装置分一次电路方案和二次电路方案;一次电路方案是指主回路的各种开关、互感器、避雷器等元件的接线方式;二次方案是指测量、保护、控制和信号装置的接线方式。电路方案不同,配电装置的功能和安装方式也不相同。用户可根据需要选择不同的一次、二次电路方案。

二、相关知识

(一) 高压开关柜

高压开关柜,又称高压成套配电装置,是按不同用途和使用场合,将所需一、二次设备(高压开关电器、保护和自动装置、监测仪表、母线和绝缘子等)按一定的线路方案有机组装而成的一种成套配电设备。高压开关柜主要用于 6～35 kV 供配电系统中受电及配电的控制、监测和保护。

高压开关柜按主要设备的安装方式分为固定式和移开式(手车式);按开关柜隔室的构成形式分为铠装式、间隔式、箱式和半封闭式等。无论是何种形式的开关柜,在结构设计上都要求具有"五防"功能,即防止误操作断路器、防止带负荷拉合隔离开关(或防止带负荷推拉手车)、防止带电挂接地线(或防止带电合接地开关)、防止带接地线(或接地开关处于接地位置时)送电以及防止人员误入带电间隔。

国产新系列高压开关柜型号的表示和含义如下:

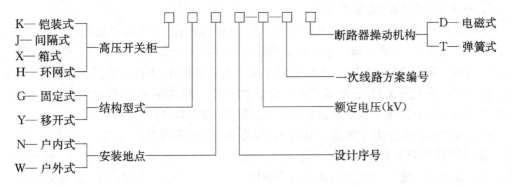

1. 固定式高压开关柜

固定式高压开关柜柜内的所有电气部件都固定安装在不能移动的台架上,具有构造简单、制造成本低及安装方便的优点,但内部主要设备发生故障或需要检修时,必须中断供电,直到故障消失或检修结束后才能恢复供电。因此固定式高压开关柜一般用在企业的中小型变配电所和负荷不是很重要的场所。

常用的固定式高压开关柜有老系列的 GG-1A(F)型开关柜和新型 KGN 系列、XGN系列、HXGN 系列等开关柜。下面以 XGN 系列箱式高压开关柜为例介绍固定式高压开关柜的结构。

图 3-42 所示为 XGN56-12 箱式(户内)交流金属封闭型高压开关柜的外形结构图和内部结构剖面图。该类型开关柜的柜体骨架由钢板折弯后组装而成,柜内分断路器室、母线

室、电缆室和继电器仪表室等,各隔室由接地良好的隔板相隔。开关柜的顶部为母线室,母线室的前面为继电器仪表室;柜中部为断路器室,并在右侧设有隔离开关、接地开关操作联锁机构,后侧装有电流互感器和照明装置等;柜下部为电缆室,并可装避雷器等。

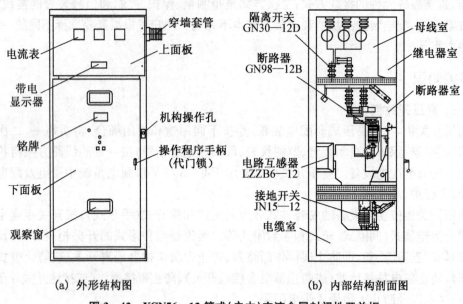

(a) 外形结构图   (b) 内部结构剖面图

图 3 - 42 XGN56 - 12 箱式(户内)交流金属封闭性开关柜

2. 手车式(移开式)高压开关柜

手车式高压开关柜是将某些主要电气设备(如高压断路器、电压互感器或避雷器等)固定在可移动的手车上,另一部分电气设备则装置在固定的台架上。当手车上安装的电气设备发生故障或需要检修、更换时,可以随同手车一起移到柜外,再推入同类备用手车,即可供电。相对于固定式开关柜,手车式开关柜检修方便安全,恢复供电快,供电可靠但价格较高,主要用于大中型变配电所和负荷较重要、供电可靠性要求较高的场所。

手车式高压开关柜的主要新产品有 KYN 系列、JYN 系列等。

(1) KYN 系列金属铠装手车式开关柜。如图 3 - 43 所示为 KYN28A - 12 型金属铠装手车式开关柜的外形结构图和内部结构剖面图。该开关柜完全金属铠装,由金属板分隔成手车母线室、电缆式、断路器室和继电器仪表室等,每一单元的金属外壳均独立接地。在手车室、母线电缆室的上方均设有压力释放装置,当断路器或母线发生内部故障产生电弧时,伴随电弧的出现,开关柜内部气压上升,达到一定值后,压力释放装置释放压力并排泄气体,以确保人员和开关柜的安全。开关柜可配用 VS1 型真空断路器手车或 VD4 型真空断路器手车,性能可靠,使用安全,检修周期长。断路器手车与柜体采用中置抽出式,以便于操作、观察和断路器的进出。

(2) JYN 系列户内交流金属封闭手车式高压开关柜。如图 3 - 44 所示为 JYN2A - 10 型金属封闭手车式高压开关柜的外形结构图和内部结构剖面图。该开关柜为间隔型结构,由固定的和可移开的手车组成。柜体用钢板或绝缘板分隔成手车室、母线室、电缆室和继电器仪表室等。

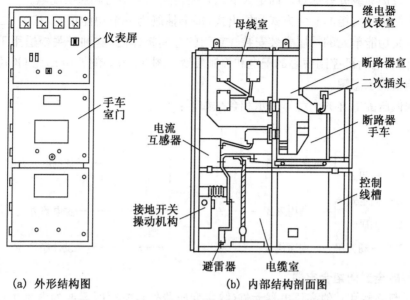

（a）外形结构图　　　（b）内部结构剖面图

图 3-43　KYN28A-12 型金属铠装手车式开关柜

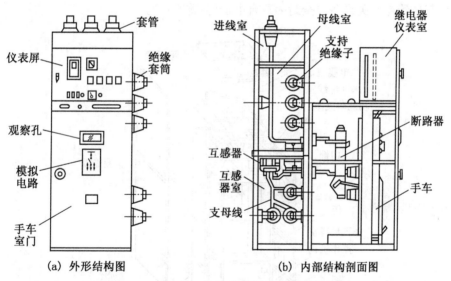

（a）外形结构图　　　（b）内部结构剖面图

图 3-44　JYN2A-10 型金属封闭手车式开关柜

（二）低压成套配电装置

低压成套配电装置一般称为低压配电屏,包括低压配电柜和配电箱,是按一定的线路方案将有关一、二次设备组装而成的低压成套设备,在低压系统中可作为控制、保护和计量装置。

低压成套配电装置按其结构形式分为固定式和抽屉式两种。

目前使用较广的固定式低压配电柜有 PGL、GGL、GGD 等形式,其中 GGD 是国内较新产品,全部采用新型电器部件,具有分断能力强、热稳定性好、接线方案灵活、组合方便、结构新颖及外壳防护等级高等优点。固定式低压开关柜适用于动力和照明配电。

抽屉式低压开关柜的安装方式为抽出式,每个抽屉为一个功能单元,按一、二次线路方案要求将有关功能单元的抽屉叠装安装在封闭的金属柜体内,这种开关柜适用于三相交流系统中,可作为电动机控制中心的配电和控制装置。图 3-45(单位:mm)为 GCK 型抽屉式低压配电柜结构示意图。

新系列低压配电屏的全型号表示和含义如下:

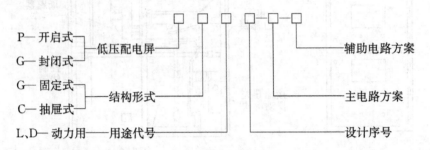

(三) GIS 全封闭组合电器

将 SF$_6$ 断路器和其他高压电器元件(除主变压器外),按照所需要的电气主接线安装在充有一定压力的 SF$_6$ 气体金属壳体内,所组成的一套变电站设备叫气体绝缘变电站,有时也可称为气体绝缘开关设备或全封闭组合电器(简称 GIS)。

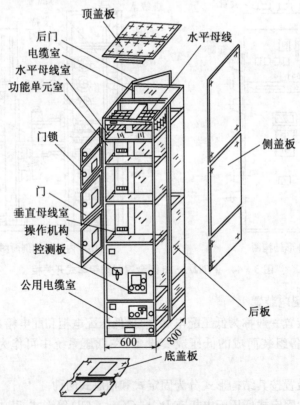

图 3-45 GCK 型抽屉式低压配电柜结构示意图

GIS 一般包括断路器、隔离开关、接地开关、电流互感器、电压互感器、避雷器、母线、进出线套管或电缆连接头等元件。

1. GIS 结构性能特点

(1) 由于采用 SF_6 气体作为绝缘介质，导电体与金属地电位壳体之间的绝缘距离大大缩小，因此 GIS 的占地面积和安装空间只有相同电压等级常规电器的百分之几到百分之二十左右。电压等级越高，占地面积比例越小。

(2) 全部电器元件都被封闭在接地的金属壳体内，带电体不暴露在空气中，运行中不受自然条件的影响，其可靠性和安全性比常规电器好得多。

(3) SF_6 气体是不燃不爆的惰性气体，所以 GIS 属防爆设备，适合在城市中心地区和其他防爆场所安装使用。

(4) 只要产品的制造和安装调试质量得到保证，在使用过程中除了断路器需定期维修外，其他元件几乎无需检修，因而维修工作量和年运行费用大为降低。

(5) GIS 设备结构比较复杂，要求设计制造安装调试水平高。GIS 价格也比较贵，变电所建设一次性投资大，但选用 GIS 后，变电所的土建费用和年运行费用很低，因而从总体效益讲，选用 GIS 有很大的优越性。

2. GIS 的母线筒结构

(1) 全三相共体式结构。三相母线、三相断路器和其他电器元件都采用共箱筒体。三相共箱式结构的体积和占地面积小、消耗钢材少、加工工作量小，但其技术要求高。额定电压越高，制造难度越大。

(2) 不完全三相共体式结构。母线采用三相共箱式，而断路器和其他电器元件采用分箱式。

(3) 全分箱式结构。包括母线在内的所有电器元件都采用分箱式筒体。

在 GIS 内部各电器元件的气室间设置使气体互不相通的密封气隔。设置气隔有以下好处：可以将不同 SF_6 气体压力的各电器元件分隔开；特殊要求的元件（如避雷器等）可以单独设立一个气隔；在检修时可以减少停电范围；可以减少检修时 SF_6 气体的回收和充放气工作量；有利于安装和扩建工作。

3. GIS 断路器的布置

GIS 断路器按布置方式可分为立式和卧式；断路器开断装置因断口数量不同有 2～3 个灭弧室（一个断口对应一个灭弧室）以及相应的开断装配；GIS 断路器操动机构基本为液压操动机构、压缩空气操动机构和弹簧操动机构。

4. GIS 的出线方式

GIS 的出线主要有以下三种：

(1) 架空线引出方式。在母线筒出线端装设充气（SF_6）套管。

(2) 电缆引出方式。在母线筒出线端直接与电缆头组合。

(3) 母线筒出线端直接与主变压器对接。此时连接套管一侧充有 SF_6 气体，另一侧则有变压器油。

5. GIS 结构示例

GIS 可制成不同连接形式（间隔形式）的标准独立结构，再以一些过渡元件（如弯头、三通、伸缩节等),即可适应不同形式主接线的要求,组成成套配电装置。

图 3-46～3-48 所示为 220 kV 几种 GIS 标准独立结构的断面图及进出线间隔外形图。为了便于支撑和检修,母线布置在下部,双断口断路器水平布置在上部,出线用电缆,整个回路按照电路顺序成 Π 型布置,使装置结构紧凑。母线采用三相共箱式,其余元件均采

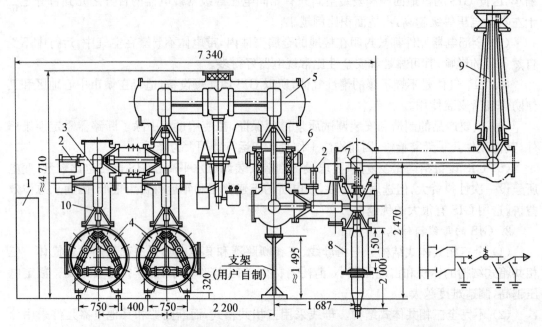

1—电气及机械柜;2—接地开关;3—隔离开关;4—三相母线筒;5—断路器;6—电流互感器;7—快速接地开关;8—电缆终端;9—引线套管;10—盆式绝缘子

图 3-46 ZF2-220 型全封闭组合电器进、出线间隔外形图(单位:mm)

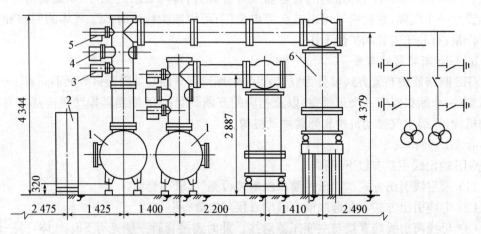

1—母线筒;2—电气柜;3—快速接地开关;4—隔离开关;5—慢速接地开关;6—电容式电压互感器

图 3-47 ZF2-220 型电压互感器间隔外形图(单位:mm)

用分箱式。盆式绝缘子用于支撑带电导体和将装置分隔成不漏气的隔离室。隔离室具有便于监视,便于发现故障点、限制故障范围以及检修或扩建时减少停电范围的作用。在两级母线汇合处设有伸缩节,以减少温差和安装误差引起的附加应力。另外装置外壳上还设有检查孔、窥视孔和防爆盘等设备。

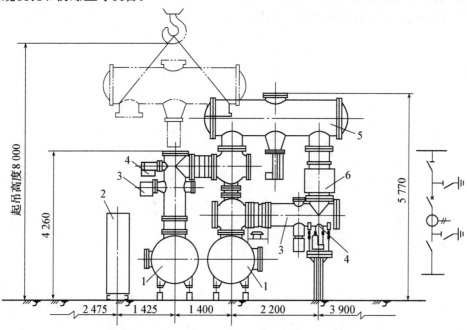

1—母线筒;2—电气及机械柜;3—隔离开关;4—慢速接地开关;5—断路器;6—电流互感器

图 3-48　母联间隔外形图(单位:mm)

三、任务布置

利用网络知识查询我国西电东输、皖电东输方面的新技术。

四、课后习题

1. 填空题

(1) 低压开关柜在低压配电系统中起到_____、_____和_____的作用。

(2) GIS 断路器按布置方式可分为_____和_____;不完全三相共体式结构中,母线采用_____式,其余元件采用_____式。

(3) 低压成套配电装置按其结构形式分为_____和_____两种。

(4) KYN28A-12 型金属铠装手车式开关柜内部分为_____、_____、_____和_____四个主要组成部分。

(5) 高压开关柜按主要设备的安装方式分为_____和_____;按开关柜隔室的构成形式分为_____、_____、_____和_____等。

2. 选择题

手车式高压开关柜中,不在小车上的是( )。

A. 断路器　　　　　　　　　　B. 电压互感器
C. 隔离开关动触头　　　　　　D. 隔离开关静触头

3. 简答题

(1) 高压开关柜有哪"五防"功能?

(2) GIS 内部一般包括哪些部分组成?

单元4　供电系统主接线和倒闸操作

任务1　变电所主接线

知识教学目标

1. 了解电气主接线的基本要求。
2. 了解高、低压配电网的作用。
3. 掌握高、低压配电网接线的分类及特点。
4. 掌握不同电气主接线的分类及特点。
5. 掌握电气主接线原理。

能力培养目标

1. 识别高、低压配电网接线形式。
2. 识别电气主接线形式。

一、任务导入

发电厂和变电所的电气主接线是由发电机、变压器、断路器、隔离开关、互感器、母线和电缆等电气设备按一定顺序连接,用以表示生产、汇集和分配电能的电路,又称一次接线、主电路或一次电路。供配电系统的一次接线包括配电所主接线和高、低压配电网接线。

电气主接线是工厂供配电系统的重要组成部分,电气主接线表明供配电系统中电力变压器、各电压等级的线路、无功补偿设备以最优化的接线方式与电力系统的连接,同时也表明各种电气设备之间的连接方式。电气主接线的形式,影响着企业内部配电装置的布置、供电的可靠性、运行灵活性和二次接线、继电保护等问题,对变配电所以及电力系统的安全、可靠、优质和经济运行指标起着决定性作用。同时,电气主接线也是电气运行人员进行各种操作和事故处理的重要依据,只有了解、熟悉和掌握变配电所的电气主接线,才能进一步了解电路中各种设备的用途、性能、维护检查项目和运行操作步骤等。因此,学习和掌握供配电系统电气主接线的相关知识和技能,对供配电技术人员至关重要。

二、相关知识

(一)高、低压配电网接线

1. 高压配电网接线

高压配电网指从总降压变电所至车间变电所或高压用电设备端的高压电力线路,起着输送与分配电能的作用。高压配电网接线可分为放射式、树干式、环式等接线。

（1）放射式接线

放射式接线的特点是配电母线上每路或两路馈电出线仅给一个负荷点单独供电,如图4-1所示。

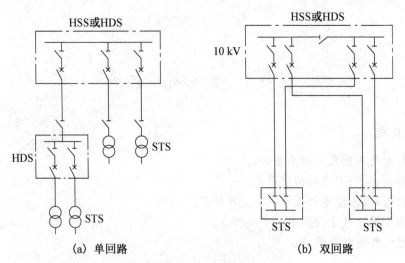

（a）单回路　　　　　　　　　（b）双回路

图4-1　高压配电网放射式接线

放射式线路发生故障时影响范围小,因而供电可靠性较高,而且易于控制和实现自动化,适用于对重要负荷的供电。单回路放射式接线一般供二、三级负荷或专用设备,供二级负荷时宜有备用电源;双回路放射式接线的供电可靠性较单回路放射式接线大大提高,可供二级负荷,若双回路来自两个独立电源,还可供一级负荷。

（2）树干式接线

树干式接线的特点是配电母线上每路馈电出线给同一方向的多个负荷点供电,如图4-2所示。高压电缆线路的分支通常采用专用电缆分支箱。

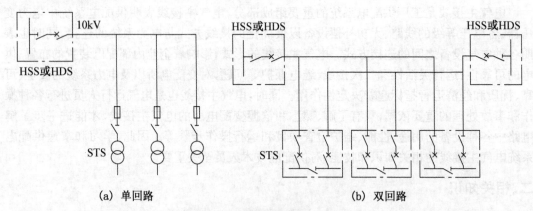

（a）单回路　　　　　　　　　（b）双回路

图4-2　高压配电网树干式接线

树干式线路采用的开关电器数量少,投资少,但可靠性不高,不便实现自动化。单回路树干式接线仅可供三级负荷;双回路树干式接线可靠性有所提高,可供二级负荷。为减少干线发生故障时的停电范围,每回线路连接的负荷点数不宜超过 5 个,总容量不宜超过 3 000 kV·A。

(3) 环式接线

环式接线又称环网接线,其特点是把两路树干式配电线路的末端或中部连接起来构成环式网络,如图 4-3 所示。环网线路的分支(环网节点)通常采用由负荷开关或电缆插头组成的专用环网配电设备。为避免环式线路发生故障时影响整个电网的正常运行,也为了简化继电保护,环式接线一般采取开环运行方式。开环点根据系统的具体情况设置在环式线路的末端或中部负荷分界处。环式接线供电可靠性较高,目前在城市配电网中的应用越来越广。

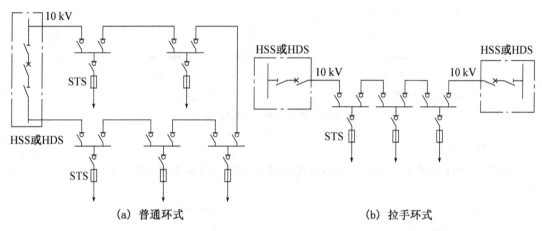

(a) 普通环式　　　　　　　　(b) 拉手环式

图 4-3　高压配电网环式接线

图 4-3(a)所示为普通环式接线的结构,环式线路的两端接至同一变电所但分别接至两段母线上。当环式线路中任一点发生故障时,只要查明故障点,经过短时"倒闸"操作,断开故障点两侧的负荷开关,即可恢复非故障部分的供电。普通环式接线可供二、三级负荷。

图 4-3(b)所示为拉手环式接线的结构,环式线路的两端分别接至两个变电所的配电母线上。拉手环式接线比普通环式接线多了一侧电源,因而供电可靠性相应提高,可供二级负荷。

一般来讲,用户高压配电网宜采用放射式接线,因为放射式接线可靠性较高,保护配合简单,便于运行管理。对一般负荷及容量在 1 000 kV·A 及以下的变压器,宜采用普通环式接线;对于重要负荷,可采用双回路放射式接线,或采用工作电源为放射式接线、备用电源为树干式接线的组合形式;对于三级负荷,为节省投资,可采用树干式接线,负荷较大时则可采用分区树干式接线。因此,GB50052—1995《供配电系统设计规范》规定:"供电系统应简单可靠,同一电压供电系统的变配电级数不宜多于两级。"例如,由二次侧为 10 kV 的总降压变电所或地区变电所配电至 10 kV 配电所为一级,再从该配电所以 10 kV 配电给配电变压器或高压用电设备,则认为 10 kV 配电级数为两级。

2. 低压配电网接线

低压配电网是指由低压电力线路构成的从车间变电所至低压用电设备供电端的配电网

络,担负着直接向低压用电设备配电的任务。低压配电网接线同高压配电网接线一样,也有放射式、树干式和环式等基本接线方式。

(1)放射式接线

放射式接线如图4-4所示,图中AP为单电源配电箱,AT为采用双电源自动切换的配电箱。

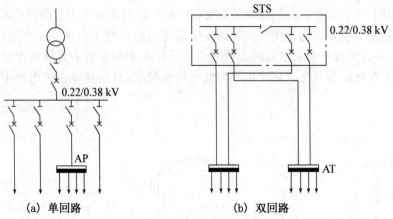

(a) 单回路　　　　　　　　(b) 双回路

图4-4　低压配电网放射式接线

(2)树干式接线

树干式接线如图4-5所示,低压电缆的分支采用专用电缆分支箱(盒)。

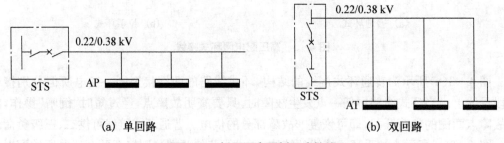

(a) 单回路　　　　　　　　(b) 双回路

图4-5　低压配电网树干式接线

链式接线如图4-6所示,它是一种变形的树干式接线,适用于从配电箱对彼此相距很近且容量很小的次要用电设备的配电,如生产线上的一组小容量电动机、一组照明灯具及一

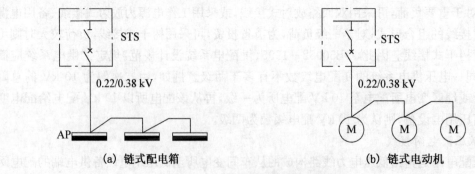

(a) 链式配电箱　　　　　　　　(b) 链式电动机

图4-6　低压配电网链式接线

组电源插座等。链式线路只在线路首端设置一组总的保护,可靠性低。

（3）环式接线

环式接线如图4-7所示,多用于各车间变电所低压侧之间的联络线,彼此连成环式,互为备用。通常备用电源与主供电源不同时供电,即采取开环运行方式。

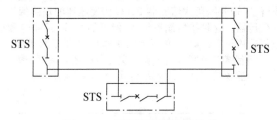

图 4-7　低压配电网环式接线

低压配电网的设计应满足用电设备对供电可靠性和电能质量的要求,同时应注意接线简单,操作方便安全,具有一定灵活性,能适应生产和使用上的变化及设备检修的需要。配电系统的层次不宜超过三级,例如从车间变电所低压配电至总配电箱为一级,再从总配电箱配电至分配电箱或低压用电设备,则认为此车间低压配电级数为两级。

根据 GB50052—1995《供配电系统设计规范》的规定,低压配电网的接线方式应按下列原则确定:

① 正常环境的车间或建筑物内,当大部分用电设备为中小容量,且无特殊要求时,宜采用树干式接线方式配电。

② 用电设备为大容量,或负荷性质重要,或在有特殊要求(指有潮湿、腐蚀性环境或有爆炸和火灾危险场所等)的车间、建筑物内,宜采用放射式接线方式配电。

③ 部分用电设备距供电点较远,而彼此相距很近、容量很小的次要用电设备,可采用链式接线方式配电,但每一回路环链设备不宜超过 5 台,其总容量不宜超过 10 kW。容量较小用电设备的插座,采用链式接线方式配电时,每一条环链回路的设备数量可适当增加。

④ 高层建筑物内,当向楼层各配电点供电时,宜采用分区树干式接线方式配电,但部分较大容量的集中负荷或重要负荷,应从低压配电室以放射式接线方式配电。

⑤ 平行的生产流水线或互为备用的生产机组,根据生产要求,宜由不同的回路配电;同一生产流水线的各用电设备,宜由同一回路配电。

（二）变电所主接线

1. 无母线的主接线

无母线主接线的结构特点是在电源与出线或变压器之间没有母线连接。在用户变配电所中,无母线的主接线有线路—变压器组单元接线和桥式接线两种常见形式。

（1）线路—变压器组单元接线

线路—变压器组单元接线的几种典型形式如表4-1所示。其共同特点是接线简单,经济性好,但可靠性较低,适用于一路电源进线且只有一台主变压器的小型变电所,只可供三级负荷。采用环网电源供电时,可靠性相应提高,可供少量二级负荷。

表 4-1　单元接线的几种典型形式表

接线示意图	特点及应用
 电源 FU	户外杆上变电台的典型接线形式,电源线路架空敷设,小容量变压器安装在电杆上,户外跌落式熔断器 FU 作为变压器的短路保护,也可用来切除空载运行的变压器。这种接线简单经济,但可靠性差,且停电和送电操作程序比较复杂,故仅适用于 500 kV·A 以下的变电所,可供三级负荷。 　　随着城市电网改造和城市美化的需要,架空线改为电缆线,户外杆上变电台也逐步被预装式变电站或组合式变压器所取代
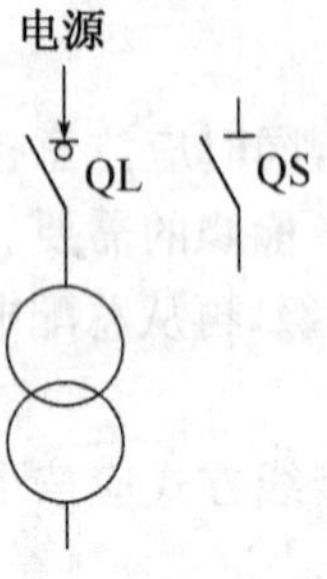 电源 QL　QS	变压器的高压侧仅装设负荷开关,而未装设保护装置。这种接线仅适用于距上级变配电所较近的车间变电所,此时,变压器的保护必须依靠安装在线路首端的保护装置来完成。 　　当变压器容量较小时,负荷开关也可用隔离开关代替,但需注意的是,隔离开关只能用来切除空载运行的变压器
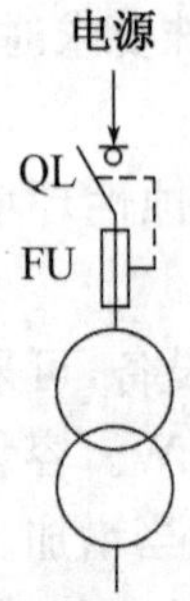 电源 QL FU	变压器的高压侧采用负荷开关与熔断器组合,变压器的短路保护由熔断器实现。负荷开关除用于变压器的投入与切除外,还可用来隔离高压电源以便变压器的安全检修。因负荷开关可带负荷操作,所以这种接线较上两种接线灵活,而且价格便宜,在 10 kV 及以下变电所中的应用越来越多。 　　为避免因熔断器的一相熔断造成变压器缺相运行,熔断器配有熔断撞针,可作用于负荷开关跳闸
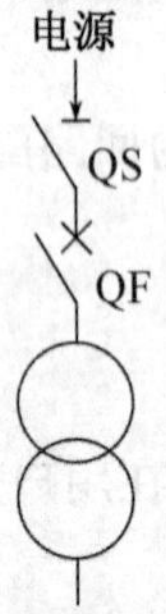 电源 QS QF	变压器的高压侧装设断路器和隔离开关,当变压器发生故障时,继电保护装置动作于断路器 QF 跳闸。采用断路器操作简便,故障后恢复供电快,易与上级保护配合,便于实现自动化。 　　如果配有自动重合闸装置,供电可靠性会有所提高。 　　当高压侧采用双电源供电或低压侧有联络线与其他变电所相连时,可供二级负荷

（2）桥式接线

对于具有两路电源进线、两台变压器的终端总降压变电所,可采用桥式接线。桥式接线分内桥接线和外桥接线两种,如图 4-8 所示。

所谓桥式接线是指在两路电源进线之间用一桥路断路器（QF3）将两路进线相连,桥路断路器连在进线断路器之下靠近变压器侧称为内桥接线,连在进线断路器之上靠近电源线

路侧称为外桥接线。两种桥式
接线都能实现电源线路和变压
器的充分利用,若变压器 T1 发
生故障,可以将 T1 切除,由电
源 1 和电源 2 并列(满足并列
运行条件时)给 T2 供电,以减
少电源线路中的能耗和电压损
失;若电源 1 线路发生故障,可
以将电源 1 切除,由电源 2 同
时给变压器 T1 和 T2 供电,以
充分利用变压器并减少其
能耗。

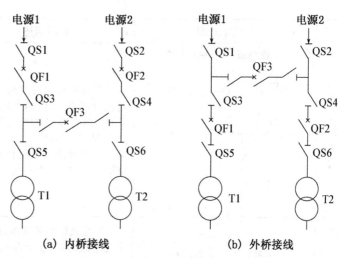

(a) 内桥接线　　　　　(b) 外桥接线

图 4-8　桥式接线

　　内桥接线的运行特点是:
电源线路投入和切除时操作简
便,变压器发生故障时操作较复杂。当电源 1 线路发生故障或检修时,先将进线 QF1 和 QS3
断开,然后将桥路断路器 QF3 接通(QF3 两侧的隔离开关先接通)即可恢复对变压器 T1 的
供电。但当变压器 T1 发生故障时,则需先将 QF1 和 QF3 断开,未故障电源 1 的供电受到
影响,断开 QS5 后,再接通 QF1 和 QF3,方可恢复电源 1 的供电。正常运行时的切换操作也
是如此。所以,内桥接线适用于电源线路较长、变压器不需经常切换操作的情况。

　　外桥接线的运行特点正好和内桥接线相反,电源线路投入和切除时操作较复杂,变压器
发生故障时操作简便。变压器发生故障时,仅其两侧的断路器自动跳闸即可,不影响电源线
路的继续运行。所以,外桥接线适用于电源线路较短、变压器需经常切换操作的情况。当系
统中有穿越功率通过变电所高压侧或两回电源线路接入环形电网时,也可采用外桥接线。

　　2. 有母线的主接线

　　有母线的主接线按母线设置的不同分为多种接线形式,如表 4-2 所示。

表 4-2　有母线主接线的几种典型形式表

形式	接线示意图	接线描述	特点及应用
单母线接线	电源进线 QF QS　　WB QS QF	电源进线和所有引出线都连接于同一组母线 WB 上,为便于投入与切除,每路进线和引出线上都装有断路器 QF,并配置继电保护装置,以便在线路或设备发生故障时自动跳闸。而且为便于设备与线路的安全检修,紧靠母线处都装有隔离开关 QS	单母线接线的优点是简单、清晰、设备少,运行操作方便且有利于扩建,但可靠性与灵活性不高。若母线发生故障或检修时,会造成全部出线断电。 单母线接线适于出线回路少(10 kV 配电装置出线回路数不超过 5 回,35 kV 不超过 3 回)的小型变配电所,一般供三级负荷

形式	接线示意图	接线描述	特点及应用
单母线接线	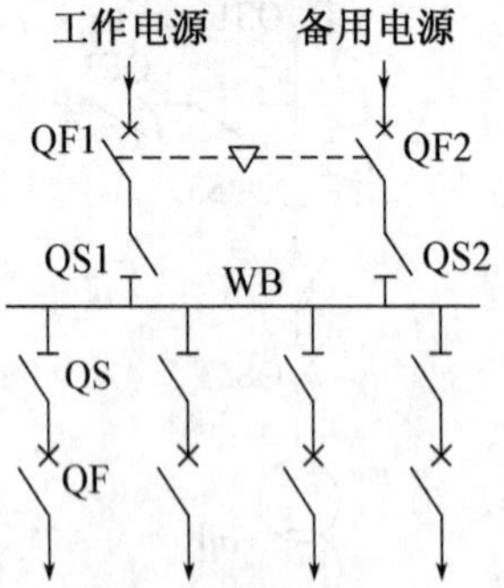 工作电源　备用电源　QF1　QF2　QS1　WB　QS2　QS　QF	采用两路电源进线,可以提高供电可靠性,但两个进线断路器必须实行操作联锁。只有在工作电源进线断路器断开后,备用电源进线断路器才能接通,以保证两路电源不并列运行	两路电源进线的单母线接线可供二级负荷
单母线分段接线	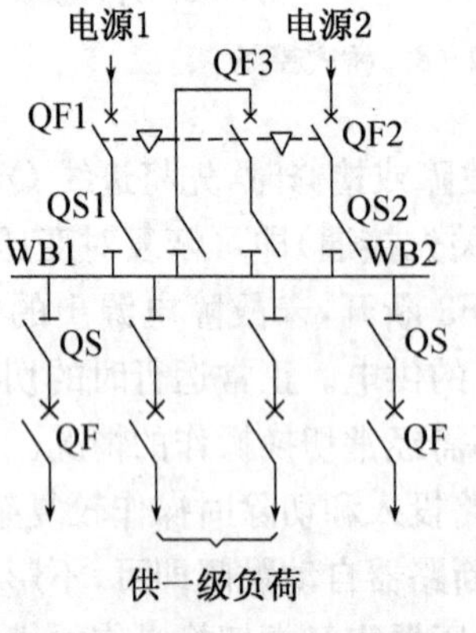 电源1　电源2　QF3　QF1　QF2　QS1　QS2　WB1　WB2　QS　QS　QF　QF　供一级负荷	当出线回路数增多且有两路电源进线时,可实行单母线分段接线。图示接线采用断路器(QF3)分段,也可采用隔离开关分段。该接线有两种运行方式: ① 分段断路器接通运行。此时任一段母线出现故障时,分段断路器与故障段进线断路器自动断开,将故障段母线切除后,非故障段母线便可继续工作; ② 分段断路器断开,分段单独运行。此时若任一电源出现故障,该电源进线断路器自动断开,分段断路器可自动投入,保证继续供电	单母线分段接线保留了单母线接线的优点,又在一定程度上克服了它的缺点,如缩小了母线故障的影响范围,分别从两段母线上引出两路出线可保证对一级负荷的供电等,所以,目前单母线分段接线应用广泛。 当有三个电源时,可采用分成三段的单母线分段接线
双母线接线	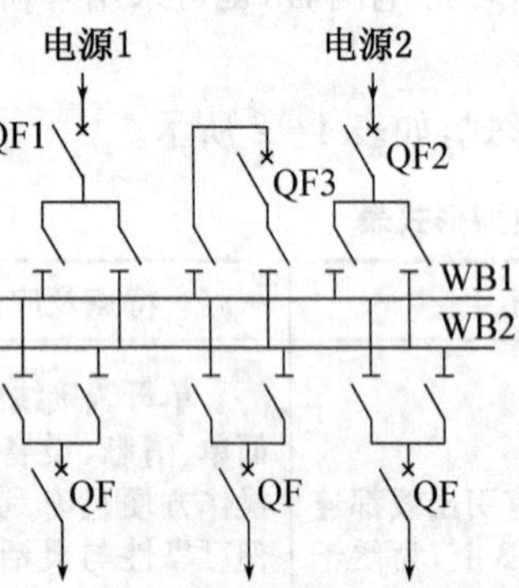 电源1　电源2　QF1　QF3　QF2　WB1　WB2　QF　QF　QF	双母线接线设有两组母线,两组母线之间通过母线联络断路器(QF3)连接。正常工作时一组母线工作,一组母线备用,各回路中连接在工作母线上的隔离开关接通,而连接在备用母线上的隔离开关断开。若工作母线发生故障或检修时,可通过倒闸操作,将所有出线转移到备用母线上来,从而保证所有出线的供电可靠性	双母线接线的优点是可靠性高、运行灵活、扩建方便,缺点是设备多、操作繁琐以及造价高。一般应用于有大量一、二级负荷的大型变配电所中

3. 变配电所主接线典型方案

变配电所主接线设计应根据负荷性质、用电容量、工程特点、所址环境、地区供电条件和节约电能等因素,合理确定设计方案。在满足安全可靠和灵活方便的前提下,做到经济合理。设计必须遵守国家标准 GB 1350053—1994《10 kV 及以下变电所设计规范》、GB 50059—1992《35～10 kV 变电所设计规范》和电力行业管理的有关规定。

下面介绍一些 10 kV 变配电所的主接线典型方案,并按照方案进行主接线图绘制。

（1）一路供电电源、一台变压器的 10 kV 变电所

主接线典型方案如图 4 - 9 所示，变压器一次侧采用线路—变压器组单元接线，二次侧采用单母线接线。

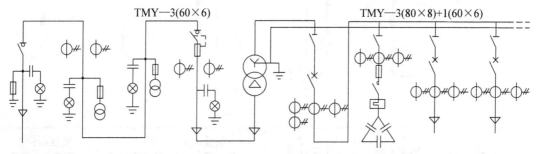

电源进线	电能计量	电压测量	主变保护	变压器	低压进线	无功补偿	低压出线	低压出线
HXGN10 - 12 型高压固定式环网开关柜					GGD2 型低压固定式开关柜			
FRN11 - 12 HY5WZ - 17 YJV22	LZZB - 12 XRNP - 10 JDZJ - 12	XRNP - 10 JDZ - 12	FRN11 - 12 XRNT - 10 LZZB - 12 YJV22	SCB10 - 800	HD13 DW15 LMZ3 - 0.66	HD13 LMZ3 - 0.66 NT0 - 500 CJ400/3	HD13 DW15 LMZ3 - 0.66	HD13 DW15 LMZ3 - 0.66

注：限于篇幅，图和表中未注明高、低压设备的具体参数；低压出线只绘制两回

图 4 - 9　一路供电电源、一台变压器的 10 kV 变电所主接线典型方案

图示主接线中，高、低压开关柜均采用固定式柜，变压器采用低损耗双绕组干式变压器，可与高、低压开关柜放置在同一房间内，变电所高压进线与低压出线均采用电缆。按《供电营业规则》的规定，在高压侧设有专用电能计量柜，计量柜中设有专用的、精度等级为 0.2 级的电流互感器与电压互感器（该互感器不得与保护、测量回路共用）。变压器的控制及保护采用负荷开关与熔断器组合电器，而不采用高压断路器，为测量高压侧电压和提供交流操作电源，高压侧还设置了电压测量柜。变电所的负荷无功补偿采用低压母线集中补偿方式，选用低压成套无功自动补偿装置。低压进线总开关和低压出线开关均采用低压断路器，可带负荷操作且恢复供电快。

（2）一路供电电源、两台或以上变压器的 10 kV 变电所

主接线典型方案如图 4 - 10 所示，变压器一次侧采用单母线接线，二次侧采用单母线分段接线。

图 4 - 10 的主接线中，高压开关柜采用 KYN28—12(Z) 型户内金属铠装移开式开关柜，柜内配置真空断路器；低压开关柜采用 GCK 低压抽出式开关柜，其插接头可起到隔离开关的作用。在高压侧设有专用电能计量柜和电压测量柜。两台变压器为互为备用运行方式，正常运行时，低压母联断路器断开，当有一台变压器发生故障或因负荷较轻而退出运行时，则会断开其两侧断路器，将低压母联断路器接通，此时，由另一台变压器供电给大部分负荷。

（3）两路供电电源的 10 kV 变电所

主接线典型方案如图 4 - 11 所示，变压器一次侧采用单母线接线，二次侧采用单母线分段接线。两路外供电源的可供容量相同且可供全部负荷，采用一用一备运行方式。

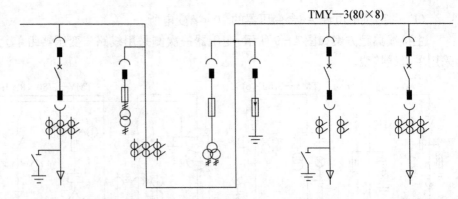

TMY—3(80×8)

用途	电源进线	电能计量	电压测量＋避雷器	变压器保护至变压器 T1	变压器保护至变压器 T2
开关柜型号	KYN28‑12(Z)型户内金属铠装移开式开关柜				
一次设备型号	VS1 或 VD4 LZZBJ9‑12 JN15 YJV22	XRNP‑10 JDZ10 LZZBJ9‑12	JDZX10 XRNP‑10 HY5W	VS1 或 VD4 LZZBJ9‑12 JN15	VS1 或 VD4 LZZBJ9‑12 YJV22

（a）变压器一次侧主接线

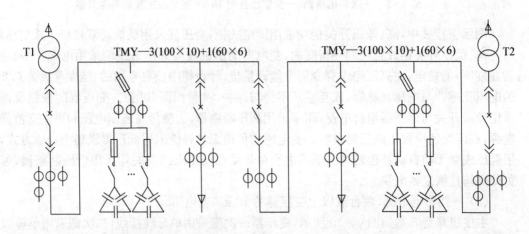

T1　　　TMY—3(100×10)+1(60×6)　　　TMY—3(100×10)+1(60×6)　　　T2

用途	低压进线	无功补偿	馈线(8 路)	联络	馈线(8 路)	无功补偿	低压进线
开关柜型号	GCK 低压抽出式开关柜						
一次设备型号	ME‑2000 LMK‑0.66	QSA‑630 LMK‑0.66 NT100 CJ19C	ME‑1000 LMK‑0.66	ME‑2000 LMK‑0.66	ME‑1000 LMK‑0.66	QSA‑630 LMK‑0.66 NT100 CJ19C	ME‑200 LMK‑0.66

（b）变压器二次侧主接线

图 4‑10　一路供电电源、两台或以上变压器的 10 kV 变电所主接线典型方案

TMY—3(80×8)

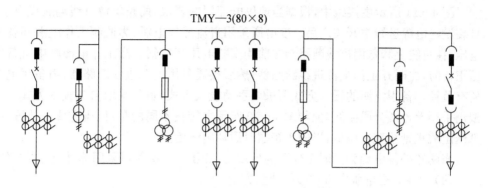

用途	电源进线	电能计量	电压测量	至变压器(2 回)	电压测量	电能计量	电源进线
开关柜型号	KYN28 - 12(Z)型户内金属铠装移开式开关柜						
一次设备型号	VS 或 VD4 LZZBJ9 - 12 YJV22	XRNP - 10 JDZ10 LZZBJ9 - 12	XRNP - 10 JDZX10	VS 或 VD4 LZZBJ9 - 12	XRNP - 10 JDZ10	XRNP - 10 JDZ10 LZZBJ9 - 12	VS 或 VD4 LZZBJ9 - 12 YJV22

(a) 变压器一次侧主接线

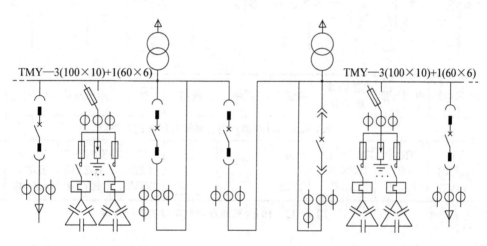

TMY—3(100×10)+1(60×6)   TMY—3(100×10)+1(60×6)

用途	馈线	无功补偿	低压进线	联络	低压进线	无功补偿	馈线
开关柜型号	GCK 低压抽出式开关柜						
一次设备型号	AH - 10B SDH	QA - 400 SDH FYS - 0.22 NT100 B30C LR1	AH - 10B SDH	AH - 10B SDH	AH - 10B SDH	QA - 400 SDH FYS - 0.22 NT100 B30C LR1	AH - 10B SDH

(b) 变压器二次侧主接线

图 4 - 11 两路供电电源的 10 kV 变电所主接线典型方案

图 4-11 所示主接线中,根据当地供电部门的要求,两路电源进线均装设电能计量柜,且装设在电源进线主开关之后。变电所采用直流操作电源,为监测工作电源和备用电源的电压,在母线上和备用进线断路器之前均安装电压互感器。当工作电源断电且备用电源电压正常时,先断开工作电源进线断路器,然后接通备用电源进线断路器,由备用电源供电给所有负荷。备用电源的投入方式可采取手动投入方式,也可采取自动投入方式。低压主接线仍采用单母线分段接线,但与图 4-10 所示主接线不同的是,低压进线柜放置在中间,而低压出线柜则放置在两侧,以便于扩建时添加出线柜。

当两路外供电源为同时工作互为备用时,变压器一次侧可采用单母线分段接线。

(4) 10 kV 配电所电气主接线典型方案

主接线典型方案如图 4-12 所示,变电所由两路外供电源供电,采用单母线分段接线。其他配置同图 4-11 所示主接线方案。

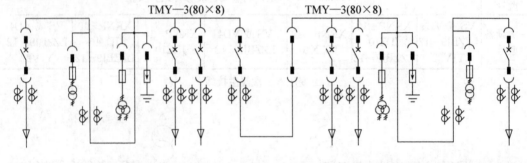

电源进线	电能计量	电压测量避雷器	馈线	联络	隔离	馈线	电压测量	电能计量	电源进线
KYN28-12(Z)型户内金属铠装移开式开关柜									
VD4 LZZBJ YJV22	XRNP JDZ10 LZZBJ	XRNP-10 JDZX10 HY5W	VD4 LZZBJ YJV22	VD4 LZZBJ		VD4 LZZBJ YJV22	XRNP-10 JDZX10 HY5W	XRNP JDZ10 LZZBJ	VD4 LZZBJ YJV22

图 4-12　10 kV 配电所电气主接线典型方案

三、任务布置

实训　供配电一次主接线识图

1. 实训目的

(1) 熟悉接线图。

(2) 掌握各电气元件的符号及型号。

2. 实训内容

(1) 电气主接线是变电所的主要图纸,看懂它一般遵循以下步骤:

① 了解变电所的基本情况,变电所在系统中的地位和作用,变电所的类型。

② 了解变压器的主要技术参数,包括额定容量、额定电流、额定电压、额定频率和连接组别等。

③ 明确各个电压等级的主接线基本形式,包括高压侧(电源侧)有无母线,是单母线还是双母线,母线是否分段,还要看低压侧的接线形式。

④ 检查开关设备的配置情况。一般从控制、保护、隔离的作用出发,检查各路进线和出线上是否配置了开关设备,配置是否合理,不配置能否保证系统的运行和检修。

⑤ 检查互感器的配置情况。从保护和测量的要求出发,检查在应该装互感器的地方是否都安装了互感器,配置的电流互感器个数和安装相比是否合理,配置的电流互感器的副绕组及铁芯数是否满足需要。

⑥ 检查避雷器的配置是否齐全。如果有些电气主接线没有绘出避雷器的配置,则不必检查。

⑦ 按主接线的基本要求,从安全性、可靠性、经济性和方便性四个方面对电气主接线进行分析,指出优缺点,得出综合评价。

(2) 变配电所电气主接线读图训练

下面以 35 kV 厂用变电所的电气主接线图为例进行读图练习,如图 4-13 所示。

图 4-13 所示变电所包括 35/10 kV 中心变电所和 10/0.4 kV 变电室两个部分。中心变电所的作用是把 35 kV 的电压降到 10 kV,并把 10 kV 电压送至厂区各个车间的 10 kV 变电室,供车间动力、照明及自动装置用。10/0.4 kV 变电室的作用是把 10 kV 电压降至 0.4 kV,送到厂区办公、食堂、文化娱乐场所与宿舍等公共用电场所。

从主接线图可以看出,其供配电系统共有三级电压,三级电压均靠变压器连接,其主要作用就是把电能分配出去,再输送给各个电力用户。变电所内还装设了保护、控制、测量、信号等功能齐全的自动装置,由此可以显示出变配电所装置的复杂性。

观察主接线图,可看出系统为两路 35 kV 供电,两路分别来自于不同的电站,进户处设置接地隔离开关、避雷器、电压互感器。这里设置隔离开关的目的是线路停电时,该接地隔离开关闭合接地,站内可以进行检修,省去了挂临时接地线的工作环节。与接地隔离开关并联的另一组隔离开关的作用是把电源送到高压母线上,并设置电流互感器,与电压互感器构成测量电能的取样元件。

图中高压母线分为两段,两段之间的联系采用隔离开关。当一路电源故障或停电时,可将联络开关合上,两台主变压器可由另一路电源供电。联络开关两侧的母线必须经过核相,以保证它们的相序相同。

图中每段母线上均设置一台主变压器,变压器由油断路器 DW5 控制,并在断路器的两侧设置隔离开关 GW5,以保证断路器检修时的安全。变压器两侧设置电流互感器 3TA 和 4TA,以便构成变压器的差动保护。同时在主变压器进口侧设置一组避雷器,目的是实现主变压器的过电压保护;在进户处设置的避雷器,目的是保护电源进线和母线过电压。带有断路器的套管式电流互感器 2TA 的设置目的是用来保护测量。

变压器出口侧引入高压室内的 GFC 型开关计量柜,柜内设有电流互感器、电压互感器供测量保护用,还设有避雷器保护 10 kV 母线过电压。10 kV 母线由联络柜联络。

馈电柜由 10 kV 母线接出,封闭式手动车柜——GFC 馈电开关设置有隔离开关和断路器,其中一台柜直接控制 10 kV 公共变压器。馈电柜将 10 kV 电源送到各个车间及大型用户,10 kV 公共变压器的出口引入低压室内的低压总柜上,总柜内设有刀开关和低压断路

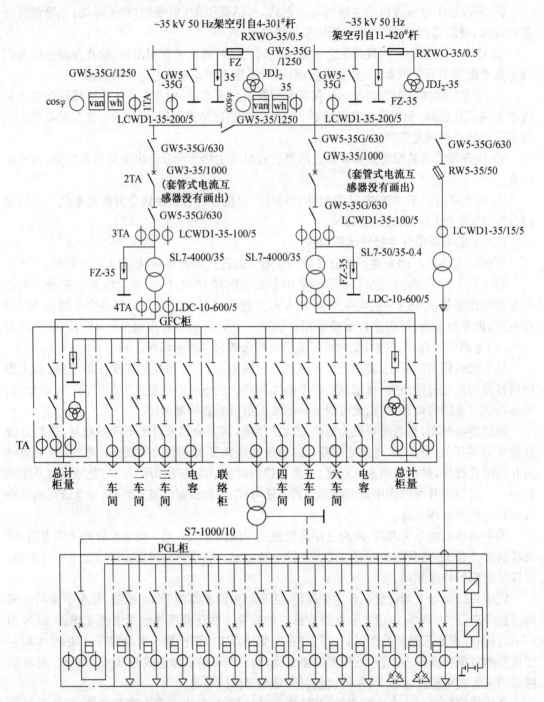

图 4－13　35 kV 厂用供配电系统主接线图

器,并设有电流互感器和电能表作为测量元件。

　　35 kV 母线经隔离开关 GW5,跌落式熔断器 RW5 引至一台站用变压器 SL7－50/35－0.4,专供站内用电,并经过电缆引至低压中心变电室的站用柜内,直接将 35 kV 变为 400 V。

低压变电室内设有 4 台 UPS,供停电时动力和照明用,以备检修时有足够的电力。

四、课后习题

1. 选择题

(1) 高压配电系统宜优先考虑的接线方式是( )。

    A. 树干式   B. 放射式   C. 普通环式   D. 拉手环式

(2) 正常环境的车间或建筑物内,当大部分用电设备为中小容量,且无特殊要求时,宜采用( )配电。

    A. 树干式   B. 放射式   C. 环式   D. 链式

(3) 在双母线接线中,两组母线之间一般通过( )连接。

    A. 隔离开关   B. 分段断路器

    C. 母线联络断路器   D. 出线断路器

(4) 如果要求在检修任一引出线母线隔离开关时不影响其他支路的供电,则可以采用( )。

    A. 双母线接线   B. 内桥接线

    C. 单母线带旁路接线   D. 单母线分段接线

(5) 下列选项中不属于单母线接线优点的是( )。

    A. 便于扩建   B. 可靠性高

    C. 接线简单   D. 投资少

(6) 根据对电气主接线的基本要求,设计电气主接线时首先要考虑( )。

    A. 采用有母线的接线形式   B. 采用无母线的接线形式

    C. 尽量降低投资,少占耕地   D. 保证必要的可靠性和电能质量要求

(7) 单母线接线主电路正常运行时( )。

    A. 所有工作支路的断路器和隔离开关闭合运行

    B. 所有支路的断路器和隔离开关闭合运行

    C. 所有支路的断路器闭合运行

    D. 所有支路的隔离开关闭合运行

2. 填空题

(1) 电气主接线中的外桥接线多用_____的场合。

(2) 供电系统应简单可靠,同一电压供电系统的变配电级数不宜多于_____级。

(3) 配电所专用电源线的进线开关宜采用_____。当无继电保护和自动装置要求,且出线回路少无需带负荷操作时,可采用_____。

(4) 10 kV 或 6 kV 固定式配电装置的出线侧,在架空出线回路或有反馈可能的电缆出线回路中,应装设_____。

(5) 低压链式接线方式配电,每一回路环链设备不宜超过_____台,总容量不宜超过_____kW。

3. 判断题

(1) 电气主接线图中,所有设备均用单线代表三相。   ( )

(2) 桥式接线与单母线分段接线相比节省了一台断路器。 （　）

(3) 内桥接线适用于变压器需要经常切换的供电系统。 （　）

(4) 对高压供电的用户,应在变压器低压侧装表计量。 （　）

4. 简答题

(1) 什么是发电厂和变电所的电气主接线?

(2) 变配电所电气主接线主要有哪几种形式?

(3) 简述双母线接线比单母线接线的优缺点。

(4) 电气主接线有哪几种基本形式? 试阐述它们的特点和应用范围。

(5) 分析比较放射式接线、树干式接线和环式接线的特点及应用情况。

5. 设计作图题

某工厂拟建造一座 10/0.38 kV 变电所,由公用电网采用双回路供电,变压器高压侧采用双线路—变压器组单元接线,低压侧采用单母线分段接线,供电部门要求电能计量柜在高压接线主开关之前。试设计并绘制该工厂变电所电气主接线图。

任务 2　倒闸操作

知识教学目标

1. 掌握倒闸操作的概念和基本原则。

2. 掌握电气作业的安全技术实施。

3. 了解变电站常用防误闭锁装置的分类及原理。

能力培养目标

1. 典型操作票的填写。

2. 倒闸操作。

一、任务导入

电力系统中将设备由一种状态转变为另一种状态的过程叫倒闸,而通过操作隔离开关、断路器以及挂、拆接地线将电气设备从一种状态转换为另一种状态或使系统改变了运行方式,这种操作叫倒闸操作。

倒闸操作是电力系统保证安全、经济供配电的一项极为重要的工作。值班人员必须严格遵守规程制度,认真执行倒闸操作监护制度,正确实现电气设备状态的转换,以保证电网安全、稳定、经济的连续运行。

二、相关知识

(一)倒闸操作的基本原则

1. 倒闸操作的基本概念

电力系统中运行的电气设备,常常遇到检修、调试及消除缺陷的工作,这就需要改变电气设备的运行状态或改变电力系统的运行方式。

当电气设备由一种状态转到另一种状态或改变电力系统的运行方式时,需要进行一系列的操作,这种操作叫做电气设备的倒闸操作。

(1) 电气设备的状态。变电站电气设备分为四种状态:运行状态、热备用状态、冷备用状态、检修状态。

① 运行状态。电气设备的隔离开关及断路器都在合闸位置带电运行,如图 4 - 14 所示。

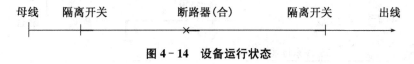

图 4 - 14　设备运行状态

② 热备用状态。电气设备的隔离开关在合闸位置,只有断路器在断开位置,如图 4 - 15 所示。

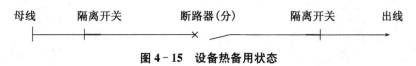

图 4 - 15　设备热备用状态

③ 冷备用状态。电气设备的隔离开关和断路器都在断开位置,如图 4 - 16 所示。

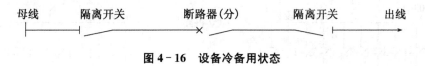

图 4 - 16　设备冷备用状态

④ 检修状态。电气设备的所有隔离开关和断路器均在断开位置,在有可能来电端挂好地线,如图 4 - 17 所示。

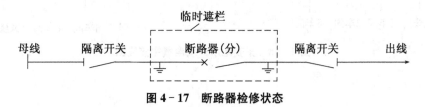

图 4 - 17　断路器检修状态

(2) 倒闸操作的主要内容:电力线路的停、送电操作;电力变压器的停、送电操作;发电机的起动、并列和解列操作;电网的合环与解环;母线接线方式的改变(倒母线操作);中性点接地方式的改变;继电保护自动装置使用状态的改变;接地线的安装与拆除等。倒闸操作可以通过就地操作、遥控操作、程序操作完成。遥控操作、程序操作的设备应满足有关技术条件。

上述绝大多数操作任务是靠拉、合某些断路器和隔离开关来完成的。此外，为了保证操作任务的完成和检修人员的安全，需取下、装上某些断路器的操作熔断器和合闸熔断器。这两种被称为保护电器的设备，也像开关电器一样进行频繁操作。

2. 典型的操作票填写方法

(1) 线路、断路器的检修

根据某变电所一次电气主接线图，如图 4-18 所示，断路器检修操作票见表 4-3，线路检修操作票见表 4-4。

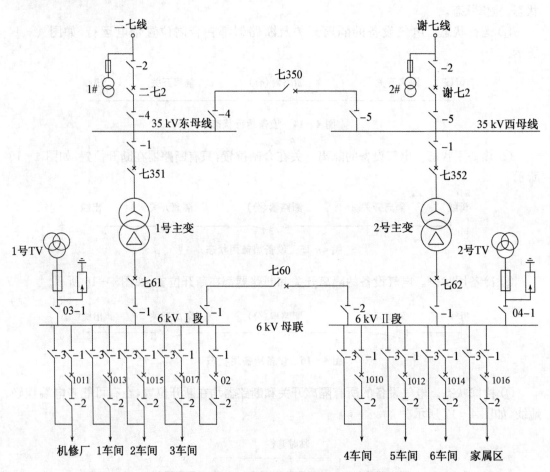

图 4-18 某变电所一次电气主接线图

表 4 - 3　断路器检修操作票

变电站(发电厂)倒闸操作票

单位_____　　编号_____

发令人		受令人		发令时间	年　月　日　时　分
操作开始时间： 　　年　月　日　时　分			操作结束时间： 　　年　月　日　时　分		
(　)监护下操作　　　　(　)单人操作　　　　(　)检修人员操作					
操作任务：机修厂 1011 开关由运行转检修					
顺序	操作项目				√
1	拉开机修厂 1011 开关				
2	检查机修厂 1011 开关在开位				
3	拉开机修厂 1011 开关合闸保险				
4	拉开机修厂 1011—2 刀闸				
5	拉开机修厂 1011—1 刀闸				
6	在机修厂 1011 开关与 1011—2 刀闸间验明确无电压				
7	在机修厂 1011 开关与 1011—2 刀闸间装设 6 kV1♯接地一组				
8	在机修厂 1011 开关与 1011—1 刀闸间验明确无电压				
9	在机修厂 1011 开关与 1011—1 刀闸间装设 6 kV2♯接地一组				
10	拉开机修厂 1011 开关控制保险				
11					
备注：					
制作人：　　　　　　监护人：　　　　　　值班负责人(值长)					

　　操作票中的操作任务可由调度布置的操作任务或工作票的工作内容一栏确定。如果工作要求是检修断路器 1011，那么变电所值班人员的任务是对 1011 断路器停电，并采取措施保证检修人员的安全。因此操作票中的"操作任务"一栏应写明"机修厂 1011 开关由运行转检修"。这一栏是要能体现出倒闸操作的目的。如果是线路检修，则写明"机修厂 1011 线路由运行转检修"，其区别在于所装设接地线位置不同。

　　根据倒闸操作的技术原则，这个操作的第一项应该是拉开 1011 开关(但该线路如装有自动装置，应提前考虑是否要退出相应的自动装置，并填写在拉开断路器项目之前)，并确保断路器确已拉开。检查断路器位置的目的是防止拉隔离开关时断路器实际并未断开而造成带负荷拉隔离开关的误操作。另外，第 3 项中的"拉开机修厂 1011 开关合闸保险"应根据具体设备规定考虑，例如电磁操动机构断路器是防止在拉隔离开关的操作过程中断路器因某种意外误合闸。因为合闸保险是断路器自动合闸的电源通路，取下合闸保险后就排除了意外合闸的电源，但对非电磁操动机构的断路器上述这项意义就不大了。

　　拉隔离开关操作，也是根据倒闸操作的技术原则，遵循一定顺序停电操作，必须按照断路器、非母线侧隔离开关、母线侧隔离开关顺序依次操作，送电操作顺序与此相反。现在结合表4-3断路器检修操作票说明这一顺序,可以看出:1011断路器两侧各有一组隔离开关,图4-18中编号为1011—1的隔离开关是与母线相连的,称为母线侧隔离开关(亦称为电源侧隔离开关)。根据部颁《电业安全工作规程》或国家电网公司颁发的《电力安全工作规程》规定,停电操作时应先拉开非母线(负荷)侧隔离开关,后拉开母线(电源)侧隔离开关。这样规定的目的是防止停电时可能会出现的两种误操作:一是断路器没拉开或虽经操作而并未实际拉开,误拉隔离开关;二是断路器虽已拉开但拉隔离开关时走错间隔,拉错停电设备,造成带负荷拉隔离开关。

表4-4 线路检修操作票
变电站(发电厂)倒闸操作票
单位_____ 编号_____

发令人		受令人		发令时间	年 月 日 时 分	
操作开始时间: 年 月 日 时 分				操作结束时间: 年 月 日 时 分		
( )监护下操作		( )单人操作		( )检修人员操作		
操作任务:机修厂1011线路由运行转检修						
顺序	操作项目					✓
1	拉开机修厂1011开关					
2	检查机修厂1011开关在开位					
3	拉开机修厂1011—2刀闸					
4	拉开机修厂1011—1刀闸					
5	在机修厂1011—2刀闸间验明确无电压					
6	在机修厂1011—2刀闸线路侧装设6kV3#接地一组					
7	在机修厂刀闸操作把上悬挂"禁止合闸,线路有人工作"标志牌					
8						
9						
10						
11						
备注:						
制作人:	监护人:		值班负责人(值长)			

假设断路器没断开,先拉负荷侧隔离开关,弧光短路发生在断路器保护范围以内(短路电流流经TA),出线断路器跳闸,切除了故障,缩小事故范围,如图4-19所示。

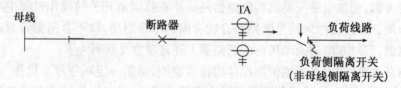

图4-19 下拉负荷侧隔离开关、断路器跳闸

倘若先拉母线侧隔离开关,弧光短路发生在出线断路器保护范围以外,由图 4－20 可以看出,由于误操作而引起的故障电流并未通过 TA,该保护不动作,断路器不会跳闸,将造成母线短路并使母线保护动作,跳开所有连接在该母线上的断路器,或者使上一级断路器跳闸,扩大了事故范围,延长了停电时间。因为母线侧隔离开关烧坏,在修复期间,该母线不能带电运行,往往在较长时间内影响汇集母线上全部出线的送电。

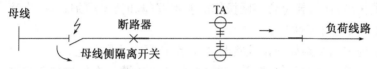

图 4－20 下拉母线侧隔离开关,断路器不会跳闸

送电时,如果断路器在误合位置便去合隔离开关,假如先合负荷侧隔离开关,后合母线侧隔离开关,则等于用母线侧隔离开关带负荷送线路,一旦发生弧光短路便造成母线故障。反之即使发生了事故,检修负荷侧隔离开关时只需停一条线路,而检修母线侧隔离开关却要停用母线,造成大面积停电。

操作票进行到第 5 项是设备由运行状态转为冷备用状态的操作,要将设备转为检修状态需要布置安全措施,即后 5 项的内容。

由前 5 项的操作项目可以看出,制定操作方案时始终围绕着"严防带负荷拉隔离开关"及"在误操作情况下尽量缩小事故范围"这样的原则。

操作票的第 10 项是拉开该断路器的操作熔断器。操作熔断器一般安装在控制盘的背后,拉开操作熔断器后就切断断路器的直流操作电源,由于它既控制了断路器的跳闸回路又控制了断路器的合闸回路,所以操作熔断器起双重作用。拉开这个熔断器能更可靠地防止在检修断路器期间,断路器意外跳闸、合闸而发生设备损坏或人身事故。

在被检修设备两侧装设临时接地线是保证检修人员安全的措施之一。装设接地线后,如果有感应电压或因意外情况突然来电,电流经三相短路接地,如图 4－21 所示,使上一级断路器跳闸,从而保证了检修人员所在工作区域内的安全。其装设原则是对于可能送电至停电设备的各方面或停电设备可能产生感应电压的都要装设接地线,接地线装设地点必须在操作票上详细写明(见表 4－3 断路器检修操作票第 6 项至第 9 项),以防止发生带电挂地线的误操作事故。同时为防止这一事故发生,装设接地线前必须先进行验电,以证明该处确无电压。所装接地线与被检修设备间不能有断开点,如图 4－21 中的 1 号接地线要装在靠近断路器侧,不能用 3 号接地线代替。因为检修断路器时 1011—2 隔离开关已拉开,3 号接地线对检修人员不起保护安全作用,3 号接地线一般在检修线路中作为保护接地使用。

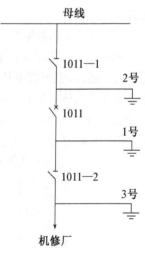

图 4－21 接地线装设地点

所装接地线应给予编号,并在操作票上注明,以防送电前拆除接地线时因错拆或漏拆而发生带接地线合闸事故(在执行多项操作任务时,注意接地线编号不要重复填写)。

如果一个操作任务的操作项目较多,一张操作票填不完时,应在第一张操作票最后一行填写"下接××号倒闸操作票"字样。

下面总结填写这类操作票的五个要点。

① 设备停电检修,必须把各方面电源完全断开,禁止在只经断路器断开的电源设备上工作,在被检修设备与带电部分之间应有明显的断开点。

② 安排操作项目时,要符合倒闸操作的基本规律和技术原则,各操作项目不允许出现带负荷拉隔离开关的可能性。

③ 装设接地线前必须先在该处验电,并详细地写在操作票上。

④ 要注意一份操作票只能填写一个操作任务。所谓一个操作任务是指根据同一个操作命令且为了相同的操作目的而进行不间断的倒闸操作过程。

⑤ 单项命令是指变电所值班员在接受调度员的操作命令后所进行的单一性操作,需要命令一项执行一项。在实际操作中,凡不需要与其他单位直接配合即可进行操作的,调度员可采取综合命令的方式,由变电所自行制订操作步骤来完成。

(2) 主变压器检修

填票前应明确变电所内设备的运行状态,如图 4-18 所示的某变电所一次电气主接线图,对主变压器的停电,在一般情况下退出一台变压器前要先考虑负荷的重新分配问题,以保证运行的另一台变压器不过负荷。

变压器停电时也要根据先停负荷侧、后停电源侧的原则,图 4-18 中的七 62 断路器为主变压器 6 kV 断路器,也就是负荷侧断路器(主变压器为降压变压器,故 6 kV 侧为负荷侧);七 352 为主变压器 35 kV 断路器,也就是电源侧断路器。

根据上述原则,操作的第二项应是拉开主变压器负荷侧七 62 断路器,使变压器先进入空载运行状态;然后拉开主变压器七 352 高压侧断路器;最后拉开各侧隔离开关,变压器再退出运行。

(3) 电压互感器检修

变电所往往同时检修多台设备,如要检修图 4-18 所示的 2 号变压器的同时,也检修 2 号电压互感器(以下将电压互感器简称 TV),这就需要重新填写一份操作票。2 号主变压器与 2 号 TV 的停电不是同一个操作任务,由图 4-18 可以看出,2 号主变压器停电后 6 kVⅡ段母线依旧带电,则 2 号 TV 与 2 号主变压器不属于同一个电气连接部分。2 号 TV 的二次电压回路联系示意图如图 4-22 所示。在进行 TV 检修操作前,有时要考虑继电保护的

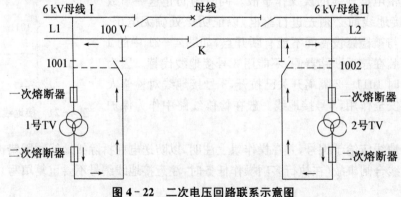

图 4-22 二次电压回路联系示意图

配置问题,如退出低频率、低电压等保护装置,以防其因失压而误动。还有的变电所应事先对 TV 进行人工切换,倒换 TV 负荷。对于两台 6 kV 的 TV 能自动切换的变电所,可不考虑上述问题,直接进行 TV 的停电检修。

(二) 电气作业人员的安全技术措施

电气设备上工作时保证安全的技术措施包括:停电、验电、接地、悬挂标示牌和装设遮栏(围栏),以上技术措施由运行人员或有权执行操作的人员执行。

1. 停电

在电气设备上的工作,停电是一个很重要的环节,在工作地点,应停电的设备如下:

① 检修的设备。

② 与工作人员在进行工作中正常活动范围的距离小于表 4-5 规定的设备。

表 4-5　工作人员工作中日常活动范围与带设备的安全距离表

电压等级/kV	10 及以下(13.8)	20、35	63(66)、110	220	330	500
安全距离/m	0.35	0.60	1.50	3.00	4.00	5.00

注:表中未列出电压按高一档电压等级的安全距离。

③ 在 35 kV 及以下的设备处工作,安全距离虽大于表 4-5 中的规定,但小于表 4-6 中的规定,同时又无绝缘挡板、安全遮栏措施的设备。

表 4-6　设备不停电时的安全距离表

电压等级/kV	10 及以下(13.8)	20、35	63(66)、110	220	330	500
安全距离/m	0.70	1.00	1.50	3.00	4.00	5.00

④ 带电部分在工作人员后面、两侧、上下,且无可靠安全措施的设备。

⑤ 其他需要停电的设备。

在检修过程中,对检修设备进行停电,应把各方面的电源完全断开(任何运用中的星形连接设备的中性点,应视为带电设备也应断开)。禁止在只经断路器断开电源的设备上工作。应拉开隔离开关,手车开关应拉至试验或检修位置,应使各方面有一个明显的断开点(对于有些设备无法观察到明显断开点的除外)。与停电设备有关的变压器和电压互感器必须从高、低压两侧断开,以防止向停电检修的设备和线路反送电。

严禁在开关的下口进行检修、清扫工作,必须断开前一级开关后进行。

变配电所全部停电检修时,必须拉开进户第一刀闸。

注意:严禁利用事故停电的机会进行检修工作。

2. 验电

验电时,应使用相应电压等级而且合格的接触式验电器,在装设接地线或合接地刀闸处对各相分别验电。验电前,应先在有电设备上进行试验,确证验电器良好,无法在有电设备上进行试验时可用高压发生器等确证验电器良好。如果在木杆、木梯或木架上验电,不接地线不能指示者,可在验电器绝缘杆尾部接上接地线,但应经运行值班负责人或工作负责人许可。

高压验电应戴绝缘手套。验电器的伸缩式绝缘棒长度应拉足,验电时手应握在手柄处不得超过护环,人体应与验电设备保持安全距离。雨雪天气时不得进行室外直接验电。

对无法进行直接验电的设备,可以进行间接验电,即检查隔离开关的机械指示位置、电气指示、仪表及带电显示装置指示的变化,且至少应有两个及以上指示已同时发生对应变化;若进行遥控操作,则应同时检查隔离开关的状态指示、遥测、遥控信号及带电显示装置的指示进行间接验电。

表示设备断开和允许进入间隔的信号、经常接入的电压表等,如果指示有电,则禁止在设备上工作。

3. 接地

在检修的设备或线路上,接地的作用有:保护工作人员在工作地点防止突然来电;消除邻近高压线路上的感应电压;放净线路或设备上可能残存的电荷;防止雷电电压的威胁。

装设接地线应由两人进行(经批准可以单人装设接地线的项目及运行人员除外)。

当验明设备确已无电压后,应立即将检修设备三相短路并接地。电缆及电容器接地前应逐相充分放电,星形联结电容器的中性点应接地,串联电容器及与整组电容器脱离的电容器应逐个放电,装在绝缘支架上的电容器外壳也应放电。

对于可能送电至停电设备的各方面都应装设接地线或合上接地刀闸,所装接地线与带电部分应考虑接地线摆动时仍符合安全距离的规定。

对于因平行或邻近带电设备导致检修设备可能产生感应电压时,应加装接地线或工作人员使用个人保安线。加装的接地线应登记在工作票上,个人保安接地线由工作人员自装自拆。

检修部分若分为几个在电气上不相连接的部分(如分段母线以隔离开关或断路器隔开分成几段),则各段应分别验电后再接地短路。降压变电站全部停电时,应将各个可能来电侧的部分接地短路,其余部分不必每段都装设接地线或合上接地刀闸。

接地线、接地刀闸与检修设备之间不得连有断路器或熔断器。若由于设备原因,接地刀闸与检修设备之间连有断路器,在接地刀闸和断路器合上后,应有保证断路器不会分闸的措施。

在配电装置上,接地线应装在该装置导电部分的规定地点,这些地点的油漆应刮去,并划有黑色标记。所有配电装置的适当地点,均应设有与接地网相连的接地端,接地电阻应合格。接地线应采用三相短路式接地线,若使用分相式接地线时,应设置三相合一的接地端。

装设接地线应先接接地端,后接导体端,接地线应接触良好,连接应可靠。拆接地线的顺序与此相反。装、拆接地线均应使用绝缘棒并戴绝缘手套,人体不得碰触接地线或未接地的导线,以防触及感应电。

成套接地线应由透明护套的多股软铜线组成,其截面面积不得小于 $25\ mm^2$,同时应满足装设地点短路电流的要求,禁止使用其他导线作接地线或短路线。

接地线应使用专用的线夹固定在导体上,严禁用缠绕的方法进行接地或短路。

严禁工作人员擅自移动或拆除接地线。高压回路上的工作(如测量母线和电缆的绝缘电阻,测量线路参数,检查断路器触头是否同时接触),需要拆除全部或一部分接地线后才能进行工作。如拆除一相接地线;拆除接地线,保留短路线;将接地线全部拆除或拉开接地刀闸,应征得运行人员的许可(根据调度员指令装设的接地线,应征得调度员的许可),方可进行,工作完毕后应立即恢复。

4. **悬挂标示牌和装设遮栏(围栏)**

标示牌的悬挂与拆除,应按工作票的要求进行。标示牌的悬挂应牢固正确,位置准确,正面朝向工作人员。

在以下地点应该装设遮栏和悬挂标示牌:

(1) 在一经合闸即可送电到工作地点的断路器和隔离开关的操作把手上,均应悬挂"禁止合闸,有人工作!"的标示牌。如果线路上有人工作,应在线路断路器和隔离开关操作把手上悬挂"禁止合闸,线路有人工作!"的标示牌。

(2) 由于设备原因,若接地刀闸与检修设备之间连有断路器,则接地刀闸和断路器合上后,在断路器操作把手上,应悬挂"禁止分闸!"的标示牌。

(3) 在显示屏上进行操作的断路器和隔离开关的操作处均应相应设置"禁止合闸,有人工作!"或"禁止合闸,线路有人工作!"以及"禁止分闸!"的标记。

(4) 部分停电的工作,安全距离小于表4-6规定距离以内的未停电设备,应装设临时遮栏。临时遮栏与带电部分的距离,不得小于表4-5的规定数值,临时遮栏可用干燥木材、橡胶或其他坚韧绝缘材料制成,装设应牢固,并悬挂"止步,高压危险!"的标示牌。

(5) 35 kV及以下设备的临时遮栏,如因工作特殊需要,可用绝缘挡板与带电部分直接接触,但此种挡板应具有高度的绝缘性能。

(6) 在室内高压设备上工作,应在工作地点两旁及对面运行设备间隔的遮栏(围栏)上和在禁止通行的过道遮栏(围栏)上悬挂"止步,高压危险!"的标示牌。

(7) 高压开关柜内手车开关拉出后,隔离带电部位的挡板封闭后禁止开启,并设置"止步,高压危险!"的标示牌。

(8) 在室外高压设备上工作,应在工作地点四周装设围栏,其出入口要围至临近道路旁边,并设有"从此进出!"的标示牌。工作地点四周围栏上悬挂适当数量的"止步,高压危险!"标示牌,标示牌应朝向围栏里面。若室外配电装置的大部分设备停电,只有个别地点保留有带电设备而其他设备无触及带电导体的可能时,可以在带电设备四周装设全封闭围栏。围栏上悬挂适当数量的"止步,高压危险!"标示牌,标示牌应朝向围栏外面。

(9) 在工作地点设置"在此工作!"的标示牌。

(10) 在室外构架上工作,则应在工作地点邻近带电部分的横梁上,悬挂"止步,高压危险!"的标示牌;在工作人员上下铁架或梯子上,应悬挂"从此上下!"的标示牌;在邻近其他可能误登的带电架构上,应悬挂"禁止攀登,高压危险!"的标示牌。

部分停电的工作安全距离小于规定距离的未停电设备,应装设遮栏或围栏,将施工部分与其他带电部分明显隔离开。

禁止工作人员在工作中移动、越过或拆除遮栏进行工作。

(三) 电气防误操作闭锁装置

防误闭锁装置的作用是防止误操作,凡有可能引起误操作的高压电气设备,均应装设防误闭锁装置。防误闭锁装置应实现以下功能(简称五防):防止误分、合断路器;防止带负荷拉、合隔离开关;防止带电挂(合)地线(接地刀闸);防止带地线(接地刀闸)合断路器(隔离开关）；防止误入带电间隔。

变电站常用的防误闭锁装置有机械闭锁、电气闭锁、电磁闭锁、程序锁、微机闭锁等。

1. 机械闭锁

机械闭锁是靠机械结构制约而达到闭锁目的的一种闭锁装置。

如图 4-23 所示，开关处于合闸状态时，CD 机构的 1 电动操作机构的脱扣连杆通过 2 杠杆传动到 7 转轴，从而将 3 联锁把手顶住，使得联锁把手不能转动，刀闸的 5 定位销不能拔出，这样，刀闸被 5 定位销锁住不能进行操作。

机械闭锁只能在隔离开关与本处的接地开关或者是在断路器与本处的接地开关间实现闭锁，如果与其他断路器或其他隔离开关实现闭锁，使用机械闭锁就难以实现。为了解决这一问题，常采用电磁闭锁和电气闭锁。

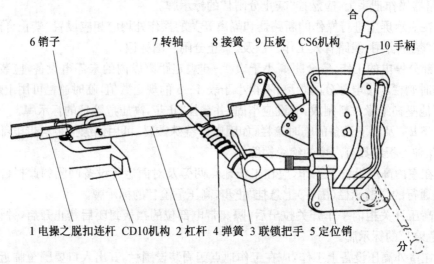

图 4-23　机械闭锁示意图

2. 电气闭锁

电气闭锁是利用断路器、隔离开关的辅助触头，接通或断开电气操作电源，从而达到闭锁目的的一种闭锁装置，普遍应用于断路器与隔离开关、电动隔离开关与电动接地开关闭锁上。

如图 4-24 所示，隔离手车行程开关（11LX）与被联锁的 1QF 断路器合闸回路串联，此时进行手动合闸 1KK 接点接通，合闸回路被接通的，该断路器才能合闸，当隔离手车离开工作或实验位置，碰块即脱离行程开关（即 11LX 复位），合闸回路被切断，同时分闸回路被接通，该断路器立即分闸且不能被再合闸。

3. 电磁闭锁

电磁闭锁是利用断路器、隔离开关、设备网门等设备的辅助触点，接通或断开隔离开关、设备网门的电磁锁电源，从而达到闭锁目的的一种闭锁装置。

如图 4-25 所示，当有关断路器（1QF、2QF、3QF）处于合闸状态时，装于隔离手车操作手柄上的电磁锁（DS）回路将被有关断路器位置的辅助开关（QF）的常闭接点所切断，电磁锁（DS）线圈失去电源，电磁锁轴销紧锁在 CS6 机构的锁孔内，从而保证了处于工作或实验

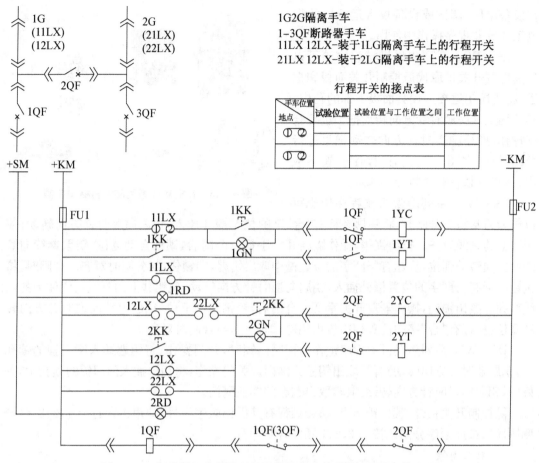

1G2G隔离手车
1-3QF断路器手车
11LX 12LX-装于1LG隔离手车上的行程开关
21LX 12LX-装于2LG隔离手车上的行程开关

行程开关的接点表

手车位置 地点	试验位置	试验位置与工作位置之间	工作位置
①②(地)			
①②(地)			

图 4-24　断路器与串联使用的隔离手车电气联锁控制原理参考图
(GBC-40.5 手车式高压开关柜)

位置的隔离手车不能被拉动。

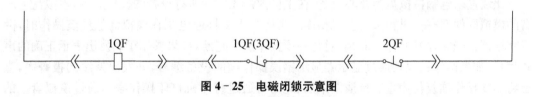

图 4-25　电磁闭锁示意图

4. 程序锁

电气防误程序锁(以下简称程序锁)具有"五防"功能,程序锁的锁位与电气设备的实际位置一致,控制开关、断路器、隔离开关利用钥匙随操作程序传递或置换而达到先后开锁操作的目的。

如图 4-26 所示为 JSN(W)1 系列防误机械程序锁,是一种高压开关设备专用机械锁。该锁强制运行人员按照既定的安全操作程序,对电器设备进行操作,从而避免了电器设备的误操作,较为完善的达到了"五防"要求。使用过程中设有可以开启任何锁具的总钥匙,以备在设备出厂、调试或设备投入运行后的带电工作等非程序操作中使用。

JSN(W)1 系列防误机械程序锁可以作为控制开关锁取代原控制开关面板和把手,将程序钥匙插入锁具面板下部的孔中,然后插上红牌顺时针方向转动把手进行合闸操作,换绿牌逆时针方向转动把手进行分闸操作,在预分位置时,程序钥匙不取出,该锁有紧急解锁装置(白牌)。

JSN(W)1 系列防误机械程序锁也可

图 4 - 26　JSN(W)1 系列防误机械程序锁

以作为刀闸锁。分闸时,将钥匙在标有"合"字的位置槽处插入,钥匙向顺时针方向转动,使钥匙上的刻线对齐。拔出锁销,操作隔离开关手柄。分闸后,锁销自动复位,钥匙继续向顺时针方向转动到位,从标有"分"字的位置槽中取出钥匙,即锁住,与分闸时对齐。合闸时,将钥匙在标有"分"字的位置槽处插入,钥匙向逆时针方向转动,使钥匙上的刻线与锁体上的刻线对齐。拔出锁销,操作隔离开关手柄。合闸后,锁销自动复位,钥匙继续向逆时针方向转动到位,从标有"合"字的位置槽中拔出钥匙,即锁住,与合闸时对齐。

JSN(W)1 系列防误机械程序锁作为柜网门锁时,开门操作,将钥匙插入网门锁的锁孔中,钥匙顺时针方向转动到位,取出钥匙开网门。关门操作,将钥匙插入网门锁的锁孔中,关好门,钥匙向逆时针方向转动到位,取出钥匙即锁住网门。

除控制开关锁外,其他锁体上,每套锁都有其操作顺序序号,即用钢印打上 1、2、3、4(分闸顺序),按此顺序分闸或按 4、3、2、1 顺序合闸即可。

5. 微机闭锁

微机型防误操作闭锁装置(电脑模拟盘)是由电脑模拟盘、电脑钥匙、电编码开锁、机械编码锁几部分组成。微机型防误操作闭锁装置,可以检验和打印操作票,能对所有一次设备的操作强制闭锁,具有功能强、使用方便、安全简单、维护方便的优点。

此装置以电脑模拟盘为核心设备,在主机内预先储存所有设备的操作原则,模拟盘上所有的模拟原件都有一对触头与主机相连。当运行人员接通电源在模拟盘上预演操作时,微机就根据预先储存好的操作原则,对每一项操作进行判断,如果操作正确发出表示正确的声音信号,如果操作错误则通过显示器显示错误操作项的设备编号,并发出持续的报警声,直至将错误操作项复位为止。预演结束后(此时可通过打印机打印操作票),通过模拟盘上的传输插座,可以将正确的操作内容输入到电脑钥匙中,然后到现场用电脑钥匙进行操作。操作时,运行人员根据电脑钥匙上显示的设备编号,将电脑钥匙插入相应的编码锁内,通过其探头检测操作的对象(编码锁)是否正确。若正确,电脑钥匙闪烁显示被操作设备的编号,同时开放其闭锁回路或机构,就可以进行操作了,此时,电脑钥匙自动显示下一项操作内容。若走错间隔开锁,电脑钥匙发出持续的报警,提醒操作人员,编码锁也不能够打开,从而达到强制闭锁的目的。

使用电脑模拟盘闭锁装置,必须保证模拟盘与现场设备的实际位置完全一致,这样才能达到防误装置的要求,起到防止误操作的作用。

图 4 - 27 为南瑞继保电气公司的 RCS9200 型微机五防系统。根据现场的实际情况对电气设备在其操作机构上或电气操作回路中安装防误锁具，不允许非法的和不符合电气操作规程的操作动作发生。该锁具有其唯一的编码序号，并且可以向电脑钥匙提供编码信号和所监视设备的工作状态。在系统后台主机上将一次系统的电气设备和其相对应的锁具编号通过数据库关联起来，在进行电气设备的操作之前主机通过采集 RTU 或综合自动化的实时遥信信息，以及原先电脑钥匙返送的一次设备信息，使主机的五防图与现场电气设备的实际状态保持一致。在这个基础之上操作人员根据操作任务的要求在五防图上模拟操作过程，如图 4 - 28 所示，主机软件自动利用规则库检验每一步骤操作的合理性，如果违反操作规程，主机立即报警，如果符合操作规程则生成一步操作票。每步有效操作票的内容（不含提示性操作）有动作形式、操作对象、操作结果、锁的编号或其他提示性的内容。在模拟结束后自动生成完整的操作票供查阅、打印，然后传送给电脑钥匙。操作人员用下载了操作票的电脑钥匙，到现场按照它的各种文字提示按正确顺序和锁号打开锁具，然后再将相应的设备操作到所要求的位置，检查电气设备的最终位置满足操作任务的要求时才能进入下步操作，直至完成整个操作任务。

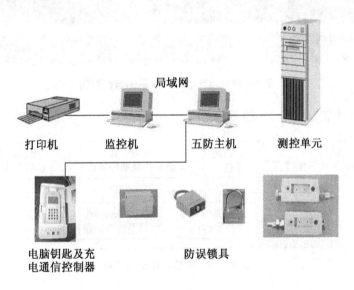

图 4 - 27　RCS9200 五防系统结构配置图

图 4 - 28 RCS9200 五防机的运行界面

五防闭锁操作流程如图 4 - 29 所示。

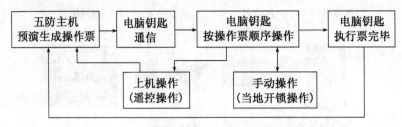

图 4 - 29 五防闭锁操作流程

五防闭锁操作过程分为两步:操作票预演生成和实际闭锁操作。

(1) 操作票预演生成

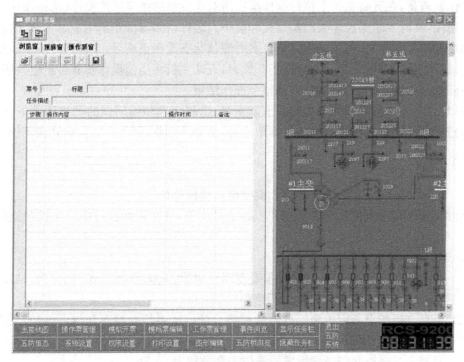

图 4 - 30 RCS9200 五防模拟开票界面

《电力系统安全运行规程》中明确规定:电气倒闸操作时必须填写倒闸操作票,并进行操作预演,正确无误后,操作人在监护人的监护下严格按所开的倒闸操作票操作。因此,开出符合五防闭锁规则的倒闸操作票是防误操作的基础。图 4 - 30 所示为 RCS9200 五防模拟开票界面。

RCS9200 五防系统事先将系统参数、元件操作规则、电气防误操作接线图(简称五防图)存入五防主机中,当操作人员在五防图上进行操作预演时,系统会根据当前实际运行状态检验其预演操作是否符合五防规则。若操作违背了五防规则,系统将给出具体的提示信息;若符合五防规则,系统将确认其操作,直至结束。

基于元件的操作规则和实时信息,使不满足五防要求的操作项不能出现在操作票中,从而开出满足五防闭锁规则的倒闸操作票。

(2) 实际闭锁操作

五防主机将校验过的合格操作票通过串行口传送给电脑钥匙,全部实际操作将被强制严格按照预演生成的操作票步骤进行。

现场操作时,需用电脑钥匙击开编码锁,只有当编码锁与电脑钥匙中的执行票对应的锁号与锁类型完全一致时,才能开锁,进行操作。电脑钥匙具有状态检测功能,只有当真正进行了所要求的操作,钥匙才确认此项操作完毕,可以进行下一项操作。这样就将操作票与现场实际操作一一对应起来,杜绝了误走间隔、空操作事故的发生,保证了现场操作的正确性。

操作人员在操作到应该上机操作或现场操作完毕时,电脑钥匙将向五防主机汇报操作情况。五防主机根据电脑钥匙上传的操作报文,结合正执行的操作票,判断是否该进行上机遥控操作。若是，在五防主机上执行操作票项所对应设备的指定遥控操作（选错操作元件将被禁止遥控，同时要求遥控输入的操作人和监护人名称密码与操作票生成时一致，防止误分合断路器的事件发生）。遥控操作完毕且实时遥信状态返回正确后，才可进行下一步操作。

在遥控之后还需电脑钥匙进行现场开锁时，五防主机将当前操作步骤传给电脑钥匙，再进行电脑钥匙的操作。如此反复，直到整个操作结束。

可以看出，整个实际操作过程均在五防主机、电脑钥匙和编码锁的严格闭锁下，强制操作人员按照所开的经过校验合格的操作票进行，从而达到软、硬件全方位的防误闭锁操作。

三、任务布置

实训　变配电所倒闸操作

倒闸操作时应对倒闸操作的要求和步骤了然于胸，并在实际执行中严格按照这些规则操作。

1. 倒闸操作的具体要求

（1）变配电所的现场一次、二次设备要有明显的标志，包括命名、编号、铭牌、转动方向、切换位置的指示以及区别电气相别的颜色等。

（2）要有与现场设备标志和运行方式相符合的一次系统模拟图和继电保护，二次设备还应有二次回路的原理图和展开图。

（3）要有考试合格并经领导批准的操作人和监护人。

（4）操作时不能单凭记忆，应在仔细检查了操作地点及设备的名称编号后，才能进行操作。

（5）操作人不能依赖监护人，而应对操作内容完全做到心中有数，否则操作中容易出问题。

（6）在进行倒闸操作时，不要做与操作无关的工作或闲谈。

（7）处理事故时，操作人员应沉着冷静，不要惊慌失措，要果断的进行处理。

（8）操作时应有确切的调度命令、合格的操作票或经领导批准的操作卡。

（9）要采用统一的、确切的操作术语。

（10）要用合格的操作工具、安全用具和安全设施。

2. 变配电所的倒闸操作参照步骤

（1）接受主管人员的预发命令。值班人员接受主管人员的操作任务和命令时，一定要记录清楚主管人员所发的任务或命令的详细内容，明确操作目的和意图。在接受预发命令时，要停止其他工作，集中思想接受命令，并将记录内容向主管人员复诵，核对其正确性。对枢纽变电所重要的倒闸操作应有两人同时听取和接受主管人员的命令。

（2）填写操作票。值班人员根据主管人员的预发令，核对模拟图，核对实际设备，参照典型操作票，认真填写操作票，在操作票上逐项填写操作项目。填写操作票的顺序不可颠倒，字迹清楚，不得涂改，不得用铅笔填写。而在事故处理、单一操作、拉开接地刀闸或拆除全所仅有的一组接地线时，可不用操作票，但应将上诉操作记入运行日志或操作记录本上。

（3）审查操作票。操作票填写后，写票人自己应进行核对，认为确定无误后再交监护人审查。监护人应对操作票的内容逐项审查。对上一班预填的操作票，即使不在本班执行，也要根据规定进行审查。审查中若发现错误,应由操作人重新填写。

(4) 接受操作命令。在主管人员发布操作任务或命令时,监护人和操作人应同时在场,仔细听清主管人员所发的任务和命令,同时要核对操作票上的任务与主管人员所发布的是否完全一致。并由监护人按照填写好的操作票向发令人复诵,经双方核对无误后在操作票上填写发令时间,并由操作人和监护人签名。只有这样,这份操作票才合格可用。

(5) 预演。操作前,操作人、监护人应先在模拟图上按照操作票所列的顺序逐项唱票预演,再次对操作票的正确性进行核对,并相互提醒操作的注意事项。

(6) 核对设备。到达操作现场后,操作人应先站准位置核对设备名称和编号,监护人核对操作人所站的位置、操作设备名称及编号应正确无误。检查核对后,操作人穿戴好安全用具,取立正姿势,眼看编号,准备操作。

(7) 唱票操作。监护人看到操作人准备就绪,按照操作票上的顺序高声唱票,每次只准唱一步。严禁凭记忆不看操作票唱票,严禁看编号唱票。此时操作人应仔细听监护人唱票,并看准编号,核对监护人所发命令的正确性。操作人认为无误时,开始高声复诵,并用手指编号,做操作手势。严禁操作人不看编号瞎复诵,严禁凭记忆复诵。在监护人认为操作人复诵正确、两人一致认为无误后,监护人发出"对,执行"的命令,操作人方可进行操作,并记录操作开始的时间。

(8) 检查。每一步操作完毕后,应由监护人在操作票上打一个"√"号。同时两人应到现场检查操作的正确性,如设备的机械指示、信号指示灯、表计变化情况等,以确定设备的实际分合位置。监护人认为可以后,应告诉操作人下一步的操作内容。

(9) 汇报。操作结束后,应检查所有操作步骤是否全部执行,然后由监护人在操作票上填写操作结束时间,并向主管人员汇报。对已执行的操作票,在工作日志和操做记录本上做好记录,并将操作票归档保存。

(10) 复查评价。变配电所值班负责人要召集全班,对本班已执行完毕的各项操作进行复查、评价并总结经验。

3. 变配电所倒闸操作练习内容

① 1#主变由运行转检修。

② 1#主变由检修转运行。

③ 4 车间 1010 线路由运行转检修。

③ 4 车间 1010 线路由检修转运行。

⑤ 1 车间 1013 开关由运行转检修(要求线路不停电由旁路 02 开关代替)。

⑥ 1 车间 1013 开关由检修转运行。

四、课后习题

1. 选择题

(1) 高压断路器与隔离开关的作用是(　　)。

　　A. 断路器切合空载电流,隔离开关切合短路电流

　　B. 断路器切合短路电流,隔离开关切合空载电流

　　C. 断路器切合负荷电流,隔离开关切合空载电流

D. 断路器切合短路电流，隔离开关不切合电流

(2) 变电所停电时，(　　)。

    A. 先拉隔离开关，后切断断路器

    B. 先切断断路器，后拉隔离开关

    C. 先合隔离开关，后合断路器

    D. 先合断路器，后合隔离开关

(3) 接地线应用多股软裸铜线，其截面积应符合短路电流要求，但不得小于(　　)。

    A. 15 mm²   B. 30 mm²   C. 25 mm²

(4) 在一经合闸即可送电到工作地点的开关和刀闸的操作把手上，均应挂(　　)的标示牌。

    A. "禁止合闸，有人工作"

    B. "禁止合闸，线路有人工作"

    C. "止步，高压危险"

(5) 电气设备停电后，即使是事故停电，在(　　)以前，不得触及设备或进入遮拦，以防突然来电。

    A. 未断开断路器

    B. 未做好安全措施

    C. 未拉开有关隔离开关和做好安全措施

(6) 电气倒闸操作前进行"四对照"，"四对照"是指：(　　)。

    A. 对照设备位置、设备名称、设备编号、设备拉合方向

    B. 对照调度命令、模拟图版、倒闸操作票、设备实际位置

    C. 对照调度录音、对照设备位置、对照设备名称和编号、对照设备拉合方向

(7) 高压设备发生接地时室内和室外分别不得靠近故障点(　　)以内。

    A. 5 米和 10 米   B. 4 米和 8 米   C. 2 米和 4 米

(8) "工作内容和地点"栏：若工作内容为主变压器但只在其中一电压等级设备上工作，在设备名称和编号前填写(　　)电压等级。

    A. 主变最高   B. 变电站   C. 实际工作

(9) "工作许可人签名"栏：工作许可人在(　　)后，方可签字。

    A. 所有项目正确填写

    B. 所有项目正确填写，安全措施布置完毕

    C. 检修设备全部停电，安全措施布置完毕

(10) 判断防误闭锁装置可以退出运行或解锁的前提是(　　)。

    A. 闭锁装置本身或闭锁回路本身故障而非倒闸操作程序问题

    B. 闭锁装置程序与倒闸操作票程序不符

    C. 必须经批准同意后

(11) "工作票改期"栏中，工作票改期手续应由(　　)向调度提出申请并同意后方可改期，且只能改期一次。

    A. 现场工作负责人通过工作票签发人

　　　B. 小组负责人通过现场工作负责人

　　　C. 现场工作负责人通过工作许可人

　　(12) 严格执行工作许可制度,许可工作前,工作许可人应与工作负责人一起到现场检查(　　)是否符合工作票和作业安全要求。

　　　A. 工作地点装设的接地线

　　　B. 安全措施

　　　C. 实际工作设备

　　(13) "两票三制"是指:"两票"(工作票、操作票),"三制"(　　　)。

　　　A. 交接班制、巡回检查制、设备定期试验轮换制

　　　B. 交接班制、倒闸操作制、巡回检查制

　　　C. 巡回检查制、交接班制、设备缺陷管理制

　　2. 判断题

　　(1) "工作票改期"栏两天及以上的工作,应在计划完工时间前两小时提出改期申请。

　　　　　　　　　　　　　　　　　　　　　　　　　　　　　　　　　　(　　)

　　(2) 若需变更或增设安全措施者,不必填用新的工作票,但是必须并重新履行工作许可手续。　　　　　　　　　　　　　　　　　　　　　　　　　　　　　　(　　)

　　(3) "计划开工、完工时间,许可工作时间和结束工作时间"不属于工作票中的重要文字,可以涂改一处。　　　　　　　　　　　　　　　　　　　　　　　　　　(　　)

　　(4) 在同一电气连接部分,高压实验的工作票发出后,禁止再发出第二张工作票。

　　　　　　　　　　　　　　　　　　　　　　　　　　　　　　　　　　(　　)

　　(5) 工作负责人应根据实际情况,同工作许可人一起变更安全措施。　　(　　)

　　(6) 若在几个电气连接部分依次进行不停电的工作,可以发给一张第二种工作票。

　　　　　　　　　　　　　　　　　　　　　　　　　　　　　　　　　　(　　)

　　(7) 为及时恢复检修设备送电,且设备检修工作票已办理工作终结手续,但在安全遮拦、标示牌未拆除的情况下,可在倒闸操作过程中逐个拆除。　　　　　　(　　)

　　3. 填空题

　　(1) 断路器有_____、_____、_____和_____四种状态。

　　(2) 倒闸操作分_____、_____和_____三类。

　　(3) 倒闸操作票应由_____填写。

　　(4) 送电合闸的顺序是_____、_____、_____。

　　(5) 倒闸操作中装设地线的顺序是_____。

　　(6) 必须经调度下令悬挂或拆除的警示牌是_____。

　　(7) 10 kV 绝缘棒校验周期为_____,10 kV 验电笔试验周期为_____,万用表校验周期为_____。

　　4. 简答题

　　(1) 停电操作过程中,为什么要先拉开断路器再拉开隔离开关?为什么先拉开负荷侧刀闸再拉开电源侧刀闸?

　　(2) 在电气设备上工作保证安全的组织措施和技术措施包括哪些内容?

（3）变配电所操作中的"五防"指哪些内容？

（4）电气防误操作闭锁装置包括哪几类？

（5）根据图 4 - 24，分析 2QF 断路器的闭锁原理。

（6）线路停电操作断开断路器后，为什么要先拉开负荷侧隔离开关而后拉母线侧隔离开关？

（7）线路送电操作时，为什么要先合母线侧隔离开关后合负荷侧隔离开关，最后合断路器？

（8）什么叫电气设备的倒闸操作？

（9）写出单母线分段一段母线由运行转检修的操作步骤。

单元 5　电力线路及维护

任务 1　电力线路

知识教学目标

1. 了解架空线路、电缆线路的组成。
2. 认识各种电压等级的电杆或铁塔。
3. 熟悉架空线路、电缆线路的敷设。
4. 了解电缆的类型和结构。

能力培养目标

1. 能够合理地选择线路所用材料及电线。
2. 能够识别输电线路的电压等级。
3. 能够检测电缆的故障。

一、任务导入

输电线路的作用是输送电力,它把发电厂、变电所和用户连接在一起,构成电力系统。输电线路分架空线路和电缆线路两大类。架空线路成本低、投资少、安装和维护方便,易于发现和排除故障,但受自然条件影响大,占有空间大,在城市中架设影响市容美观,高压线路通过居民区有较大危险,故架空线路的使用范围受到一定限制,现主要用于输电网及城郊和农村配电网。

二、相关知识

(一) 架空线路

架空线路一般由导线、绝缘子、金具、电杆、横担、拉线等组成,高压架空线路还有避雷线和接地装置等。架空线路的结构如图 5-1 所示。

1. 架空线路组成

(1) 导线

导线按其有无绝缘分绝缘导线和裸导线两种,按结构可分为单股导线和多股绞线,架空线路一般采用多股裸绞线。绞线按材料又可分为铜绞线、铝绞线、钢绞线和钢芯铝绞线等。

① 铜绞线(TJ):导电性能好,机械强度高,耐腐蚀,易焊接,但较贵重,一般只用于腐蚀

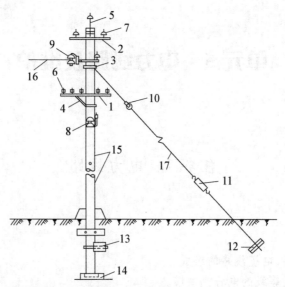

1—低压横担；2—高压横担；3—拉线抱箍；4—横担支撑；5—高压杆头；6—低压针式绝缘子；
7—高压针式绝缘子；8—低压碟式绝缘子；9—高压碟式绝缘子；10—拉紧绝缘子；11—花篮螺
栓；12—地锚(拉线盘)；13—卡盘；14—底盘；15—电杆；16—导线；17—拉线

图 5-1 架空线路的结构组成

严重的地区。

② 铝绞线(LJ)：导电性能较好，质轻，价格低，机械强度较差，不耐腐蚀。一般用在
10 kV 及以下线路。

③ 钢绞线(GJ)：导电性能差，易生锈，但其机械强度高，只用于小功率的架空线路，或做
避雷线与接地装置的地线。为避免生锈常用镀锌钢绞线。

④ 钢芯铝绞线(LGJ)：用钢线和铝线绞合而成，集中了钢绞线和铝绞线的优点。其芯
部是几股钢线用以增强机械强度，其外围是铝线用以导电。钢芯铝绞线型号中的截面积是
指其铝线部分的截面积。常用的架空导线如表 5-1 所示。

表 5-1 供配电系统中常用的架空导线

类型		特点		应用情况	示意图
导线	铜绞线（TJ）	架空导线一般采用多股绞线，禁用单股线。绞线可增强导线的可挠性，便于生产、运输和安装	铜导线导电性能好，机械强度高，耐腐蚀，但价格贵	多用于化学污染严重的地区	铜绞线 铝绞线
	铝绞线（LJ）		铝导线的导电性能、机械强度和耐腐蚀性比铜导线差，但质轻、价廉	配电架空线路一般采用铝绞线	钢线 铝线
	钢芯铝绞线（LGJ）		钢的机械强度很高，且价廉，但导电性差，钢线一般只用作避雷线。钢芯铝绞线利用集肤效应，兼顾铝和钢的特点，同时满足了导电性能和机械强度的要求	用于机械强度要求较高和 35 kV 及以上的架空线路中	钢心铝绞线

（续表）

类型	特点	应用情况	示意图
绝缘导线	采用架空绝缘导线,有利于电气安全。对工厂、城市 10 kV 及以下的架空线路,如安全距离不能满足要求时,或者靠近高层建筑、树丛、繁华街道及人口密集区,还有空气严重污染和建筑施工场所,常采用架空绝缘导线		

工矿企业 10 kV 及以下配电线路常采用铝绞线,机械强度要求高的配电线路和 35 kV 及以上的送电线路上一般采用钢芯铝绞线。

（2）电杆

电杆按材质可分为木杆、水泥杆和铁塔。水泥杆亦称钢筋混凝土杆,其优点是经久耐

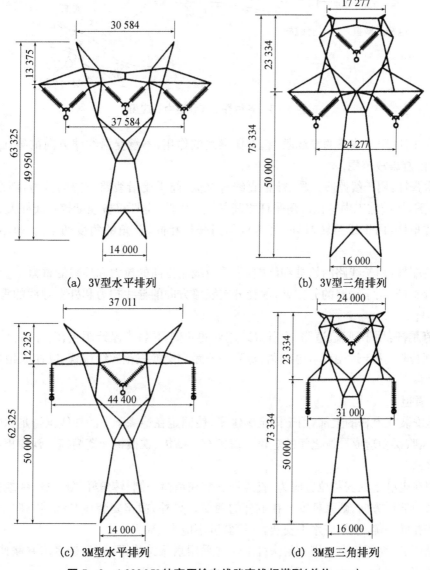

（a）3V型水平排列　　　　　　　（b）3V型三角排列

（c）3M型水平排列　　　　　　　（d）3M型三角排列

图 5‑2　1 000 kV 特高压输电线路直线杆塔型(单位:mm)

用、造价低,缺点是笨重,施工费用高。为了节约木材和钢材,目前水泥杆在 35 kV 及以下线路使用最为普遍。在跨度较大的地方和 110 kV 及以上的线路一般采用铁塔。

目前我国的输电线路在能力上已经达到超高压、特高压的技术水平,为了保证输电线路对地的绝缘,输电铁塔离地要有足够的距离,所以百米高的输电铁塔已经不是奇迹,从我国第一条特高压输电线路晋东南—荆门示范工程到今天的皖电东输线路,我国在特高输电方面已经走在世界的前列。皖电东输线路全长 656 米,铁塔共有 1 421 座,平均高度为 115 米,其中跨越长江的铁塔最高 276 米,我国特高压的铁塔型 5-2 所示。

电杆按在线路中的作用和地位不同,又分多种类型,如图 5-3 所示。

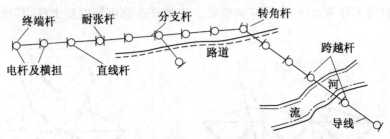

图 5-3   各种杆型在线路中的应用

① 直线杆:用于线路的直线段,起支撑导线的作用,不承受沿线路方向的导线拉力,断线时不能限制事故范围。

② 耐张杆:用于线路直线段、数根直线杆之间,能承受沿线路方向的拉力,断线时能限制事故范围,架线施工中可在两耐张杆之间紧线。因此,电杆机械强度较直线杆大。

③ 转角杆:用于线路转弯处,其特点与耐张杆相同,转角的角度通常为 30°、45°、60°、90°等。

④ 终端杆:用于线路的始端和终端,承受沿线路方向的拉力和导线的重力。

⑤ 分支杆:用于线路的分支处,承受分支线路方向的导线拉力和杆上导线的重力,其特点同耐张杆。

⑥ 跨越杆:用于河流、道路、山谷等跨越处的两侧,其特点是跨距大、电杆高、受力大。

⑦ 换位杆:用于远距离输电线路,每隔一段距离交换三相导线位置,以使三相导线电抗和对地电容平衡。

(3)横担

横担安装在电杆的上部,用于固定绝缘子,使固定在绝缘子上的导线保持足够的电气间距,防止风吹摆动造成导线之间的短路。横担有木横担、铁横担和瓷横担。铁横担和瓷横担使用较普遍。

横担在电杆上的安装位置应为:直线杆安装在负荷一侧;转角杆、分支杆、终端杆应安装在所受张力的反方向;耐张杆安装在电杆的两侧。另外,横担安装应与线路方向垂直;多层横担应装在同一侧;横担应水平安装,其倾斜度不应大于 1%。

超高压、特高压输电铁塔在耐张杆上通常采用耐张绝缘子,并且是多串并联使用,以保证线路的安全运行。

（4）绝缘子

绝缘子又叫瓷瓶，用来固定导线，并使导线与横担和电杆之间绝缘。因此，绝缘子必须有良好的绝缘性能和足够的机械强度。绝缘子按电压不同分为高压绝缘子和低压绝缘子两大类；按用途和结构不同又分为针式、碟式、悬式、瓷横担绝缘子、瓷拉紧绝缘子和防污型绝缘子等几种。图 5-4 是常用绝缘子的外形结构图。

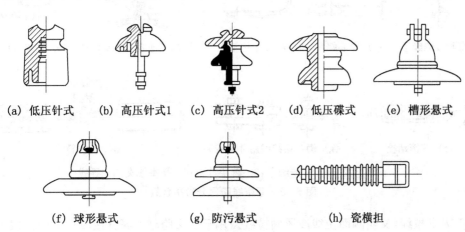

(a) 低压针式　　(b) 高压针式1　(c) 高压针式2　(d) 低压碟式　(e) 槽形悬式

(f) 球形悬式　　　(g) 防污悬式　　　　(h) 瓷横担

图 5-4　常用绝缘子的外形结构

针式和悬式绝缘子用于直线杆；蝶式和悬式绝缘子用于耐张、转角、分支、终端杆；防污型绝缘子用于空气特别污秽地区；瓷拉紧绝缘子用于拉线绝缘。不同电压等级绝缘子的个数也不同，具体见表 5-2 所示。

表 5-2　各级电压线路悬垂绝缘子串应有绝缘子片数

线路标称电压/kV	35	66	110	220	330	500	750	1 000	
								单Ⅰ串	单Ⅴ串
取用值	3	5	7	13	19	28	43	71	62

（5）金具

连接和固定导线、安装横担和绝缘子、紧固和调整拉线等都需要用到一些金属附件，这些金属附件称为金具。

线路常用金具主要有以下几种：安装针式绝缘子的直脚和弯脚；安装蝶式绝缘子的穿心螺钉；悬式绝缘子的挂环、挂板、线夹；将横担固定在电杆上的 U 形抱箍；调节拉线松紧的花篮螺栓；连接导线用的并沟线夹、压接管；减轻导线振动的防振锤等。图 5-5 为部分常用金具。

（6）拉线

拉线是为了平衡电杆各方面的拉力，稳固电杆，防止电杆倾倒用的。拉线由拉线抱箍、拉紧绝缘子、花篮螺栓、地锚（拉线底盘）和拉线等组成。

① 普通拉线，又称尽头拉线。用于终端杆、分支杆、转角杆，装设在电杆受力的反方向，平衡电杆所受的单向拉力。对耐张杆，应在电杆线路方向两侧设拉线，以承受导线的拉力。

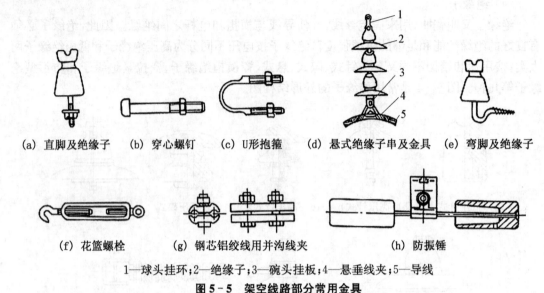

(a) 直脚及绝缘子　(b) 穿心螺钉　(c) U形抱箍　(d) 悬式绝缘子串及金具　(e) 弯脚及绝缘子

(f) 花篮螺栓　　(g) 钢芯铝绞线用并沟线夹　　(h) 防振锤

1—球头挂环;2—绝缘子;3—碗头挂板;4—悬垂线夹;5—导线

图 5-5　架空线路部分常用金具

② 人字拉线,又叫侧面拉线或风雨拉线。用于交叉跨越加高杆或较长的耐张段中间的直线杆,用以抵御横线路方向的风力。

③ 高桩拉线,又叫水平拉线。用于需要跨越道路的电杆上。

④ 自身拉线,又叫弓形拉线。用于地形狭窄、受力不大的电杆,防止电杆受力不平衡或防止电杆弯曲。

2. 架空线路的敷设

(1) 敷设路径的选择

选择架空线路的敷设路径时,应考虑以下原则:

① 选取线路短、转角少、交叉跨越少的路径;

② 交通运输要方便,以利于施工和维护;

③ 尽量避开河洼和雨水冲刷地带及有爆炸危险、化学腐蚀、工业污秽、易发生机械损伤的地区;

④ 应与建筑物保持一定的安全距离,禁止跨越易燃屋顶的建筑物,避开起重机械频繁活动地区;

⑤ 应与工矿企业厂(场)区和生活区的规划协调,在矿区尽量避开煤田,少压煤;

⑥ 妥善处理与通信线路的平行接近问题,考虑其干扰和安全的影响。

(2) 线路的敷设

① 档距与弧垂

架空线路的档距是指同一线路上两相邻电杆之间的水平距离;导线的弧垂是指架空线路的最低点与两端电杆导线悬挂点的垂直距离,如图 5-6 所示。

线路档距的大小与电杆的高度、导线的型号与截面、线路的电压等级和线路所通过的地区有关,一般 3～10 kV 线路在城区为 40～50 m,在郊区为 50～100 m;低压线路在城区30～50 m,在郊区 40～60 m;而皖电东输在跨越长江时,档距超过 3 km。

　　导线的弧垂不宜过大和过小。如弧垂过大，在风吹摆动时容易引起导线碰线短路和导致与其他设施的安全间距不够，影响运行安全；弧垂过小，将使导线受拉应力过大降低导线的机械强度安全系数，严重时可能将导线拉断。

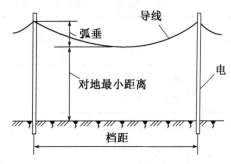

图 5-6　架空线路的档距与弧垂

　　还有，导线受外界温度的变化或导线荷载的变化都将导致导线长度发生变化，而导线长度的微小变化，会导致导线的拉应力和弧垂很大的变化。因此，为了保证线路运行安全、可靠和经济合理，架空线路的弧垂在架空线路的设计和施工中应给予足够的重视。

　　② 导线在电杆上的排列方式

　　三相四线制的低压线路，一般水平排列。电杆上的零线应靠近电杆，如线路附近有建筑物，应尽量设在靠近建筑物侧。零线不应高于相线，路灯线不应高于其他相线和零线。

　　高压配电线路与低压配电线路同杆架设时，低压配电线路应架设在下方。

　　三相三线制的线路的导线，可水平排列也可三角形排列；多回路线路的导线，宜采用三角、水平混合排列或垂直排列。

　　③ 导线的线间距离

　　导线的线间距离取决于线路的档距、电压等级、绝缘子的类型和电杆的杆型等因素。架空导线的线间距离不应小于表 5-3 所列数值。

表 5-3　架空电力线路导线间的最小距离　　　　　　　　（单位：m）

导线排列方式	档　距												
	≤40	50	60	70	80	90	100	110	120	150	200	300	350
导线水平排列采用悬式绝缘子的 35 kV 线路										2.0	2.5	3.0	3.25
导线垂直排列采用悬式绝缘子的 35 kV 线路										2.0	2.25	2.5	2.75
采用针式绝缘子或瓷横担的 3～10 kV 线路	0.6	0.65	0.7	0.75	0.85	0.9	1.0	1.05	1.15				
采用针式绝缘子的低压线路	0.3	0.4	0.45	0.5									

　　注：3 kV 以下线路，靠近电杆两侧导线间的水平距离不应小于 0.5 m。

　　④ 横担的长度与间距

　　铁横担一般采用 65×65×6 角钢，其长度与间距取决于线间距离、安装方式和导线根数等因素。当线间距为 400 m 时，低压四线制线路横担长一般为 1 400 m，五线制横担长为 1 800 m。上下层横担之间的距离见表 5-4。

表 5 - 4　同杆架设的 10 kV 及以下线路上下层横担之间最小距离　　（单位：mm）

杆　型	直线杆	分支或转角杆
高压与高压	800	500
高压与低压	1 200	1 000
低压与低压	600	300

注：当使用悬式绝缘子及耐张线夹时，应适当加大距离。

⑤ 电杆高度

我国生产水泥电杆的长度一般有 6 m、7 m、8 m、9 m、10 m、12 m、15 m 等几种，电杆直径有 φ150 mm、φ170 mm、φ190 mm 几种，电杆的锥度为 1：75，使用时可根据需要选用。

电杆的高度取决于以下几项因素：杆顶所空长度（一般为 100～300 mm）、上下两横担的间距、弧垂、导线与地面及导线与跨越物的距离、电杆埋地深度（与土壤的土质和电杆的长度有关）。将这几部分长度相加即为电杆的需要长度，然后根据此长度选择标准电杆。导线与跨越物的距离及电杆埋深见表 5 - 5 和表 5 - 6。

表 5 - 5　架空导线对跨越物的最小允许距离　　（单位：m）

跨越物名称	导线弧垂最低点 至下列各处	最小距离	
		1 kV 以下	1～10 kV
市区、厂区和乡镇 乡、村、集镇 居民密度小、田野和交通不便区域	地　面	6.0 5.0 4.0	6.5 5.5 4.5
公　路 铁　路 建筑物	路　面	6.0 7.5 2.5	7.0 7.5 3.0
架空管道	位于管道之下 位于管道之上	1.5 3.0	不允许 3.0
不能通航和浮运的河、湖	冬季至冰面 至最高洪水位	5.0 3.0	5.0 3.0

表 5 - 6　厂区电杆埋深　　（单位：m）

电杆长度	8	9	10	11	12	13	15
电杆埋深	1.5	1.6	1.7	1.8	1.9	2.0	2.3

注：本表适用于土壤允许承载力为 20～30 t/m^2 的一般土壤。

（二）电缆线路

1. 电缆的类型

电缆的类型很多，如表 5 - 7 所示。

表 5-7 电缆的类型

分类方式	类型	特点及应用
电压	高压电缆	1 kV 以上
	低压电缆	1 kV 以下
线芯数	单芯电缆	一般用于工作电流较大的电路、水下敷设的电路和直流电路中
	双芯电缆	用于低压 TN—C、TT、TT 系统的单相电路中
	三芯电缆	用于高压三相电路、低压 TT 系统的三相电路中
	四芯电缆	用于低压 TN—C 系统和 TT 系统的三相四线制电路中
	五芯电缆	用于低压 TN—S 系统中
线芯材质	铜芯电缆	铜芯电缆一般用于耐高温、耐火,有易燃、易爆危险和剧烈震动的场合,其他场合一般选用铝芯电缆
	铝芯电缆	
绝缘介质	油浸纸绝缘电缆	耐压强度高,热稳定性好,使用寿命长,价格便宜,但工艺较为复杂。黏性浸渍型电缆的浸渍剂容易流淌,敷设有高度差限制。不滴流型电缆优选浸渍配料,改善浸渍工艺,可基本解决浸渍剂流淌问题。用于 35 kV 及以下输配电线路中
	塑料绝缘电缆（聚氯乙烯或交联聚乙烯）	制造工艺简单,成本低,稳定性高,重量轻,抗腐蚀性好,且敷设、维护、接续简便、不受高度差限制,但塑料受热易老化变形。用于 35 kV 及以下输配电线路中,有逐步取代黏性油浸纸绝缘电缆的趋势
	橡胶绝缘电缆	可挠性好,性能稳定,防水防潮。主要用于用户内部连接线,特别适用于移动性的用电与供电装置。目前应用最多的是低压产品

2. 电缆的结构

电缆由线芯、绝缘层和保护层三部分组成,另外还包括电缆头。电缆的结构如表 5-8 所示。

表 5-8 电缆结构

结构组成	作用及要求	材料	结构示意图（以交联聚乙烯绝缘三芯电缆为例）
缆芯	缆芯是输送电能的导体,应具有良好的导电性能	一般由多股铜或铝线绞合而成。缆芯断面有圆形、半圆形和扇形等多种	缆芯 绝缘层 内护层 钢带 外护层 填充物 三芯电缆
绝缘层	缆芯之间、缆芯与保护层之间绝缘,必须具有良好的绝缘性能和耐热性能	油浸纸、塑料（聚氯乙烯或交联聚乙烯）和橡胶等	

结构组成		作用及要求	材料	结构示意图 （以交联聚乙烯绝缘三芯电缆为例）
保护层	内护层	保护绝缘层	铅包、铝包、聚氯乙烯包及橡胶套	单芯电缆　双芯电缆 四芯电缆　五芯电缆
	外护层	保护电缆（内护层）不受外界机械损伤和腐蚀	沥青麻护层、钢带铠装护层、钢丝铠装护层和塑料护套等	

电缆头包括连接两条电缆的中间接头和电缆终端的封端头。运行经验表明，电缆头是电缆线路中的薄弱环节，是大部分电缆线路故障的发生处。因此，电缆头的安装和密封非常重要，要有足够的机械强度，在施工和运行中要由专业人员进行操作。

3. 电缆的型号

电缆型号的表示顺序及字母含义如表 5-9 所示。

表 5-9　电缆型号的表示顺序及字母含义

顺序	类别（绝缘种类）	导体	内护层	特征	外护层	
					铠装编号	护套编号
字母含义	Z—油浸纸 V—聚氯乙烯 YJ—交联聚乙烯 X—橡胶 Y—聚乙烯	L—铝芯，铜芯不作标注	L—铝包 Q—铅包 V—聚氯乙烯内护套 Y—聚乙烯内护套	D—不滴流 F—分相护套 Z—直流 CY—充油	0—无铠装 2—双层钢带 3—细钢丝 4—粗钢丝	0—无外被套 1—纤维外套 2—聚氯乙烯套 3—聚乙烯套
示例	ZLQFD42—10000—3×120；10 kV 不滴流油浸纸绝缘分相铅包粗钢丝铠装聚氯乙烯套铝芯电力绝缘，三芯，芯线截面积 120 mm²； YJV33：交联聚乙烯绝缘细钢丝铠装聚乙烯护套铜芯电力电缆					

4. 电缆的敷设

（1）电缆敷设的基本要求

① 确保安全运行。电缆路径应尽量避开具有各种腐蚀、机械外力干扰和过热的区域。

② 节省投资。选择尽可能短的电缆路径。

③ 施工与维护方便。电缆线路应尽量减少穿越各种管道、公路、铁路和桥梁的次数，城市电力电缆应尽可能敷设在非繁华区的隧道或沟道内，而且应考虑到电缆线路附近的发展规划，尽量避免因建设需要而迁移。

具体的规定和要求可查阅 GB50217—1994《电力工程电缆设计规范》。

（2）电缆的敷设方式

电缆的敷设方式很多，选择哪种方式应根据具体实际情况而定，一般要考虑工程条件、电缆线路长度及根数、周围环境的影响等。用户供配电系统中常采用的电缆敷设方式如表5-10所示。

表 5-10 常用的电缆敷设方式

敷设方式	特点及应用	示意图
直接埋地敷设	施工方便,土建工程小,散热良好。但电缆可能受土中酸碱物质的腐蚀。 　　直接埋地是最经济且应用最广泛的敷设方式。适用于城郊和车辆通行不太频繁的地区,电缆根数较少(8 根以下)、敷设距离较长的线路	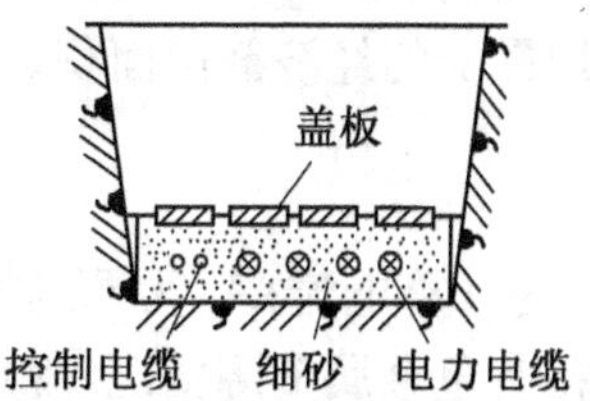
电缆沟敷设	占地面积小,造价低,走线灵活,检修方便。电缆根数较多(不宜超过 12 根)、敷设距离不长时,多采用此法,如室内电缆工程等	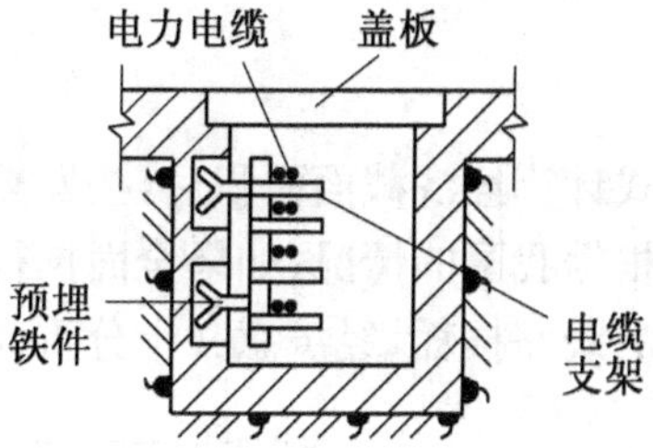
沿墙和支架敷设以及沿桥架敷设	沿墙和支架敷设,结构简单,不需挖土,不受地下水侵蚀,但空间作业不如直接埋地敷设方式方便。一般工矿企业室内常采用此法。 　　当电缆数量多而集中,且设备分散或经常变动时,采用电缆桥架敷设方式可使电缆的敷设更标准、更通用,且结构简单、安装灵活、走向任意、整齐美观。特别适用于如石油化工、钢铁等大型企业和现代化工厂。 　　右图为电缆桥架敷设方式的结构图	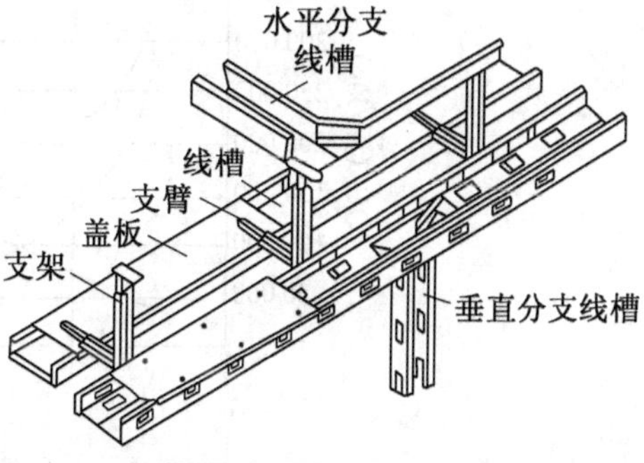

另外,还有电缆隧道敷设和管道敷设等方式,但投资大、工作时间长、散热条件较差,一般工程较少采用。

(三) 电力线路导线截面面积的选择

1. 按发热条件来选择导线截面面积

为保证电线、电缆的实际工作温度不超过允许值,电线、电缆按发热条件允许长期工作的电流(即允许载流量 I_{al}),应不小于线路的工作电流 I_{30}。电缆通过不同散热条件地段,其对应的缆芯工作温度会有差异,应按发热条件最恶劣地段来选择。按发热条件选择导线截面面积小,在同样条件下,其电压损耗及功率损耗,都大于按经济电流选择的导线截面面积。按这种方法选择的导线截面面积,只适合用在线路较短的情况下,所以必须进行电压损耗的校验。用电设备端电压实际值偏离额定值时,其性能将受到影响。配电设计中,按电压损耗校验截面面积,使电压偏差在规定的范围内,一般规定端电压与额定电压的偏差不得超过±5%。

2. 按经济电流选择截面面积

所谓经济电流是寿命期内投资和导体损耗费用之和最小的适用截面面积所对应的电流。按载流量选择线芯截面面积时,只计算初始投资;按经济电流选择时,除计算初始投资外,还要考虑经济寿命期内导体损耗费用,二者之和(总费用 TOC)应为最小,此截面面积即为经济截面面积。图 5-7 是年费用 TOC 和导体截面面积之间的关系,曲线 1 的最低点就是总费用最少的经济截面面积。用经济电流除以经济截面面积就是经济电流密度,即

$$j_{ec}=\frac{I_{30}}{A_{ec}} \tag{5-1}$$

式中,I_{30} 为计算电流;A_{ec} 为导线的经济载面;j_{ec} 为经济电流密度。

根据有色金属资源情况,规定了我国经济电流密度,如表 5-11 所示。根据经济电流密度则可以计算经济截面面积

$$A_{ec}=\frac{I_{30}}{j_{ec}} \tag{5-2}$$

按上式计算经济截面面积后,按发热条件和机械强度进行校验。

根据我国的情况,如果全面推行按经济电流选择电线、电缆的截面面积,将减少 35% ～42% 的线路损耗,经济意义十分重大。

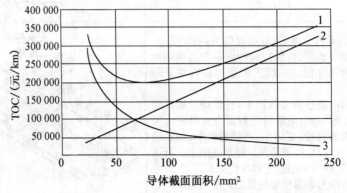

1—总费用,是曲线 2 和 3 的叠加;2—初始费用,即电缆附件和敷设费用之和,当截面面积增加时,投资费用随之增大;3—电能损耗费用,当截面面积增大时,损耗费用随之减少

图 5-7 年费用 TOC 和导体截面面积之间的关系

表 5-11 导线和电缆的经济电流密度 （单位:A/mm²)

线路类别	导线材料	年最大有功负荷利用小时		
		3 000 h 以下	3 000～5 000 h	5 000 h 以上
架空线路	铜	3.00	2.25	1.75
	铝	1.65	1.15	0.90
电缆线路	铜	2.50	2.25	2.00
	铝	1.92	1.73	1.54

3. 中性线和保护线截面面积的选择

(1) 中性线(N 线)截面面积的选择

三相四线制系统中的中性线,要通过系统的不平衡电流和零序电流,因此中性线的允许载流不应小于三相系统的最大不平衡电流,同时应考虑谐波电流的影响。

① 一般三相四线制线路的中性线截面面积 A_0。应不小于相线截面面积 A_φ 的 50%,即

$$A_0 \geqslant 0.5A_\varphi \tag{5-3}$$

② 由三相四线制线路引出的两相三线制线路及单相线路的中性线截面面积 A_0,由于其中性线电流与相线电流相等,因此其中性线截面面积 A_0 应与相线截面面积 A_φ 相同,即

$$A_0 = A_\varphi \tag{5-4}$$

③ 三次谐波电流突出的三相四线制线路的中性线截面面积 A_0,由于各相的三次谐波电流都要通过中性线,使得中性线电流可能等于甚至超过相线电流,因此中性线截面面积 A_0 宜等于或大于相线截面面积 A_φ,即

$$A_0 \geqslant A_\varphi \tag{5-5}$$

(2) 保护线(PE 线)截面面积的选择

保护线要考虑三相系统发生单相短路故障时单相短路电流通过时的短路热稳定度。

根据短路热稳定度的要求,PE 线的截面面积 A_{PE},按 GB50054—1995《低压配电设计规范》规定:

当 $A_\varphi \leqslant 16 \text{ mm}^2$ 时,$A_{PE} > A_\varphi$;当 $16 \text{ mm}^2 < A_\varphi \leqslant 35 \text{ mm}^2$ 时,$A_{PE} \geqslant 16 \text{ mm}^2$;当 $A_\varphi \geqslant 35 \text{ mm}^2$ 时,$A_{PE} \geqslant 0.5A_\varphi$。

4. 保护中性线(PEN 线)截面面积的选择

保护中性线兼有保护线和中性线的双重功能,因此 PEN 线截面面积选择应同时满足上述 PE 线和 N 线的要求,取其中的最大截面面积。

三、任务布置

实训　三相电路的定相

1. 实训目的

(1) 学会用相序表测定三相线路的相序。

(2) 学会用绝缘电阻表法和指示灯法核对三相线路的相位。

2. 准备工作

电容式或电感式指示灯相序表、绝缘电阻表、指示灯。

3. 实训内容

定相,即测定相序并核对相位。新安装或改装的线路投入运行前以及双回路并列运行前,均需定相,以免彼此的相序或相位不一致,投入运行时造成短路或环流而损坏设备。

(1) 测定相序。测定三相线路的相序,可采用电容式或电感式指示灯相序表。

图 5-8(a)所示为电容式指示灯相序表的原理接线,A 相电容 C 的容抗与 B、C 两相灯泡的电阻值相等。此相序表接上待测三相线路电源后,灯亮的相为 B 相,灯暗的相为 C 相。

图 5-8(b)所示为电感式指示灯相序表的原理接线,A 相电感 L 的感抗与 B、C 两相灯泡的电阻值相等。此相序表接上待测三相线路电源后,灯暗的相为 B 相,灯亮的相为 C 相。

（2）核对相位。核对相位的方法很多,最常用的为绝缘电阻表法和指示灯法。

图5-9(a)所示为用绝缘电阻表法核对线路两端相位的接线。线路首端接绝缘电阻表,L端接线路,E端接地,线路末端逐相接地。如果绝缘电阻表指示为零,则说明末端接地的相线与首端测量的相线属同一相。如此三相轮流测量,即可确定首端和末端各自对应的相。

图5-9(b)所示为指示灯法核对线路两端相位的接线。线路首端接指示灯,末端逐相接地。如果指示灯通上电源时灯亮,则说明末端接地的相线与首端接指示灯的相线属同一相。如此三相轮流测量,亦可确定线路首端和末端各自对应的相。

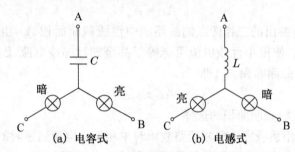

图5-8　指示灯相序表的原理接线

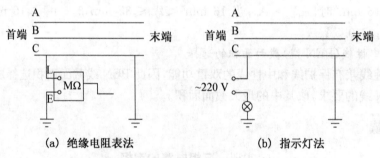

图5-9　核对线路两端相位的接线

四、课后习题

1. 填空题

（1）低压架空线路中,不使用小于_____mm²的铝绞线。

（2）查阅相关资料,了解以下数据:低压架空线路与地面的距离,在非居民区应大于_____m,在居民区应大于_____m,跨越建筑物时,其最小垂直距离应大于_____m。

2. 判断题

（1）高、低压线路同杆架设时,高压横担应装在低压横担的上方。　（　　）

（2）拉线与地面通常成45°角。　（　　）

（3）10 kV 线路距离屋顶不得低于 2 m。　（　　）

（4）高压输电线路跨越山川河流应该采用铁塔。　（　　）

3. 简答题

(1) 架空线路由哪几部分组成? 各部分有何作用?

(2) 按电杆在线路中的作用和地位不同分哪几种类型? 各种电杆有何特点? 用于何处?

(3) 什么叫档距、弧垂? 档距、弧垂、导线的线间距离,横担长度与间距、电杆高度等参数相互之间有何联系和影响? 为什么?

任务 2　架空线路的运行与维护

知识教学目标

1. 熟悉线路维护的具体内容。

2. 了解线路检修的安全措施。

3. 了解线路检修的工作内容。

4. 了解线路的异常运行及处理方式。

能力培养目标

1. 了解绝缘子的检测方法。

2. 会进行线路检修设计。

一、任务导入

线路的电杆、导线和绝缘子等不仅承受正常机械荷重和电力负荷,而且还经常受到各种自然条件的影响,如风、雨、冰雪、雷电等,这些因素会使线路元件逐渐损坏。如季节性气温变化,使导线张力发生变化,从而使导线弧垂发生变化。夏季由于气温过高,导线弧垂过大,遇到大风,容易发生导线短路事故。冬季由于气温过低,导线弧垂过小,又容易发生断线事故。此外,空气中的灰尘,特别是空气中的煤烟、水汽、可溶盐类和有害气体,将线路绝缘子的绝缘强度大大降低,这样就会增加表面泄露电流,从而造成绝缘子闪络事故。另外,架空线路也往往受到外力破坏,从而造成线路事故。因此,加强架空线路的运行维护对保证安全可靠供电极其重要。

二、相关知识

(一) 线路的巡视

架空线路的巡视,按照工作性质和任务,以及规定的时间不同,可分正常巡视、夜间巡视、故障巡视和特殊巡视。

正常巡视,也叫定期巡视,主要检查线路各元件的运行状况,有无异常损坏现象;夜间巡视,其目的是检查导线接头及各部结点有无发热现象,绝缘子有无因污秽及裂纹而放电;故障巡视,主要是查明故障地点和原因,便于及时处理;特殊巡视,主要是在气候骤变,如导线覆冰、大雾、狂风暴雨时进行巡视,以查明有无异常现象。

正常巡视的周期应根据架空线路的运行状况、工厂环境及重要性综合确定,一般情况低压线路每季度巡视一次,高压线路每两月巡视一次。

(二) 线路的维护

由于架空线路长期处于露天运行,经常受到周围环境和大自然变化的影响,在运行中会发生各种各样的故障。

1. 污秽和防污

架空线路的绝缘子,特别是化工企业和沿海工厂企业的架空线路的绝缘子,表面黏附着污秽物质,一般均有一定的导电性和吸湿性,会大大降低绝缘子的绝缘水平,在工作电压下也可能发生绝缘子闪络事故。

污秽事故与气候条件有十分密切的关系,防污主要技术措施有以下几项:

(1) 作好绝缘子的定期清扫。绝缘子的清扫周期一般是每年一次,清扫在停电后进行,一般用抹布擦拭,如遇到用干布擦不掉的污垢时,也可用蘸水湿抹布擦拭,或用蘸汽油的布擦,但必须用净水冲洗,最后用干净的布再擦一次。

(2) 定期检查和及时更换不良绝缘子。

(3) 提高线路绝缘子水平。具体办法是对针式绝缘子,可提高一级电压等级。

(4) 采用防污绝缘子。采用特制的防污绝缘子或在绝缘子表面涂上一层涂料或半导体釉。防污绝缘子和普通绝缘子的不同在于前者具有较大的泄漏路径。

2. 线路覆冰及其消除的措施

架空线路的覆冰是初冬和初春时节,气温在−5 ℃左右,或者是在降雪、雨雪交加的天气里。导线覆冰后,增加了导线的荷重,可能引起导线断线。如果在直线杆某一侧导线断线后,另一侧覆冰的导线形成较大的张力,容易出现倒杆事故。绝缘子覆冰后,降低了绝缘子的绝缘水平,会引起闪络接地事故,甚至烧坏绝缘子。

当线路出现覆冰时,应及时清除。清除在停电时进行,通常采用从地面向导线抛扔短木棒的方法使冰脱落;也可用细竹竿来敲打或用木制的套圈套在导线上,并用绳子顺导线拉动以清除覆冰。

3. 防风和其他维护工作

春秋两季风大,当风力超过了电杆的机械强度时,电杆会发生倾斜或歪倒;由于风力过大,使导线发生非同期摆动,而引起导线之间互相碰撞,会造成相间短路事故。此外,因大风把树枝等杂物刮到导线上,易引起停电事故。因此,应对导线的弧垂加以调整;对电杆进行补强;对线路两侧的树木应进行修剪或砍伐,以使树木与线路之间能保持一定的安全距离。

线路上的金具和金属构件,由于常年风吹日晒而生锈,强度降低,有条件的可逐年有计划更换,也可在运行中涂漆防锈。

4. 线路事故处理

配电线路事故几率最高的是单相接地,其次是相间短路。当短路发生后,变电所立即将故障线路跳开,若装有自动重合闸,再行重合一次。若重合成功,即为瞬时故障,不再跳开,正常供电;若重合不成功,变电所的值班人员应通知检修人员进行事故巡视,直至找到故障点并予以排除后,才能恢复送电。

对于中性点不接地系统,其架空线路发生单相接地故障后,一般可以连续运行 2 h,但必须找出导线接地点,以免事故扩大。首先在接地线路的分支线上试切分支开关,以便找到接地分支线,然后沿线路巡视找出接地点。

(三) 线路的检修

配电线路检修工作一般可分为:

(1) 维修。为了维持配电线路及附属设备的安全运行和必需的供电及可靠性的检修工作,称为维修。

(2) 大修。为了提高设备的运行情况,恢复线路及附属设备至原设计的电气性能或机械性能而进行的检修称为大修。

(3) 抢修。事故抢修是由于自然灾害及外力破坏等,所造成的配电线路倒杆、电杆倾斜、断线、金具或绝缘子脱落或混线等停电事故,需要迅速进行的抢修工作。

线路大修主要包括以下几项内容:更换或补强电杆及其部件;更换或补修导线并调整弧垂;更换绝缘子或为加强线路绝缘水平而增装绝缘子;改善接地装置;电杆基础加固;处理不合理的交叉跨越。

1. 检修工作的组织措施

线路检修工作的组织措施,包括制订计划、检修设计、准备材料及工具、组织施工及竣工验收等。

(1) 制订计划

一般是每年第三季度进行编制下年度的检修计划。根据检修工作量的大小、检修力量、资金条件、运输力量、检修材料及工具等因素,将全年的检修工作列为维修、大修,并按检修项目编写材料工具表及工时进度表,以分别安排到各个季度,报工厂领导批准。

(2) 检修设计

线路检修工作,应进行线路检修设计,即使是事故抢修,在时间允许的条件下,也应进行检修设计。只有现场情况不明的事故抢修,时间紧迫需马上到现场处理的检修工作,才由有经验的检修人员到现场决定抢修方案、领导检修工作,但抢修完成后,也应补齐有关的图样资料,转交运行人员。

检修设计的主要内容包括下列各项:电杆结构变动情况的图样;电杆及导线限距的计算数据;电杆及导线受力复核;检修施工的多种方案比较;需要加工的器材及工具的加工图样;检修施工达到的预期目的及效果。

(3) 准备材料及工具

施工开始前,应根据检修工作计划中的"检修项目和材料工具计划表",准备必需的材料。

(4) 组织施工

① 根据施工现场情况及工作需要将施工人员分为若干班、组,并指定班、组的负责人及负责安全工作的安全员(工作监护人),安全员应由技术较高的工作人员担任,还要指定材料、工具的保管人员及现场检修工作的记录人员。

② 组织施工人员了解检修项目、检修工作的设计内容、设计图样和质量标准等,使施工

人员做到心中有数,需要施工测量的就应及时进行。

③ 制订检修工作的技术组织措施,并应尽量采用成熟的先进经验和最新的研究成果,以便施工中既保证质量,又提高施工效率、节约原材料并缩短工期或工时。

④ 制订安全施工的措施,并应明确现场施工中各项工作的安全注意事项,以保证施工安全。

⑤ 施工中的每项工作在条件允许时,可组织各班、组互相检查,且应由专人进行深入重点的现场检查,确保各项检修工作的安全和质量。

(5) 竣工验收

在线路检修施工过程中,根据验收制度由运行人员进行现场验收。对不合施工质量要求的项目要及时返修。线路检修工作竣工后,要进行总的质量检查和验收,然后将有关竣工后的图样资料转交运行人员。

2. 检修工作的安全措施

(1) 断开电源和验电

对于停电检修的线路,首先必须断开电源,用合格的验电器在停电线路上进行验电。

电压为 110 kV 及以下线路用的验电器,是一根带有特殊发光指示器的绝缘杆,验电时需将此绝缘杆的尖端渐渐地接近线路的带电部分,听其有无"吱吱"的放电声音,并注意指示器有无指示,如有亮光,即表示线路有电压。经过验电证明线路上已无电压时,即可在工作地段的两端,各使用具有足够截面面积的专用接地线将三相导线短路接地。若工作地段有分支线,则应将有可能来电的分支线也进行接地。若有感应电压反映在停电线路上时,则应加挂地线,以确保检修人员的安全,挂好接地线,才可进行线路的检修工作。

(2) 装设接地线

① 对接地线的要求。接地线应使用多股软铜线编织制成,截面面积不得小于 25 mm^2,并且是三相连接在一起的;接地线的接地端应使用金属棒做临时接地,金属棒的直径应不小于 10 mm,金属棒打入地下的深度不小于 0.6 m;接地线连接部分应接触良好。

② 装设接地线和拆除接地线的步骤。挂接地线时,先接好接地端,然后再接导线端,接地线连接要可靠,不准缠绕。必须注意:在同一电杆的低压线和高压线均需接地时,则应先接低压线,后接高压线;若同杆的两层高压线均需接地时,应先接下层,后接上层。拆接地线的顺序则与上述相反。装设、拆除接地线时,应有专人监护,且工作人员应使用绝缘棒或绝缘手套,人体不得触碰接地线。

③ 登杆检修的注意事项

① 如果检修双回线路或检修结构相似的并行线路时,在登杆检修之前必须明确停电线路的位置、名称和杆号,还应在监护人的监护下登杆,以免登错电杆,发生危险。

② 检修人员登上木杆前,应先检查杆根是否牢固。对新立的电杆,在杆基尚未完全牢固以前严禁攀登。遇有冲刷、起土、上拔的电杆,应先加固,或支好架杆,或打临时拉线后再行登杆。

③ 如果需要松动导线、拉线时,在登杆前也应先检查杆根,并打好临时拉线后再行登杆。

进行上述工作时,必须使用绝缘无极绳索及绝缘安全带。所谓无极绳索,就是绳索的两端要相接,连结成一圆圈,以免使用时另一端搭带电的导线。还应在风力不大于五级并有专人监护下进行工作。

当停电检修的线路与另一带电回路邻近或交叉,以致工作时可能和另一回路接触或接近至危险距离以内(10 kV 及以下为 1 m),则另一回路也应停电并使之接地,但接地线可以只在工作地点附近挂接一处。

(4) 恢复送电之前的工作

在恢复送电之前应严禁约时停送电。用电话或报话机联系送电时,双方必须复诵无误。检修工作结束后,必须查明所有工作人员及材料工具等确已全部从电杆、导线及绝缘子上撤下,然后才能拆除接地线,在清点接地线组数无误并按有关规定交接后,即可恢复送电。

3. 线路检修的工作内容

(1) 停电登杆检查清扫

停电登杆检查,可将地面巡视难以发现的缺陷进行检修及清除,从而达到安全运行的目的。停电登杆检查应与清扫绝缘子同时进行。对一般线路每两年至少进行一次;对重要线路每年至少进行一次;对污秽线路段按其污秽程度及性质可适当增加停电登杆清扫的次数。停电登杆检查的项目有:检查导线悬挂点,各部分螺钉是否松扣或脱落;绝缘子串开口销子、弹簧销子是否完好;绝缘子有无闪络、裂纹和硬伤等痕迹,针式绝缘子的芯棒有无弯曲;检查绝缘子串的连接金具有无锈蚀,是否完好;瓷横担的针式绝缘子及用绑线固定的导线是否完好可靠。

(2) 电杆和横担检修

组装电杆所用的铁附件及电杆上所有外露的铁件都必须采取防锈措施。如因运输、组装及起吊损坏防锈层时,应补刷防锈漆,所使用的铁横担必须热镀锌或涂防锈漆,对已锈蚀的横担,应除锈后涂漆。电杆各构件的组装应紧密、牢固,有些交叉的构件在交叉处有空隙,应装设与空隙相同厚度的垫圈或垫板,以免松动。

(3) 拉线的检修

拉线棒应按设计要求进行防腐,拉线棒与拉线盘的连接必须牢固,采用楔形线夹连接拉线的两端,在安装时应符合下列规定:楔形线夹内壁应光滑,其舌板与拉线的接触应紧密,在正常受力情况下无滑动现象,安装时不得伤及拉线;拉线断头端应以铁线绑扎;拉线弯曲部分不应有松股或各股受力不均的现象。

(4) 导线检修

导线在同一截面处的损伤,不超过下列容许值时,可免予处理:单股损伤深度不大于直径的 1/2;损伤部分的面积不超过导电部分总截面面积的 5%。导线损伤的下列情况之一必须锯断重接:钢芯铝线的钢芯断一股;多股钢芯铝线在同一处磨损或断股的面积超过铝股总面积的 25%,单金属线在同一处磨损或断股的面积超过总面积的 17%(同一处指补修管的容许补修长度);金钩(小绕)、破股,已形成无法修复的永久变形;由于连续磨损,或虽然在允许补修范围内断股,但其损伤长度已超出一个补修管所能补修的长度。

(5) 导线接头的检查与测试

导线接头(也叫压接管)的检查十分重要,因为接头是导线上比较薄弱的环节,往往由于机械强度减弱而发生事故;有时可能由于接触不良,而在通过大电流时(即高峰负荷时),使接头发热而引起事故。为了防止导线接头发生事故,除了巡视中(包括白天巡线和晚上巡线)应注意接头的情况外(如发热、发红或表面的冰雪容易溶化等现象),主要是依靠通过对接头电阻的测量来判断其好坏。接头电阻与同长度导线电阻之比不应大于2,当电阻比大于2时应立即更换。

三、任务布置

实训　10 kV 架空线路转角杆和终端杆的调换

1. 实训目的

(1) 了解外线施工的组织过程和验收过程。

(2) 掌握电杆调换的组织施工过程。

(3) 培养学生线路施工作业的安全意识和施工规范。

2. 施工前期准备

准备好进行架空线施工的工具、设备,联系线路停电。

3. 施工过程组织

如图 5-10 所示,1 号杆是终端杆,4 号杆是转角杆,它们都是承力杆,调换电杆时必须使承力杆在调换作业期间整个线路保持受力平衡。

(1) 1 号终端杆的调换

① 首先在 2 号杆上作临时拉线,使 1 号杆拆除后,2 号杆保持受力平衡。

② 解开 2 号杆上所有导线的瓷瓶绑线,将导线牢固地绑扎在横担上。

③ 解开 1 号杆上所有导线的瓷瓶绑线,慢慢地放松 1 号杆和 2 号杆之间的导线。对于截面面积较大的导线,应在松开瓷瓶绑线前用紧线器将导线紧住,或用麻绳由人力向相反方向拉紧,瓷瓶绑线松开后再缓缓使导线松弛,避免导线松开对 2 号杆产生危险的冲击。

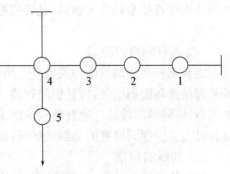

图 5-10　10 kV 架空线路

④ 拔除 1 号电杆。

⑤ 在原 1 号杆位置挖坑,立新杆并埋土,夯实,在新换电杆上安装横担、瓷瓶和拉线。

⑥ 恢复原架空导线,在 1 号电杆上将导线进行紧线、绑扎固定,将 2 号杆上的导线在瓷瓶上绑扎固定。

调换电杆工作一般需停电进行,若停电时间有限,为了节省时间,可在未停电前先将新杆立好,此电杆应紧靠原终端杆。

(2) 转角杆的调换

其方法与终端杆相似。由于转角杆一般有两根拉线,所以调换前需作两根临时拉线。在 3 号和 5 号杆作临时拉线,其他与终端杆调换相类似。

4. 架空线路工程验收

工程验收一般应按以下程序进行:隐蔽工程验收检查;中间验收检查;竣工验收检查。

（1）隐蔽工程验收检查。隐蔽工程是指在竣工后无法检查的隐蔽工程部分。线路施工中的隐蔽工程有以下几项：基础坑深；基础浇制；预埋基础的埋设；各种连接管等。以上工程在施工过程中，应认真检查做好记录。

（2）中间验收检查。这是指当完成一个或数个分项成品后进行的验收检查。包括电杆及拉线安装质量、接地情况、架线情况。

（3）竣工验收检查。工程全部或部分完成后进行的验收检查。其项目除中间验收项目外，尚需补充下列项目：线路路径、电杆形式、导线与避雷器规格及线间距离，障碍物的拆迁，是否有遗留未完项目。

5. 竣工试验

在竣工验收合格后，应进行下列电气试验：

（1）线路绝缘测定。

（2）线路相位、相序测定。

（3）冲击合闸三次。

以上项目合格，方可投入运行。

四、课后习题

1. 填空题

（1）工程验收一般应按以下程序进行＿＿＿＿、＿＿＿＿和＿＿＿＿。

（2）配电线路检修工作一般可分为＿＿＿＿、＿＿＿＿和＿＿＿＿。

（3）架空线路发生单相接地故障后，一般还可以连续运行＿＿＿＿。

2. 判断题

（1）接头电阻与同长度导线电阻之比不应大于 2。　　　　　　　　（　　）

（2）配电线路检修工作必须写操作票。　　　　　　　　　　　　　（　　）

（3）检修人员登上木杆前，应先检查杆根是否牢固。　　　　　　　（　　）

（4）夜间巡视，其目的是检查导线接头及各部分结点有无发热现象。（　　）

3. 选择题

（1）不能作为接地线的金属材料是（　　）。

　　A. 软铜线　　　　　　B. 钢绞线　　　　　　C. 圆钢线　　　　　　D. 铝绞线

（2）接地极应该埋设在地面下（　　）m 以下。

　　A. 0.6　　　　　　B. 0.7　　　　　　C. 1　　　　　　D. 0.5

（3）配电线路事故几率最高的是（　　）。

　　A. 单相接地　　　B. 两相短路　　　C. 三相短路　　　D. 两相接地短路

4. 简答题

（1）简述线路检修的组织工作内容。

（2）根据电杆在线路中的不同作用和受力情况，可将电杆分为哪几种？各有何特点？

（3）如何选择电力线路导线截面面积？

任务3 电缆线路的运行和维护

知识教学目标

1. 了解电缆线路巡视检查的内容。
2. 了解电缆运行的注意事项。
3. 了解电缆异常现象及处理方式。

能力培养目标

1. 能够利用电桥法测试电缆故障。
2. 能够利用脉冲法测试电缆故障。

一、任务导入

对电缆线路，一般要求每季进行一次巡视检查。室外电缆起初每三个月巡查一次，每年应有不少于一次的夜间巡视检查，并应选择细雨或初雪的日子里进行；室内电缆头可与高压配电装置巡查周期相同；暴雨后，对有可能被雨水冲刷的地段，应进行特殊巡查，并应经常监视其负荷大小和发热情况。在巡视检查中发现的异常情况，应记入专用记录簿内，重要情况应及时汇报上级，请示处理。

二、相关知识

(一) 电缆线路的巡视和检查

1. 电力电缆的巡视检查

(1) 直埋电缆巡视检查项目和要求。电缆路径附近地面不应有挖掘；电缆标桩应完好无损；电缆沿线不应堆放重物和腐蚀性物品，不应存在临时建筑，室外露出地面上的电缆的保护钢管或角钢不应锈蚀、位移或脱落；引入室内的电缆穿管应封堵严密。

(2) 沟道内电缆巡视检查项目和要求。沟道盖板应完整无缺；沟道内电缆支架牢固，无锈蚀；沟道内不应积水，井盖应完整，墙壁不应渗漏水；电缆铠装应完整、无锈蚀；电缆标示牌应完整、无脱落。

(3) 电缆头巡视检查项目和要求。终端头的绝缘套管应清洁、完整，无放电痕迹，无鸟巢；绝缘胶不应漏出；终端头不应漏油，铅包及封铅处不应有龟裂现象；电缆芯线或引线的相间及对地距离的变化不应超过规定值；相位颜色是否保持明显；接地线应牢固，无断股、脱落现象；电缆中间接头应无变形，温度应正常；大雾天气，注意监视终端头绝缘套管有无放电现象；负荷较重时，应注意检查引线连接处有无过热、熔化等现象，并监视电缆中间接头的温度变化情况。

2. 电力电缆运行时的禁忌

(1) 不要忽视对电缆负荷电流的检测。电力电缆线路本应在按照规定的长期允许载流量下运行。如果长时间过负荷,芯线过热,电缆整体温度升高,内部油压增大,容易引发金属外包电缆漏油,电缆终端头和中间接头盒胀裂,使电缆绝缘吸潮劣化,以致造成热击穿。因此,不要忽视电缆负荷电流及外皮温度的监测。对并联使用的电缆,注意防止因负荷分配不均而使某根电缆过热。

(2) 电缆配电线路不应使用重合闸装置。能够使电缆配电线路断路器跳闸的电缆故障,如终端头内部短路、中间头内部短路等多为永久性故障,在这种情况下若重合闸动作或跳闸后试送,则必然会扩大事故,威胁系统的稳定运行。因此,电缆配电线路不应使用重合闸装置。

(3) 电缆配电线路断路器跳闸后,不要忽视电缆的检查。电缆配电线路断路器跳闸后,首先要查清该线路所带设备方面有无故障,如设备各种形式的短路等。同时,也要检查电缆外观的变化,例如,电缆户外终端头是否浸水引起爆炸,室内终端头内部短路;中间接头盒是否由于接点过热、漏油,使绝缘热击穿胀裂;电缆路径地面有无挖掘,使电缆损伤等。必要时应通过试验进一步检查判断。

(4) 直埋电缆运行禁忌。直埋电缆运行检查要特别注意以下几点:电缆路径附近地面不能随便挖掘;电缆路径附近地面不准堆放重物及腐蚀性物质、临时建筑;电缆路径标桩和保护设施,不准随便移动、拆除;电缆进入建筑物处不得渗漏水;电缆停用一段时间不做试验不能轻易投入使用,这主要是考虑到电缆停用一段时间后吸收潮气,绝缘受影响。一般停电超过一星期但不满一个月的电缆,重新投入运行前,应遥测其绝缘电阻值,并与上次试验记录比较(换算到同一温度下)不得降低 30%,否则需做直流耐压试验。停电超过一个月但不满一年的,则需做直流耐压试验,试验电压可为预防性试验电压的一半。停电时间超过试验周期的,必须按标准做预防性试验。

3. 电力电缆异常运行及事故处理

(1) 电缆过热。电缆运行中长时间过热,会使其绝缘物加速老化;会使铅包及铠装缝隙胀裂;会使电缆终端头、中间接头因绝缘胶膨胀而胀裂;对垂直部分较长的电缆,还会加速绝缘油的流失。造成电缆过热的基本原因有两点:一是电缆通过的负荷电流过大且持续时间较长;二是电缆周围通风散热不良。

发现电缆过热应查明原因,予以处理。若有必要,可再敷设一条电缆并用,或全部更新电缆,换成大截面面积的,以避免过负荷。

(2) 电缆渗漏油。油浸电缆线因铅包加工质量不好,如含砂粒、压铅有缝隙等以及运行温度过高,都容易造成渗漏油。电缆终端头、中间接头因密封不严,加之引线及连接点过热,往往也会引起漏油、漏胶,甚至内部短路时温度骤升,引起爆破。发现电缆渗漏油后,应查明原因予以处理。对负荷电流过大的电缆,应设法减负荷;对电缆铅包有砂眼渗油的可实行封补;对终端头、中间接头漏油较严重的,可重新做终端头或中间接头。

(3) 电缆头套管闪络破损。运行中的电缆头发生电晕放电,电缆头引线严重过热以及因漏油、漏胶、潮气侵入等原因将导致套管闪络破损。发生这种情况,应立即停止运行,以防故障扩大造成事故。

(4) 电缆机械损伤。电缆遭受外力机械损伤的机会很多,因受机械损伤造成停电事故的也很多。如地下管线工程作业前,未经查明地下情况,盲目挖土、打桩,造成误伤电缆;敷设电缆时,牵引力过大或弯曲过度造成损伤;重载车辆通过地面,土地沉降,造成损伤等。

发现电缆遭受外力机械损伤,根据现场状况或带缺陷运行、或立即停电退出运行,均应通报专业人员共同鉴定。

(二) 电缆线路的故障探测

1. 电缆故障的分类及特点

常见的电缆故障有短路(接地)型、断线型、闪络型、复合型几种。

(1) 短路(接地)型。电缆一相或数相导体对地或导体之间绝缘发生贯穿性故障。根据短路(接地)电阻的大小又有高电阻、低电阻和金属性短路(接地)故障之分。短路(接地)型故障所指的高电阻和低电阻之间,其短路(接地)电阻的分界并非固定不变。它主要取决于测试设备的条件,如测试电源电压的高低、检流计的灵敏度等。使用 QF1-A 型电缆探伤仪的测试电压为直流 600 V,当电缆故障点的绝缘电阻大于 100 kΩ 时,由于受检流计灵敏度的限制,测量误差就比较大,必须采取其他措施才能提高测试结果的正确性,因此把 100 kΩ 作为短路(接地)电阻高低的分界。

低电阻和金属性短路(接地)故障的特点是电缆线路一相导体对地或数相导体对地或数相导体之间的绝缘电阻低于 100 kΩ,而导体的连续性良好。

高电阻接地或短路故障的特点是与低电阻接地或短路故障相似,但区别在于接地或短路的电阻大于 100 kΩ。

(2) 断线型。电缆一相或数相导体不连续的故障。其特点是电缆各相导体的绝缘电阻符合规定,但导体的连续性试验证明有一相或数相导体不连续。

(3) 闪络型。电缆绝缘在某一电压下发生瞬时击穿,但击穿通道随即封闭,绝缘又迅速恢复的故障。其特点是低电压时电缆绝缘良好,当电压升高到一定值或在某一较高电压持续一定时间后,绝缘发生瞬时击穿现象。

(4) 复合型。电缆故障具有两种以上的故障特点。

2. 常用电缆故障测试和特点

电缆线路的故障测试一般包括故障测距和精确定点。故障点的初测即故障测距,根据测试仪器和设备的原理,大致分为电桥法和脉冲法两大类,其测试特点如下:

(1) 电桥法

电桥法是一种传统的测试方法,如惠斯顿直流单臂电桥、直流双臂电桥和根据单臂电桥原理制作的 QF1-A 型电缆探伤仪等,均可以用来进行电缆故障测试。

电桥法是利用电桥平衡时,对应桥臂电阻的乘积相等,而电缆的长度和电阻成正比的原理进行测试的。它的优点是操作简单、精度较高,主要不足是测试局限性较大。对于短路(接地)电阻在 100 kΩ 以下的单相接地、相间短路、二相或三相短路接地等故障的测试误差一般在 0.3%~0.5%,但是当短路(接地)电阻超过 100 kΩ 时,由于通过检流计的不平衡电流太小,误差会很大。在测试前要对电缆加以交流或直流电压,将故障点的电阻烧低后再进行测量。对于用烧穿法无效的高阻短路(接地)故障,不能用电桥法进行测试。

电缆断线故障和三相短路(接地)故障,虽然可以用 QF1-A 型电缆探伤仪进行测试,但是与其他测试设备相比,因其使用复杂、误差较大而一般很少被采用,电桥法还不适用于闪络型电缆故障的测试。

（2）脉冲法

脉冲法是应用脉冲信号进行电缆故障测距的测试方法。它分低压脉冲法、脉冲电压法和脉冲电流法三种。

① 低压脉冲法是向故障电缆的导体输入一个脉冲信号,通过观察故障点发射脉冲与反射脉冲的时间差进行测距。低压脉冲法具有操作简单、波形直观、对电缆线路技术资料的依赖性小等优点。其缺点是对于电阻大于 100 kΩ 的短路（接地）故障,因反射波的衰减较大而难以观察;由于受脉冲宽度的局限,低压脉冲法存在测试盲区,如果故障点离测试端太近也观察不到反射波形;不适用于闪络型电缆故障。

② 脉冲电压法是对故障电缆加上直流高电压或冲击高电压,使电缆故障点在高电压下发生击穿放电,然后仪器通过观察放电电压脉冲在测试端到放电点之间往返一次的时间进行测距。脉冲电压法基本上都融入了微电子技术,能直接从显示屏上读出故障点的距离。DGC 型、DCE 型电缆故障遥测仪都属于这一类仪器。

脉冲电压法的优点在于电缆故障点只要在高电压下存在充分放电现象,就可以测出故障点的距离,几乎适用于所有类型的电缆故障。脉冲电压法的缺点是测试信号来自高电压回路,仪器与高电压回路有电耦合,很容易发生高压信号串入导致仪器损坏。另外,故障放电时,特别是进行冲闪测试时,分压器耦合的电压波形变化不尖锐、不明显,分辨较困难。

③ 脉冲电流法原理与脉冲电压法相似,区别在于脉冲电流法是通过线性电流耦合器测量电缆击穿时的电流脉冲信号,使测试接线更简单,电流耦合器输出的脉冲电流波形更容易分辨,由于信号来自低电压回路,避免了高压信号串入对仪器的影响。它是目前应用较为广泛的测试方法之一,如 T - 903 型电缆故障测距仪。

三、任务布置

实训　用绝缘电阻表测量 10 kV 电缆线路的绝缘电阻

1. 训练目的

（1）掌握绝缘电阻表的检查和正确使用。

（2）学会用绝缘电阻表测电缆的绝缘电阻。

（3）培养电工作业的安全意识和规范。

2. 准备工作

（1）300 mm 活动扳手两把,2 500 V 绝缘电阻表一块（ZC - 7 型）。

（2）切断被测电缆电源,并将电缆放电。

（3）检查绝缘电阻表性能。

3. 操作步骤

（1）测量前先对绝缘电阻表进行检查。绝缘电阻表不接线,摇动绝缘电阻表摇柄,看指针是否能够停在"∞"处;将接线柱"L"与"E"短接,缓慢摇动绝缘电阻表摇柄,看指针是否会在"0"处。如满足这两个要求,说明绝缘电阻表工作正常,可以使用,否则需更换绝缘电阻表。

（2）打开电缆头并将电缆放电。

（3）接线柱"L"接电缆芯线，"E"接电缆金属外皮，接线柱"G"引线缠绕在电缆的屏蔽纸上，如图 5-11 所示。

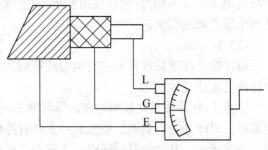

（4）线路接好后，按顺时针方向由慢到快摇动绝缘电阻表摇柄。当调速器发生滑动时，说明绝缘电阻表达到了额定转速（120 r/min），并输出额定测试电压。保持均匀转速（120 r/min），待表盘上的指针停

图 5-11　测量电缆绝缘电阻接线图

稳后，指针指示值就是被测电缆的绝缘电阻值，单位是 MΩ。

（5）将电缆放电。

（6）将电缆绝缘电阻与以前测量值进行对比，符合规程要求时，将电缆头按原来各相连接方式重新连接好。

（7）拆下绝缘电阻表的引线，收好工具、用具。

4．安全与技术要求

（1）测量前，必须切断电缆的电源，并挂好标示牌；电缆相间及对地充分放电，使电缆处于安全不带电的状态。

（2）接线柱引线应选用绝缘良好的多股导线，且不允许绞合在一起，也不得与地面接触。

（3）测量电缆的电容量较大时，应有一定的充电时间。电容量越大，充电时间越长。

5．考核标准

序号	评分标准（满分 100 分）	得分
1	选错用错工具、用具，一次扣 2 分	
2	电缆未放电扣 20 分	
3	测量前绝缘电阻表不作检查扣 20 分	
4	绝缘电阻表接线错误，一次扣 20 分	
5	绝缘电阻表转速不均匀或转速未达到 120 r/min 扣 10 分	
6	未对绝缘电阻进行对比扣 10 分	
时间	每条电路 20 min	

四、课后作业

1．填空题

（1）室外电缆起初每＿＿＿＿＿个月巡查一次，每年应有不少于＿＿＿＿＿次的夜间巡视检查，并应选择＿＿＿＿＿或＿＿＿＿＿的日子里进行。

（2）电缆故障有＿＿＿＿＿、＿＿＿＿＿、＿＿＿＿＿和＿＿＿＿＿几种。

（3）电缆线路的故障测试大致包括＿＿＿＿＿和＿＿＿＿＿两大类。

（4）脉冲法分_____、_____和_____三种。

2. 判断题

（1）对电缆线路，一般要求每季进行一次巡视检查。　　　　　　　　（　　）

（2）100 kΩ 作为短路（接地）电阻高低的分界。　　　　　　　　　（　　）

（3）电桥法不适用于闪络型电缆故障的测试。　　　　　　　　　　（　　）

（4）脉冲电压法几乎适用于所有类型的电缆故障。　　　　　　　　（　　）

3. 简答题

（1）电缆巡检的内容有哪些？

（2）常用电缆故障测试方法有哪些？

（3）电缆故障如何分类？

（4）按照绝缘材料和结构电缆分为哪几种？各有何特点？

单元6 继电保护

任务1 继电保护基础知识

知识教学目标

1. 熟悉继电保护的功能、要求。
2. 了解各种继电器结构、工作原理。
3. 掌握电流保护接线方式。

能力培养目标

1. 掌握不同类型继电器的图形符号，能读懂二次回路接线图。
2. 熟悉 DL 型电流继电器的实际结构，掌握其动作电流和返回电流的整定方法。
3. 能根据实际系统要求选择合适的保护接线。

一、任务导入

现代电力系统的规模越来越大，结构越来越复杂。在整个电力生产过程中，由于人为因素或大自然的原因，会发生这样那样的故障和出现不正常运行状态。一旦发生故障即可能产生如下后果：

(1) 故障点通过很大的短路电流和所燃起的电弧，使故障设备烧坏。

(2) 系统中设备在通过短路电流时所产生的热和电动力使设备缩短使用寿命。

(3) 因电压降低，破坏用户工作的稳定性或影响产品质量。

(4) 破坏系统并列运行的稳定性，产生振荡，甚至使整个系统瓦解。

对于电力系统运行中存在的这些事故隐患，必须采取积极的防御性措施，如提高设备质量，增加可靠性和延长使用寿命。而从运行管理角度出发，应提高从业人员的安全意识和增强责任心，提高科技管理水平，增强安全措施以尽量减少事故的发生。对于不可抗拒事故的发生，应做到及时发现，并迅速有选择性地切除故障器件，隔离故障范围，以保证系统非故障部分的安全稳定运行，尽可能减小停电范围，保护设备安全。

为了保证安全可靠地供电，在电力系统中必须安装继电保护装置。

二、相关知识

（一）继电保护的任务及要求

继电保护装置是指能反映电力系统中电气设备或线路发生的故障或不正常运行状态，并动作于断路器跳闸或发出信号的一种自动装置。它的基本任务有两个：一是发生故障时，能自动、迅速、有选择地将故障元件（设备）从电力系统中切除，使非故障部分继续运行；二是对不正常运行状态，为保证选择性，一般要求保护经过一定的延时，并根据运行维护条件（如有无经常值班人员）而动作与发出信号（减负荷或跳闸），且能与自动重合闸相配合。

为了使继电保护装置能发挥其应有的作用，在选择和设计继电保护装置时，应满足以下几点要求：

1. 选择性

选择性是指保护装置动作时，仅将故障元件从电力系统中切除，使停电范围尽量减小，以保证系统中的无故障部分仍能继续安全运行。

如图 6-1 所示的电网，各断路器都装设了保护装置。当 k_3 点短路时，保护只应跳开断路器 QF1 和 QF2，使其余部分继续供电；又如当 k_1 点短路时，断路器 QF1～QF6 均有短路电流流过，按选择性要求，只应断开 QF6，其余部分继续供电。

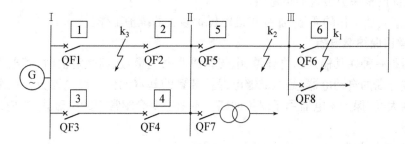

图 6-1　继电保护选择性动作示意图

在要求继电保护动作有选择性的同时，还必须考虑继电保护或断路器有拒绝动作的可能性。如图 6-1 中 k_1 点短路时，应该 QF6 动作，但由于某种原因，该处的继电保护或断路器拒绝动作时，此时断路器 QF5 的保护应使 QF5 跳闸，消除故障。这显然符合选择性的要求，这种作用的保护称为远后备保护。

2. 速动性

短路时快速切除故障，可以缩小故障范围，减小短路引起的破坏程度，减小对用户工作的影响，提高电力系统的稳定性。因此，在发生故障时，应力求保护装置能迅速动作切除故障。

切除故障的时间是指从发生短路起，至断路器跳闸、电弧熄灭为止所需要的时间，它等于保护装置的动作时间与断路器的断路时间（包括灭弧时间）之和。

3. 灵敏性

继电保护的灵敏性，是指对其保护范围内发生故障或不正常运行状态的反应能力。在继电保护装置的保护范围内，不论发生故障的性质和位置如何，保护装置均应反应敏锐并保证可靠动作。保护装置反应的灵敏性可用灵敏度系数来衡量，一般灵敏度系数越大，则保护

的灵敏度就越高,反之则越低。灵敏系数的计算分下面两种情况:

(1) 对反应故障时参数量增加的保护装置,灵敏系数为

$$K_r = \frac{保护区内故障参数的最小值}{保护装置的动作整定值}$$

(2) 对反应故障时参数量降低的保护装置,灵敏系数为

$$K_r = \frac{保护装置的动作整定值}{保护区内故障参数的最大值}$$

在《电力装置的继电保护和自动装置设计规范》中,对各种保护装置的最小灵敏系数都有具体的规定。通常主要保护的灵敏系数要求不小于1.5～2.0;后备保护的灵敏系数要求不小于1.2。在设计和选择继电保护装置时,必须严格遵守此规定。

4. 可靠性

可靠性是指当保护范围内发生故障或不正常运行状态时,保护装置能可靠动作,不应拒动或误动。继电保护装置的拒动或误动,都会造成很大危害。为保证保护装置动作的可靠性应注意以下几点:

(1) 选用质量好、结构简单、工作可靠的继电器组成保护装置;

(2) 保护装置的接线应力求简单,使用最少的继电器和触点;

(3) 正确调整保护装置的整定值;

(4) 注意安装工作的质量,加强对继电保护装置的维护工作。

(二) 常用保护继电器

继电器是一种在其输入的物理量(电气量或非电气量)达到规定值时,其电气量输出电路被接通或分断的自动电器,是组成继电保护装置的基本元件。继电器分控制继电器和保护继电器两大类,保护继电器用于保护回路。本节主要介绍常用的电磁式、感应式和静态型保护继电器。

1. 电磁式继电器

(1) 电磁式电流继电器 KA

电流继电器在电流保护装置中作为测量和启动元件,当电流超过某一整定值时继电器动作。供电系统常用 DL－10 系列电磁式电流继电器,其结构如图 6-2 所示。

电磁式电流继电器线圈中通入电流时,在铁芯中产生磁通,该磁通使钢舌片磁化,并产生电磁力矩。根据电磁理论,作用与钢舌片上的电磁力矩,使钢舌片沿磁阻减小的方向(图中方向顺时针)转动,同时反作用弹簧 4 被旋紧,弹簧的反作用力矩增大。当线圈中电流达到一定数值时,

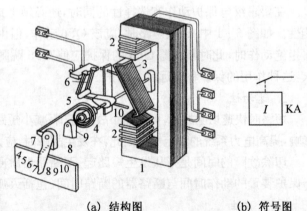

(a) 结构图　　　　(b) 符号图

1—电磁铁;2—线圈;3—钢舌片;4—反作用弹簧;5—动触点;6—静触点;7—调节转杆;8—刻度盘;9—轴承;10—轴

图 6-2　DL—10 系列电磁型电流继电器

电磁力矩将克服弹簧的阻力矩与摩擦力矩,将钢舌片吸向磁极,带动转轴顺时针转动,使动触点 5 与静触点 6 闭合,此时称电流继电器动作。能够使继电器动作的最小电流,称为继电器的动作电流,用 $I_{op \cdot k}$ 表示。

继电器动作后,当继电器线圈的电流减小到一定值时,钢舌片在弹簧的作用下返回,使动、静触点分离,此时称继电器返回。能够使继电器返回的最大电流,称为继电器的返回电流,用 $I_{re \cdot k}$ 表示。继电器的返回电流与动作电流的比值称继电器的返回系数,用 K_{re} 表示,即

$$K_{re} = \frac{I_{re \cdot k}}{I_{op \cdot k}} \tag{6-1}$$

由于此时摩擦力矩起阻碍继电器返回的作用,因此电流继电器的返回系数恒小于 1。在保证触点接触良好的条件下,返回系数越大,说明继电器质量越好。DL-10 系列电磁式电流继电器的返回系数较高,一般在 0.85 以上。

电磁式电流继电器的动作电流有两种调节方法:一种是平滑调节,即通过调节转杆来实现。当逆时针转动调节转杆时,弹簧被扭紧,反力矩增大,继电器的动作电流增大;反之,当顺时针调节转杆时,继电器动作电流减小。另一种是级进调节,通过调整线圈的匝数来实现。当两线圈并联运行时,线圈串联匝数减小一半,因为继电器所需动作是一定的,因此动作电流增大一倍;反之,当线圈串联时,动作电流将减小一半。

电磁式电流继电器动作较快,其动作时间约为 0.01~0.05 s。电磁式电流继电器的触点容量较小,不能直接作用于断路器跳闸,必须通过其他继电器转换。

(2) 电磁式中间继电器 KM

中间继电器在继电保护中作为辅助继电器,主要用于弥补主继电器触点数量和触点容量的不足。扩大触点容量,以断开或接通较大电流回路;增加触点数量,以满足保护多回路逻辑关系的要求。

常用 DZ-10 系列中间继电器的结构如图 6-3 所示,当线圈 1 通电时,衔铁 4 被吸向电磁铁 2,使其常闭触点 5-6 断开,常开触点 5-7 闭合;当线圈断电时,衔铁 4 在弹簧 3 作用下返回。

中间继电器种类较多,有电压式、电流式,有瞬时动作的,也有延时动作的。瞬时动作的中间继电器,其动作时间约为 0.05~0.06 s。

中间继电器的特点是触点多,容量大,可直接接通断路器的跳闸回路,且其线圈允许长时间通电运行。

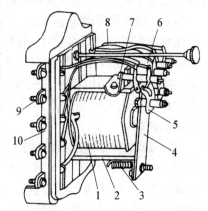

1—线圈;2—电磁铁;3—弹簧;4—衔铁;
5—动触点;6、7—静触点;8—连接线;
9—接线端子;10—底座

图 6-3　DZ-10 系列中间继电器

(3) 电磁式时间继电器 KT

时间继电器在继电保护中作为时限元件,用来建立必要的动作时限。使保护装置的动作获得一定的延时,以满足选择性的要求。

DS-110(120)系列电磁式时间继电器的结构如图 6-4 所示。当线圈通电时,衔铁在电磁力作用下,克服返回弹簧 4 的反作用力而被吸入。衔铁被吸入的同时,压杆 9 失去支持

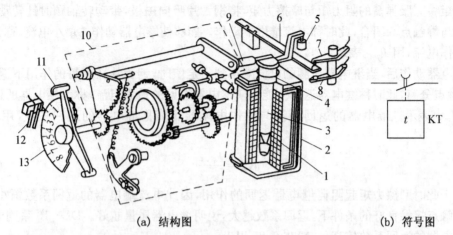

(a) 结构图　　　　　　　　(b) 符号图

1—线圈;2—电磁铁;3—衔铁;4—返回弹簧;5—绝缘件;6—动瞬时触点;7、8—静瞬时触点;9—压杆;10—钟表机构;11—动延时触点;12—静延时触点;13—标度盘

图 6-4　DS-110(120)系列电磁式时间继电器

力,钟表机构在拉引弹簧的作用下被起动。衔铁吸入时,瞬动触点 6 与 7 分离、与 8 闭合。同时钟表机构带动延时动触点 11 逆时针转向触点 12,经延时后,延时触点 11 与 12 闭合,继电器动作。调整触点 12 的位置来调整触点 11 到 12 之间的行程,从而调整继电器的延时时间。线圈断电后,在返回弹簧的作用下,衔铁和压杆返回,使继电器触点返回。由于返回时钟表机构不起作用,所以继电器的返回是瞬时的。

(4) 电磁式信号继电器 KS

在继电保护和自动装置中,信号继电器用于动作指示,以便判别故障性质。它本身具有掉牌显示功能,并带有接点用以接通灯光或音响信号回路,掉牌动作后用人工手动复归。信号继电器分为电流型和电压型。

DX-11 型信号继电器的结构如图 6-5 所示。正常时,继电器的信号牌 5 支持在衔铁 4 上面。当线圈通电时,衔铁被吸向铁芯使信号牌落下,同时带动转轴旋转 90°,使固定在转轴上的动触点 8 与静触点 9 接通,从而接通了灯光和音响信号回路。要使信号复归,可旋转复位按钮 7,断开信号回路。

(5) 电压继电器 KV

供配电系统中常用的电磁式电压继电器的结

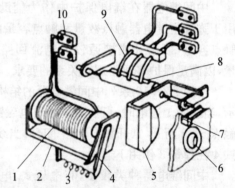

1—线圈;2—电磁铁;3—弹簧;4—衔铁;5—信号牌;6—信号牌显示窗口;7—复位按钮;8—动触点;9—静触点;10—接线端

图 6-5　DX-11 型电磁式信号继电器

构和原理,与电磁式电流继电器相似,只是电压继电器的线圈为电压线圈,且多做成欠电压继电器。欠电压继电器是在低于某一电压时动作。显然,其返回系数 $K_{re}>1$,一般为 1.25。

2. 感应式电流继电器

感应式电流继电器结构较为复杂,精度不高,但它的触点容量大,且同时兼有电磁式电流继电器、时间继电器、信号继电器和中间继电器的功能。所以,在供配电系统中广泛采用感应式电流继电器来作为过电流保护和电流速断保护,可大大简化继电保护装置。

(1) 结构组成与工作原理

感应式电流继电器常用型号是 GL 系列,它属于测量元件,广泛应用于反时限的继电保护中。感应式电流继电器由两大系统构成:一组为延时动作元件,主要包括线圈、带短路环的电磁铁及装在可偏转的框架上的转动铝盘构成的感应系统;另一组为瞬时动作元件(也称速断元件),主要包括线圈、电磁铁、衔铁,另外还有动作指示信号牌,它们组成了电磁系统。线圈和电磁铁是两组元件共用的,继电器的常开触点和常闭触点也同时受两组元件的控制。感应式电流继电器结构均类似,GL-10 系列电流继电器的内部结构如图 6-6 所示,文字符号用 KA。

当线圈 11 通电时,产生磁通,由于铁芯 1 的端面被短路环 2 分成两部分,短路环 2 仅包围了磁路磁通的一部分,这样,铁芯 1 端面处就产生了两个空间位置和相位均不同的磁通,而且都穿过铝盘 3。由电工基础知识可知,如果两个磁通空间位置不重合,在时间上又有相位差时,那么就会产生作用于铝盘的电磁力矩,电磁力矩克服阻力矩,使铝盘绕轴 10 转动。铝盘转动后,切割制动永久磁铁 16 的磁通,在铝盘上产生涡流,该涡流与永久磁铁的磁通相互作用产生一个与铝盘转动方向相反的制动力矩,其大小与铝盘的转速成正比,即铝盘转动越快,制动转矩越大。

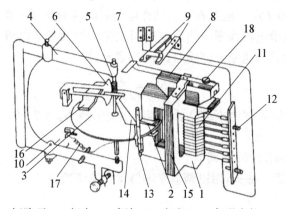

1—铁芯;2—短路环;3—铝盘;4—框架;5—蜗杆;6—扇形齿轮;7—衔铁杠杆;
8—衔铁;9—触点;10—轴;11—线圈;12—插销;13—转动螺杆;14—挡板;
15—磁分路;16—永久磁铁;17—弹簧;18—调节螺钉

图 6-6　GL-10 系列感应式电流继电器的结构

当通入继电器线圈的电流增大到一定值时,电磁转矩和制动转矩的合力克服弹簧 17 的拉力,使铝框架 4 前移。当框架转到蜗杆 5 与扇形齿轮 6 啮合,扇形齿轮便随着铝盘的旋转而上升,继电器的感应系统起动。当铝盘继续旋转使扇形齿轮上升抵达衔铁杠杆 7 时,将杠杆顶起,使衔铁 8 的右端与铁心 1 由于空气隙减小而被吸向铁心时,触点 9 闭合,同时信号牌掉下,发出动作信号。

从继电器动作到触点闭合的这段时间,即为继电器的延时时间。如图 6-7 为 GL 系列感应式电流继电器的时限特性曲线。当继电器线圈的电流越大,铝盘转得越快,扇形齿轮沿蜗杆上升的速度也越快,动作时间就越短,这种时限特性称为"反时限特性",如图 6 - 7 所示曲线的 abc 段。

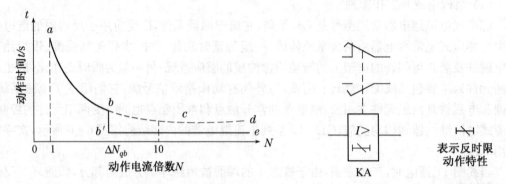

图 6 - 7　GL 电流继电器的动作特性曲线　　　　图 6 - 8　感应式电流继电器图形符号

随着线圈电流的继续增大,铁芯中的磁通逐渐达到饱和状态。这时,电磁转矩不再随电流增大而增大,从而继电器的动作时限也不再减小,即进入"定时限"部分,如图 6 - 7 曲线图中 cd 段。这种有一定限度的反时限特性,称为"有限反时限"特性。

当继电器线圈中的电流达到电磁系统的动作电流时,衔铁的右端被吸向铁芯,杠杆 7 向上运动使触点 9 瞬间闭合,电磁系统瞬时动作,同时也使信号牌掉下,进入曲线的"速断"部分,如图 6 - 7 所示曲线 $bb'e$。电磁系统的动作电流时间约为 $0.05\sim0.1$ s。

速断电流 I_{qb} 是指继电器线圈中使电流速断元件动作的最小电流。速断电流与感应元件的动作电流 I_{op} 之比称为速断电流倍数,用 N_{qb} 表示,即

$$N_{qb}=\frac{I_{qb}}{I_{op}} \tag{6-2}$$

常用的 GL - 10/20 系列电流继电器的速断电流倍数 $N_{qb}=2\sim8$。感应式电流继电器的图形文字符号如图 6 - 8 所示。

(2) 动作电流与动作时限的调节

继电器线圈具有若干抽头,用以调节继电器动作电流的整定值,还装有用以调整动作时间的整定机构。

继电器感应系统的动作电流是利用图 6 - 6 中的插销 12 改变继电器线圈的抽头来实现的,同时也可通过调节弹簧 17 的拉力来进行平滑细调。感应系统的动作时限可以通过转动螺杆 13 使挡板 14 上下移动,改变扇形齿轮的起始位置来调节。扇形齿轮与摇柄的距离越大,则在一定电流作用下,继电器动作时限越长。

由于 GL - 10 系列感应式继电器的动作时限与通过继电器线圈的电流大小有关,所以,继电器铭牌上标注的时间均指 10 倍动作电流的动作时间,其他电流值的动作时限可以从对应的时限特性曲线上查得。

继电器电磁系统的动作电流,可通过调节螺钉 18 改变衔铁右端与铁芯之间的空气隙来调节。气隙越大,速断动作电流越大。

GL - 10 系列感应式继电器的接点容量大,能实现直接跳闸。此外,继电器本身还具有机械掉牌装置。但是由于结构复杂,精确度较低,感应系统惯性较大,动作后不能及时返回,

为保证其动作选择性,必须加大时限阶段。

3. 静态型继电器

(1) 整流型继电器

随着半导体器件的生产,人们将其用于保护装置,构成了整流型继电保护装置,使维护工作大为减轻。

具有反时限特性的整流型继电器 LL－10 系列,保护性能与 GL－10 型继电器基本相同,可以取代后者使用。图 6－9 是 LL－10 系列电流继电器原理框图。图中的电压形成回路,整流滤波电路为测量元件,逻辑元件分为反时限部分(由起动元件和反比延时元件组成)和速断部分,它们共用一个执行元件(又称出口元件)。其中电压形成回路作用有两个:一是进行信号转换,把从一次回路传来的交流信号进行变换和综合,变为测量所需要的电压信号;二是起隔离作用,用它将交流强电系统与半导体电路系统隔离开来。LL－10 系统电流继电器的电压形成回路采用电抗变换器,它的结构特点是磁路带有气隙,因此不易饱和,使二次线圈的输出电压与一次线圈输入的被测电流成正比关系。

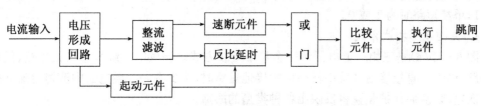

图 6－9　整流型电流继电器原理框图

(2) 晶体管型继电器

晶体管继电器与电磁式、感应式继电器相比,具有灵敏度高、动作速度快、功耗少、体积小、质量轻、寿命长、工作可靠等突出的优点,因此晶体管继电器得到了快速的发展。

晶体管型与整流型继电器在保护测量原理上有许多共同之处。它是利用晶体管的开关特性控制执行继电器的动作。一般由电压形成回路、起动回路、时限回路、出口信号回路组成。

现代晶体管保护已为集成电路保护所取代,成为第二代静态型保护,称为模拟式保护装置。

(三)电流保护的接线方式

电流保护的接线方式是指电流继电器与电流互感器的连接方式。常用的接线方式有三种:完全星形接线、不完全星形接线、两相电流差接线,如图 6－10 所示。

如图所示,图(a)和图(b)接线方式中,通过继电器的电流就是流过电流互感器二次侧的电流;对于图(c)而言,流过继电器的电流则是两相电流差,即 $\dot{I}_K=\dot{I}_u-\dot{I}_w$。也就是说,接线方式的不同,通过继电器的电流与互感器二次电流是不相同的。因此为说明继电器线圈的电流与电流互感器二次电流的关系,引入接线系数,定义为流入继电器的电流与电流互感器二次电流的比值,即

$$K_w=\frac{I_K}{I_2} \tag{6-3}$$

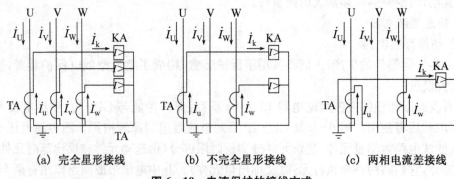

(a) 完全星形接线   (b) 不完全星形接线   (c) 两相电流差接线

图 6 - 10　电流保护的接线方式

式中：I_K 为通过继电器的电流；I_2 为电流互感器的二次电流。

对星形接线方式，流过继电器的电流就是互感器的二次电流，所以其接线系数 $K_w = 1$。对于两相电流差接线在不同短路形式下，K_w 是不同的，对称短路时 $K_w = \sqrt{3}$，两相短路时为 2 或 1，单相短路时为 1 或 0。

1. 完全星形接线方式

图 6 - 10(a) 是三相三继电器的完全星形接线方式。当供电系统发生三相短路、任意两相短路、中性点直接接地系统中任一单相接地短路时，至少有一个继电器中流过电流互感器的二次电流，从而保护装置将反映出各种类型的故障。

该接线方式不仅能应用各种类型的短路故障，而且灵敏度相同，因此它的适用范围较广，但这种接线方式所用设备较多，投资大，主要用在直接接地系统中作相间短路和单相接地短路保护，在中小型用户供配电系统中应用较少。

2. 不完全星形接线方式

图 6 - 10(b) 是两相两继电器的不完全星形接线方式。两相电流互感器统一装设在 U、W 两相上，当发生三相短路和任意两相短路时，至少有一个继电器中流过互感器二次侧电流而动作，且各种相间短路时，接线系数 $K_w = 1$。但是，没有装设电流互感器的一相发生单相接地故障时，保护装置则不动作。

这种接线方式使用设备较少，因此多用于中性点不直接接地系统中做相间短路保护用。

当在 Y,d 或 D,y 接线变压器后面发生两相短路时，过流保护若采用此接线方式，其灵敏度将大大降低。为了克服这个缺点，可在不完全星形接线的中线上接入一个继电器，如图 6 - 11 所示。经分析可知，流经该继电器的电流：$\dot{I}_N = \dot{I}_u + \dot{I}_w = -\dot{I}_v$。因此，这种接线方式较两相两继电器接线方式的灵敏度可提高 1 倍。

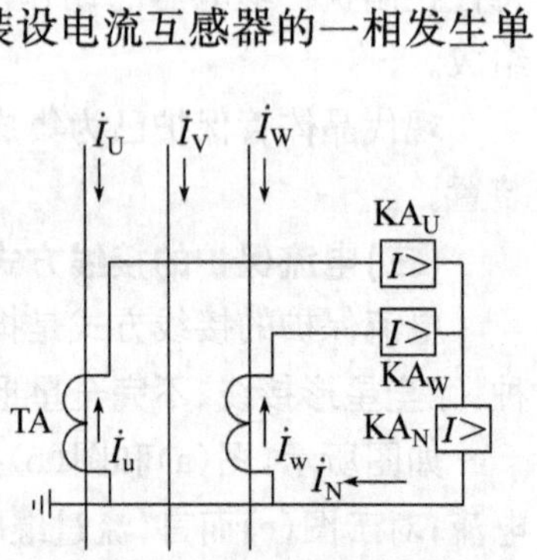

图 6 - 11　两相三继电器式不完全星形接线

3. 两相电流差接线方式

图 6 - 10(c) 是两相一继电器的电流差接线方式。因为流入继电器的电流为 U、W 两相电流互感器二次电流之差，所以称为两相电流差接线。

　　该接线方式在正常工作时和发生三相短路时,流入电流继电器的电流 I_K 为电流互感器二次电流的 $\sqrt{3}$ 倍,所以其接线系数为 $K_w = \sqrt{3}$。当 U、V 两相或 V、W 两相短路时,流入继电器的电流等于互感器的二次电流,其接线系数 $K_w = 1$。当 U、W 两相短路时,流入继电器的电流为互感器二次电流的 2 倍,其接线系数 $K_w = 2$。当 V 相发生单相接地短路时,因为继电器中没有电流流过,所以继电器不会动作。

　　由上分析可知,两相电流差接线方式能够反映各种相间短路故障,只是在不同的相间短路时,灵敏度不同。由于它对 V 相的单相短路不能反映,因此只能用作相间短路保护。这种接线方式灵敏度较低,所以一般用作电动机和不太重要的 10 kV 及以下线路的过流保护。

　　两相电流差接线方式对 Y, d 或 D, y 接线的变压器后面若发生 U、V 两相短路时,保护装置不能反应,所以这种接线方式不能用来保护 Y, d 或 D, y 接线的变压器。

三、任务布置

实训　熟悉电流继电器的特性

1. 任务实施步骤

(1) 电流继电器的动作电流和返回电流测试

　　选择 THEEGP - 1 型继保及电气二次实训柜的一只 DL - 24C/6 型电流继电器,确定动作值并进行初步整定。本实训中整定值为 2A 及 4A 的两种工作状态。

　　按图 6 - 12 接线,检查无误后,起动电源,调节自耦调压器或变阻器,缓慢增大输出电流,使继电器动作。读取能使继电器动作的最小电流值,即使常开

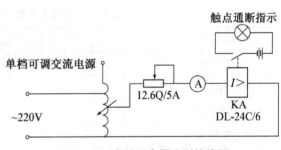

图 6 - 12　电流继电器实训接线图

触点由断开变成闭合的最小电流,并记录。继电器动作后,反向调节自耦调压器及变阻器缓慢降低输出电流,使触点开始返回至原来位置时的最大电流称为返回电流,读取此值记录,并计算返回系数。

　　以上实训,要求平稳单方向地调节电流实训参数值,并应注意舌片转动情况。如遇到舌片有转动,则动作值与返回值的测量应重复三次,每次测量值与整定值的误差不应大于 $\pm 3\%$,否则应检查轴承和轴尖。

　　在实训中,除了测试整定点的技术参数外,还应进行刻度检验。

(2) 动作值的调整

　　① 继电器的整定指示器在最大刻度值附近时,主要调整舌片的起始位置,以改变动作值,为此可调整右下方的舌片起始位置限制螺杆。当动作值偏小时,调节限制螺杆使舌片的起始位置远离磁极;反之则靠近磁极。

　　② 继电器的整定指示器在最小刻度值附近时,主要调整弹簧,以改变动作值。

　　③ 适当调整触点压力也能改变动作值,但应注意触点压力不宜过小。

（3）返回系数的调整

返回系数不满足要求时应予以调整。影响返回系数的因素较多，如轴间的光洁度、轴承清洁情况、静触点位置等，但影响较显著的是舌片端部与磁极间的间隙和舌片的位置。返回系数的调整方法有：

① 调整舌片的起始角和终止角

调节继电器右下方的舌片起始位置限制螺杆，以改变舌片起始位置角，此时只能改变动作电流，而对返回电流几乎没有影响，故可用改变舌片的起始角来调整动作电流和返回系数。舌片起始位置离开磁极的距离越大，返回系数越小；反之，返回系数越大。

调节继电器右上方的舌片终止位置限制螺杆，以改变舌片终止位置角，此时只能改变返回电流而对动作电流则无影响，故可用改变舌片的终止角来调整返回电流和返回系数。舌片终止角与磁极的间隙越大，返回系数越大；反之，返回系数越小。

② 不调整舌片的起始角和终止角位置，而变更舌片两端的弯曲程度以改变舌片与磁极间的距离，也能达到调整返回系数的目的。该距离越大，返回系数也越大；反之，返回系数越小。

③ 适当调整触点压力也能改变返回系数，但应注意触点压力不宜过小。

2. 任务要求

记录电流继电器的动作电流、返回电流值，并计算返回系数。

表 6-1　电流继电器实训结果记录表

整定电流 I/A	2 A			继电器两线圈的接线方式选择为：	4 A			继电器两线圈的接线方式选择为：
测试序号	1	2	3		1	2	3	
实测起动电流 I_{op}								
实测返回电流 I_{re}								
返回系数 K_{re}								
求每次实测起动电流与整定电流的误差%								

3. 问题思考

分析本技能训练中的实验结果是否符合要求。

四、课后习题

1. 填空题

（1）供配电系统对继电保护装置的四项基本要求是＿＿＿＿、＿＿＿＿、＿＿＿＿和＿＿＿＿。

（2）常见的继电保护接线方式有＿＿＿＿、＿＿＿＿和＿＿＿＿。

（3）反时限过电流保护的动作时限与＿＿＿＿的大小有关。

2. 选择题

（1）电力系统在运行中发生短路故障时，通常伴随着电压（　　）。

　　A. 大幅度上升　　B. 急剧下降　　C. 越来越稳定　　D. 不受影响

(2) 主保护拒动时,用来切除故障的保护是( )。

  A. 后备保护   B. 辅助保护

  C. 异常运行保护   D. 差动保护

(3) 电流继电器的文字符号为( )。

  A. KA   B. KV   C. KT   D. KM

3. 判断题

(1) 电力系统继电保护及安全自动装置(简称继电保护)是保证电网安全稳定运行的必备手段,系统中任何运行设备不得无保护运行。   ( )

(2) 上、下级保护间只要动作时间配合好,就可以保证选择性。   ( )

(3) 电流互感器不完全星形接线,不能反映所有的接地故障。   ( )

4. 简答题

(1) 继电保护的基本任务有哪些? 继电保护装置一般由哪几部分组成? 它们的作用各如何?

(2) 继电保护快速切除故障对电力系统有哪些好处?

(3) 试解释动作电流、返回电流、返回系数、接线系数的含义。

(4) 为什么反应参数增加的继电器其返回系数 K_{re} 总是小于 1,而反应参数减小 K_{re} 总是大于 1?

(5) 对 GL 型电流继电器应如何调整其动作电流? 如何调整其动作时间? 如何调整其速断电流倍数?

(6) 保护装置的接线方式有何特点? 各适用于什么场合?

任务 2 电网的过电流保护

知识教学目标

1. 熟悉各种电流保护方法的接线、工作原理。

2. 熟悉各种电流保护方法的整定计算、灵敏度要求。

3. 熟悉各种保护配合使用时时限的确定。

4. 掌握三段式电流保护的保护性能。

能力培养目标

1. 认识各种电流保护接线图,能够看图分析其工作过程。

2. 能根据实际供电系统数值,确定出保护接线方案、动作电流、动作时间。

3. 能够计算出两种保护装置配合使用时,各个保护装置的动作电流和动作时限。

一、任务导入

为完成继电保护的任务,首先需要正确区分电力系统正常运行与发生故障或不正常运行状态之间的差别,找出电力系统被保护范围内电气器件(输电线路、发电机、变压器等)发生故障或不正常运行时的特征,配置完善的保护以满足继电保护的要求。

电力系统不同电气器件故障或不正常运行时的特征可能是不同的,但在一般情况下发生短路故障之后,总是伴随电流突然增大、电压骤然下降、电流与电压间的相位发生变化和测量阻抗发生变化等。利用正常运行时这些基本参数与故障后的稳定值间的区别,可以构成不同稳态原理的继电保护。例如反应电流增大的过流保护,反应电压下降的低电压保护,反应故障点到保护安装处之间距离的距离保护,反应电流、电压间相位的方向保护等。

二、相关知识

过电流保护就是利用电流增大的特点构成的保护装置。过电流保护一般分为定时限过电流保护、反时限过电流保护、无时限的电流速断保护和有时限电流速断保护等。

(一) 定时限过电流保护

所谓定时限过电流保护是将被保护设备的二次电流接入到过电流继电器中,当电流超过规定值(即保护装置的整定值)时就动作,并以一定的时间(即保护满足选择性配合所需的时间)动作于断路器跳闸的一种保护装置。

1. 保护装置的工作原理

在单侧电源的辐射式电网中,定时限过电流保护装置装设在线路的供电端,其接线如图6-13所示。图中 TA 为电流互感器;KA 为电磁式电流继电器,作为过电流保护的起动元件;KT 为时间继电器,作为保护的时限元件;KS 为信号继电器,作为保护的信号元件;KM 为中间继电器,作为保护的执行元件;YR 为断路器的跳闸线圈;QF$_1$ 为断路器操作机构控制的辅助常开触点。本保护采用完全星形接线方式。

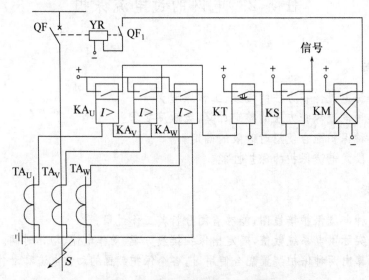

图 6-13 定时限过电流保护接线图

正常情况下,线路中流过工作电流,小于继电器的动作电流,继电器不动作。当保护范围内发生短路故障时,流过线路的电流增加,当电流达到电流继电器的整定值时,电流继电器动作,闭合其常开触点,使时间继电器 KT 线圈带电。经过一定延时后,KT 常开触点闭合,接通信号继电器 KS 线圈回路,KS 触点闭合,接通灯光、音响回路。信号继电器本身也具有掉牌显示,指示该保护装置动作。在 KT 触点闭合接通信号继电器的同时,中间继电器 KM 线圈也同时有电,其触点闭合使断路器跳闸线圈 YR 带电,动作于断路器 QF 跳闸,切除故障线路。断路器跳闸后,QF₁ 随即打开,断开断路器跳闸线圈回路,以避免直接用 KM 触点断开跳闸线圈时,其触点被电弧烧坏。短路电流消失后,继电器返回,完成保护装置的全部动作过程。

2. 保护装置的时限特性

图 6-14 为单侧电源的辐射式线路。下面以该线路为例说明定时限过电流保护的时限特性。

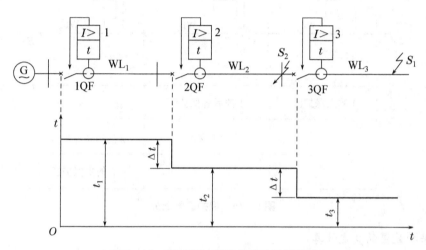

图 6-14 定时限过电流保护的时限特性

线路 WL_1,WL_2,WL_3 分别装设定时限过电流保护装置,当线路 WL_3 的 S_1 点发生短路时,短路电流由电源经过线路 WL_1,WL_2,WL_3 流至短路点 S_1。当短路电流大于各保护装置的动作电流时,则三个过流保护装置都将启动。但根据选择性要求,距故障点最近的保护装置 3 应动作使 3QF 跳闸,切除故障。而保护装置 1、2 的电流继电器,在故障切除后应可靠返回不作用于跳闸。因此,为了保证保护装置动作的选择性必须使保护装置 1、2 的动作时限大于保护装置 3 的动作时限。这样,当保护装置 3 动作于跳闸后,保护装置 1、2 即可自动返回。因此,各保护间动作时限的配合应满足

$$\left.\begin{array}{l} t_1 > t_2 > t_3 \\ t_2 = t_3 + \Delta t \\ t_1 = t_2 + \Delta t = t_3 + 2\Delta t \end{array}\right\} \quad (6-4)$$

式中:t_1、t_2、t_3 为保护装置 1、2、3 的动作时限整定值,单位为 s;Δt 为相邻两保护之间的时限级差,单位为 s。

可见,保护的动作时限从线路的末端到电源逐级增加,越接近电源,动作时限越长。这种确定保护动作时限的方法称为时限的阶梯原则。相邻两保护的时限级差,取决于断路器的跳闸时间和时限元件的动作误差,再考虑一定的裕量时间,一般定时限过电流保护的时限

级差取 $\Delta t=0.5\sim0.7\,s$，反时限过电流保护的级差取 $\Delta t=0.7\sim0.9\,s$。

定时限过电流保护装置的动作时限是由时间继电器的整定值决定的，只要通过电流继电器的电流大于其动作电流值，保护装置就会起动，而其动作时限的长短与短路电流的大小无关。所以把具有这种时限特性的过电流保护称为定时限过电流保护。

为了保障在保护装置拒绝动作时能可靠地将故障切除，每段线路的保护装置，除应保护本线路外，还应作为下一级相邻线路的后备保护，如图 6-15 所示。如当 S_1 点发生短路故障时，线路 WL_3 的保护装置 3 如果拒动，则经过一定延时后保护装置 2 动作，将故障切除，所以保护装置 2 是线路 WL_3 的后备保护。

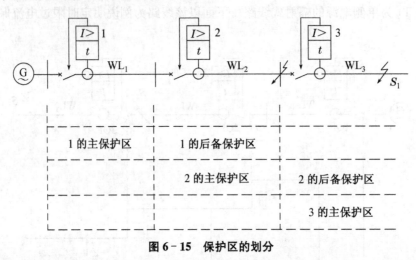

图 6-15 保护区的划分

3. 保护装置的整定计算

整定计算就是选择保护装置的动作电流和动作时限。

(1) 动作电流的整定

过电流保护装置的动作电流应按以下两个条件进行整定。

① 应能躲过正常最大工作电流 $I_{w\cdot\max}$，其中包括考虑电动机起动和自起动等因素造成的影响，这时保护装置不应动作，即

$$I_{op}>I_{w\cdot\max}$$

式中：I_{op} 为保护装置的动作电流；$I_{w\cdot\max}$ 为线路最大工作电流。

② 当保护装置未达到动作时限，线路中电流又恢复到最大工作电流时，已起动的继电器应可靠返回。这时应考虑到短路被切除后，系统电压将恢复，一些电动机会自起动，将会有很大的负荷电流流过继电器。因此，要求继电器的返回电流 I_{re} 大于线路最大工作电流，即

$$I_{re}>I_{w\cdot\max}$$

式中，I_{re} 为保护装置的返回电流。若考虑继电器动作电流的误差及最大工作电流计算上不准确的因素，则引入可靠系数 K_k，一般取 $1.15\sim1.25$。

由于继电器的返回系数 $K_{re}=I_{re}/I_{op}$，所以保护装置一次动作电流为

$$I_{op}=\frac{I_{re}}{K_{re}}=\frac{K_k}{K_{re}}I_{w\cdot\max}=\frac{K_kK_{st}}{K_{re}}I_{ca} \tag{6-5}$$

考虑保护装置的接线系数 K_w，电流互感器的变比 K_i，则继电器的动作电流 $I_{op \cdot k}$ 为

$$I_{op \cdot k} = \frac{K_w}{K_i}I_{op} = \frac{K_wK_k}{K_iK_{re}}I_{w \cdot max} = \frac{K_wK_kK_{jt}}{K_iK_{re}}I_{ca} \tag{6-6}$$

式中，继电器的返回系数 K_{re}：对 DL 型继电器取 0.85；对 GL 型继电器取 0.8；对晶体管继电器取 0.85~0.9。

（2）灵敏度校验

按躲过最大工作电流整定的过流保护装置，能保证在线路正常工作时，过电流保护装置不会误动作。但是，还需要保证在被保护范围内发生短路故障时，保护装置都能灵敏动作。这一点由灵敏度系数来保障，保护装置的动作灵敏度可用下式校验

$$\left.\begin{array}{l} K_r = \dfrac{I_{s \cdot min}^{(2)}}{I_{op}} \\[3mm] K_r = \dfrac{I_{s \cdot min}^{(2)}}{K_iI_{op \cdot k}} \end{array}\right\} \tag{6-7}$$

式中：K_r 为保护装置的灵敏系数；$I_{s \cdot min}^{(2)}$ 为保护区末端的最小两相短路电流，单位为 A；I_{op} 为保护装置一次侧的动作电流，单位为 A；K_i 为电流互感器的变比；$I_{op \cdot k}$ 为继电器的动作电流，单位为 A。

灵敏度系数的最小允许值，对于主保护区要求 $K_r \geqslant 1.5$；对于后备保护区要求 $K_r \geqslant 1.2$。

保护装置灵敏度不满足要求时，必须采取措施提高灵敏系数，如改变保护装置的接线方式、降低继电器的动作电流、提高继电器的返回系数等。如仍达不到灵敏系数要求时，应改变保护方案。

（3）保护装置的时限整定

定时限过电流保护装置的时限整定，应遵守时限阶梯原则。为了使保护装置以可能的最小时限切除故障线路，位于电网末端的过电流保护装置不设延时元件，其动作时限等于电流继电器和中间继电器本身固有的动作时间之和，约为 0.07~0.09 s。

靠近电源各级保护装置的动作时限，取决于时限级差 Δt 的大小，Δt 越小，各级保护装置的动作时限越小，但不可过小，否则不能保证选择性。

【例 6-1】 设图 6-14 为中性点对地绝缘的供电系统，线路 WL$_2$ 的最大工作电流为 170 A，在最小运行方式下，S_1 点的三相短路电流为 500 A，S_2 点的三相短路电流为 700 A。试确定保护装置 2 的接线方式、动作电流和动作时限（设电流互感器的变比为 200/5）。

解：

1. 采用差接线

电流继电器动作电流

$$I_{op \cdot k} = \frac{K_kK_w}{K_{re}K_i}I_{w \cdot max} = \frac{1.2 \times \sqrt{3}}{0.85 \times 200/5} \times 170\ \text{A} = 10.39\ \text{A}$$

灵敏度校验：

对主保护区 $\qquad K_r = \dfrac{I_{s2 \cdot min}^{(2)}}{K_iI_{op \cdot k}} = \dfrac{0.866 \times 700}{200/5 \times 10.39} = 1.46 < 1.5$

对后备保护区 $\qquad K_r = \dfrac{I_{s1 \cdot min}^{(2)}}{K_iI_{op \cdot k}} = \dfrac{0.866 \times 500}{200/5 \times 10.39} = 1.04 < 1.2$

以上计算说明采用差接线,保护装置的灵敏度不符合要求,因此改用不完全星形接线。

2. 采用不完全星形接线

电流继电器的动作电流

$$I_{op \cdot k} = \frac{K_k K_w}{K_{re} K_i} I_{w \cdot max} = \frac{1.2 \times 1}{0.85 \times 200/5} \times 170 \text{ A} = 6 \text{ A}$$

灵敏度校验:

对主保护区

$$K_r = \frac{I_{s2 \cdot min}^{(2)}}{K_i I_{op \cdot k}} = \frac{0.866 \times 700}{200/5 \times 6} = 2.53 > 1.5$$

对后备保护区

$$K_r = \frac{I_{s1 \cdot min}^{(2)}}{K_i I_{op \cdot k}} = \frac{0.866 \times 500}{200/5 \times 6} = 1.80 > 1.2$$

通过上述校验,说明采用不完全星形接线,保护装置的灵敏度符合要求。

3. 时限确定

设保护装置 3 位于电网末端,应设瞬时保护装置,其动作时限 $t_3 = 0$ s,时限级差取 $\Delta t = 0.5$ s,则保护装置 2 的动作时限为

$$t_2 = t_3 + \Delta t = (0 + 0.5)\text{s} = 0.5 \text{ s} \qquad (6-8)$$

(二)反时限过电流保护

反时限过电流保护的特点是在同一线路不同地点短路时,由于短路电流大小不同,因而保护具有不同的动作时限。短路点越靠近电源端,短路电流越大,动作时限越短。

图 6-16 是由 GL 型感应式电流继电器构成的反时限过电流保护装置(不完全星形接线)。GL 型感应式电流继电器既有起动元件,又有时限元件和掉牌显示信号装置,所以,可以不用时间继电器和信号继电器。同时,该继电器触点容量较大,能直接作用于跳闸,可不用中间继电器。因此,该保护装置所用设备较少,接线简单。

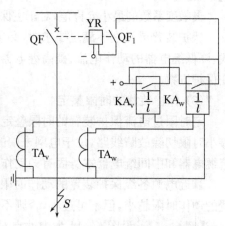

图 6-16 反时限过电流保护装置接线圈

1. 动作电流的计算

反时限过电流保护装置的动作电流整定计算、灵敏度校验,除计算动作电流时可靠系数取 1.2~1.4 外,其他与定时限过电流保护装置相同,此处不再赘述。

2. 动作时限的配合

为了保证动作的选择性,反时限过电流保护动作时限的整定,也应满足时限的阶梯原则,但由于感应式电流继电器的动作时限与短路电流的大小有关,因此相邻线路之间的时限配合较为复杂。由于保护装置的动作时限与短路电流的大小有关,为此多级反时限过流保护动作时限的配合应首先选择配合点,使之在配合点上两级保护的时限级差为 Δt。下面以图 6-17 中保护装置 1 为例说明时限整定的方法。

图 6-17 中,保护装置 1、2 均为反时限,配合点应选在线路 WL_2 始端 S_1 点。因为此点短路时,流过保护 1、2 两个保护装置的电流最大,两级保护动作时间之差最小(曲线 1 与曲

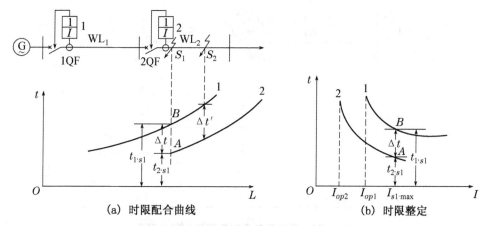

(a) 时限配合曲线　　　　(b) 时限整定

图 6-17　反时限过电流保护的时限配合

线 2 的间距最小)。若在此点(S_1 点)发生最大三相短路时能满足 1、2 两个保护装置的时限级差不小于 Δt,则其他各点的时限级差均能满足选择性要求。

设保护装置 2 的动作时限已确定[图 6-17(b)中的曲线 2],在整定保护装置 1 的动作时限时,应先计算出配合点 S_1 处的最大三相短路电流 $I_{s1 \cdot \max}^{(3)}$,然后确定在此短路电流作用下保护装置 2 的动作时限 $t_{2 \cdot s1}$,即图 6-17(a)中曲线的 A 点。在此短路电流的作用下,保护装置 1 也会起动,按照选择性要求,其动作时限 $t_{1 \cdot s1}$ 应比保护装置 2 在此点的动作时限 $t_{2 \cdot s1}$ 大一时限级差 Δt,即

$$t_{1 \cdot s1} = t_{2 \cdot s1} + \Delta t \tag{6-9}$$

感应式继电器的铝盘有转动惯性,动作时限的误差较大,故其动作时限级差一般取 $\Delta t = 0.7 \sim 0.9$ s。

在实际整定保护装置 1 时,首先根据动作电流 I_{op1} 选好继电器电流调整插销的位置,然后根据 S_1 点的最大三相短路电流 $I_{s1 \cdot \max}^{(3)}$ 及动作时限 $t_{1 \cdot s1}$ 调整继电器的时限特性曲线,即当线路中流过 $I_{s1 \cdot \max}^{(3)}$ 时,其动作时限恰好是整定时限 $t_{1 \cdot s1}$。

前述为两个反时限过电流保护配合时动作时限的确定方法,当定时限过电流保护与反时限过电流保护配合时,则应取线路 WL_2 末端 S_2 点两保护装置 1 和 2 的时限配合点。由图 6-18 可看出,在保护 1 与保护 2 的重叠保护区内,在 S_2 点两保护装置的动作时限级差最小。如果保护装置 2 在 S_2 点短路时其动作时限为 $t_{2 \cdot s2}$,为了满足选择性要求,则保护 1 的动作时限应为 $t_1 = t_{2 \cdot s2} + \Delta t$,此时时限级差一般取 $\Delta t = 0.7$ s。

反时限过电流保护装置的优点是:在线路靠近电源端短路时,其动作时间较短,且保护的接线简单。其缺点是:时限配合较复杂,误差较大,虽然每条线路靠近电源时动作时限比该线路末端短路时动作时限短,但当线路数较多时,由于其 Δt 较大,电源侧线路的保护装置动作时限反而较定时限保护有所延长。

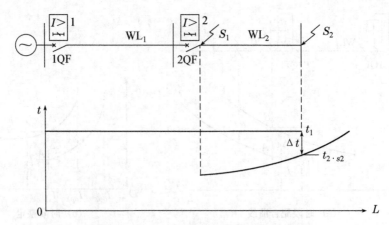

图 6-18 定时限与反时限保护的时限配合

【例 6-2】 某 6 kV 供电线路如图 6-19 所示,线路 WL_1,WL_2 均装设反时限过电流保护装置。已知保护装置的动作电流 $I_{op2 \cdot k} = 8$ A,10 倍动作电流时的动作时限为 0.7 s,线路 WL_1 的最大工作电流为 190 A,S_1 点的三相短路电流 $I_{s1 \cdot max}^{(3)} = 1\ 000$ A,$I_{s1 \cdot min}^{(3)} = 800$ A,S_2 点的三相短路电流 $I_{s2 \cdot min}^{(3)} = 600$ A。若保护装置采用不完全星形接线,试整定保护装置 1 的动作电流和动作时限。

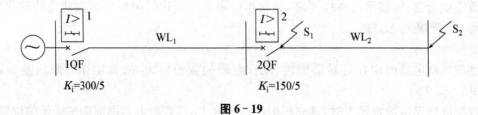

图 6-19

解:

1. **保护装置动作电流的整定**

电流继电器的动作电流

$$I_{op1 \cdot k} = \frac{K_k K_w}{K_{re} K_i} I_{w \cdot max} = \frac{1.2 \times 1}{0.8 \times 300/5} \times 190 \text{ A} = 4.75 \text{ A}$$

因此,保护装置 1 的动作电流整定为 5 A。

灵敏度校验:

对主保护区

$$K_r = \frac{I_{s1 \cdot min}^{(2)}}{K_i I_{op1 \cdot k}} = \frac{0.866 \times 800}{300/5 \times 5} = 2.31 > 1.5$$

对后备保护区

$$K_r = \frac{I_{s2 \cdot min}^{(2)}}{K_i I_{op1 \cdot k}} = \frac{0.866 \times 600}{300/5 \times 5} = 1.73 > 1.2$$

因此,满足灵敏系数的要求。

2. **计算保护装置 2 的实际动作时限 $t_{2 \cdot s1}$**

已知 $I_{op2 \cdot k} = 8$ A,10 倍动作电流时间为 0.7 s,S_1 点短路时流过保护装置 2 电流继电器的电流 $I_{k2 \cdot s1}$ 和动作电流倍数 N_2 为

$$I_{k2 \cdot s1} = \frac{K_w I_{s1 \cdot \max}^{(3)}}{K_i} = \frac{1\,000}{150/5}\text{A} = 33.3\text{ A}$$

$$N_2 = \frac{I_{k2 \cdot s1}}{I_{op2 \cdot k}} = \frac{33.3}{8} = 4.2$$

根据动作电流倍数 $N_2 = 4.2$，查图 6-19，可得 $t_{2 \cdot s1} = 1$ s。

3. 保护装置 1 的时限整定

保护装置 1 在 S_1 点发生最大三相短路电流时的动作时限应为

$$t_{1 \cdot s1} = t_{2 \cdot s1} + \Delta t = (1 + 0.7)\text{s} = 1.7\text{ s}$$

S_1 点发生最大三相短路时，流过保护装置 1 电流继电器的电流 $I_{k1 \cdot s1}$ 和动作电流倍数 N_1 为

$$I_{k1 \cdot s1} = \frac{K_w I_{s1 \cdot \max}^{(3)}}{K_i} = \frac{1 \times 1\,000}{300/5}\text{A} = 16.5\text{ A}$$

$$N_1 = \frac{I_{k1 \cdot s1}}{I_{op1 \cdot k}} = \frac{16.5}{5} = 3.3$$

根据 $N_1 = 3.3$，$t_{1 \cdot s1} = 1.7$ s，在图 6-20 中可确定 A 点，然后比照图中其他曲线绘制一条通过 A 点的曲线 1，该曲线即为保护装置 1 的保护特性曲线。欲绘制准确的特性曲线，需根据试验数据，采取逐点作图的方法绘制。

由图可知，保护装置 1 的 10 倍动作电流时的动作时间为 0.8 s。

（三）电流速断保护

从上述过流保护可看出，为了保证动作的选择性，前一级保护的动作时限要比后一级保护的动作时限延长一个时限阶段 Δt。这样，越靠近电源端，保护装置的动作

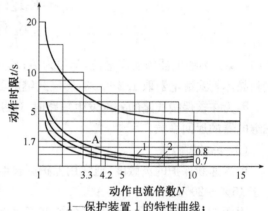

1—保护装置 1 的特性曲线；
2—保护装置 2 的特性曲线

图 6-20　GL-11/10 型继电器的特性曲线

时限越长，而越靠近电源短路时的短路电流越大，因此短路的危害就更加严重。为了克服这个缺点，可加装无时限或有时限电流速断保护。

1. 无时限电流速断保护

（1）动作电流的整定

电流保护的整定值，如果按躲过保护区外部的最大短路电流原则来整定，即是把保护范围限制在被保护线路的一定区段之间，就可以完全依靠提高动作电流的整定值获得选择性。因此，可以做成无时限的瞬动保护，即电流速断保护。

图 6-21 中线路 WL_1，WL_2 上分别装有电流速断保护装置 1 和 2。图中给出了在线路不同地点短路时，短路电流 I_s 与距离 L 的关系曲线。图中曲线 1 是系统最大运行方式下，三相短路电流的曲线；曲线 2 是系统最小运行方式下，两相短路电流的曲线。

当线路 WL_2 始端 S_2 点短路时，为了保证动作的选择性，由速断保护装置 2 动作切除故障线路，而速断保护 1 不应动作。为此，速断保护 1 的一次动作电流 I_{op1} 必须大于被保护线

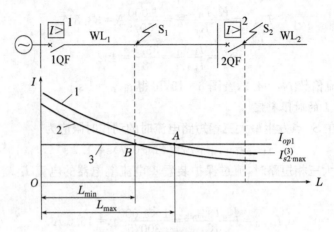

图 6-21　电流速断保护图解

路末端的最大短路电流 $I_{s2 \cdot \max}^{(3)}$，即

$$\left. \begin{array}{l} I_{op1} = K_k I_{s2 \cdot \max}^{(3)} \\[2mm] I_{op1 \cdot k} = \dfrac{K_k K_w}{K_i} I_{s2 \cdot \max}^{(3)} \end{array} \right\} \tag{6-10}$$

式中：$I_{op1 \cdot k}$ 为继电器的动作电流，单位为 A；K_w 为保护装置接线系数；K_k 为可靠系数，电磁式和晶体管式继电器取 1.2～1.3，感应式继电器取 1.4～1.5，对脱扣器取 1.8～2.0。

因为在被保护线路的外部发生短路时，速断装置不动作，所以在计算动作电流时，不考虑继电器的返回系数。

（2）灵敏度校验

电流速断保护的灵敏度，通常用保护区长度与被保护线路全长的百分比表示，一般应不小于 15%～20%。

由图 6-21 看出，最小保护区的长度可由最小运行方式下两相短路电流曲线 2，与保护装置的动作电流直线 3 的交点 B 求得，即

S_1 点的最小两相短路电流为

$$I_{s1 \cdot \min}^{(2)} = \frac{U_{av}}{2(X_{1 \cdot \min} + x_0 L_{\min})}$$

解得最小运行方式下两相短路时的线路保护长度为

$$L_{\min} = \frac{1}{x_0} \left(\frac{U_{av}}{2 I_{s1 \cdot \min}^{(2)}} - X_{1 \cdot \min} \right) \tag{6-11}$$

式中：U_{av} 为线路的平均电压，单位为 V；$L_{\min}$ 为速断装置 1 保护区的最小长度，单位为 km；$X_{1 \cdot \min}$ 为最小运行方式下速断装置 1 安装处前的系统电抗值，单位为 Ω；x_0 为线路的每千米电抗，单位为 Ω/km。

（3）电流速断保护的"死区"

由于电流速断保护的动作电流是按躲过线路末端的最大短路电流整定的，所以电流速断保护只能保护线路的一部分，不能保护线路的全长。其中没有受到保护的一段线路，称为电流速断保护的"死区"。

图 6-21 中直线 3 表示速断装置 1 的动作电流 I_{op1}；直线 3 与曲线 1 的交点 A 到线路始端 L_{max}，是速断装置 1 对最大三相短路电流的保护范围；直线 3 与曲线 2 的交点 B 到线路始端的距离 L_{min}，是电流速断装置 1 对最小两相短路电流的保护范围。由此可看出，电流速断装置的保护范围不但与短路故障的种类有关，还与电力系统的运行方式有关。一般规定，在最小运行方式下，保护范围应不小于被保护线路全长的 15%～20%。

由此可知，无时限电流速断保护接线简单、动作迅速可靠，其主要缺点是不能保护线路全长，并且保护范围直接受系统运行方式变化的影响。当系统运行方式变化很大，或者被保护线路长度很短时，速断保护可能没有保护范围。

2. 有时限电流速断保护

由于无时限电流速断保护不能保护线路的全长，因此可增加一段带时限的电流速断保护，用以保护无时限电流速断保护不到的那段线路上的故障，并作为无时限电流速断保护的后备保护。

有时限电流速断保护装置要保护线路的全长，则其保护范围必须要延伸到下一级线路。为了满足保护装置动作的选择性和速动性的要求，在无时限电流速断的基础上增加一时限级差 $\Delta t(0.5\,\text{s})$，便构成有时限电流速断保护装置。

由无时限电流速断装置和有时限电流速断装置组成的保护装置称为两阶段速断装置，无时限的称为第一级速断装置，有时限的称为第二级速断装置。

图 6-22 所示为时限速断与无时限速断保护装置图解。WL_1，WL_2 均装设两阶段的速断保护装置，图中曲线 1 为沿线各点最大三相短路电流的变化曲线。为了保证动作的选择性，保护 1 的第二级速断装置应该与保护 2 的第一级速断装置相配合，使前者的保护范围不超过后者的保护范围，所以线路 WL_1 的限时电流速断保护的动作电流要比 WL_2 线路的瞬时速断装置的动作电流大。即

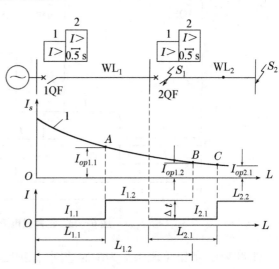

图 6-22　时限速断与无时限速断保护的配合

$$I_{op1\cdot2}=K_k I_{op2\cdot1}$$

$$I_{op1\cdot2k}=\frac{K_k}{K_i}I_{op2\cdot1} \tag{6-12}$$

式中：K_k 为可靠系数，取 1.1～1.15；$I_{op1\cdot2}$ 为前一级（WL_1）线路第二级速断装置的动作电流；$I_{op2\cdot1}$ 为后一级（WL_2）线路第一级速断装置的动作电流；$I_{op1\cdot2k}$ 为前一级（WL_1）线路第二级速断装置继电器的动作电流。

限时电流速断装置的灵敏度，应按线路末端最小两相短路电流校验，即

$$K_r=\frac{I_{s1\cdot min}^{(2)}}{K_i I_{op1\cdot2k}}\geqslant1.25 \tag{6-13}$$

第一级速断装置的整定计算如前面所述。

由图 6-22 可看出,当 WL$_2$ 线路在 C 点以后发生短路时(如 S$_2$ 点),线路 WL$_2$ 的第二级速断装置动作,使继电器 2QF 跳闸。当 WL$_2$ 线路在 B 点以前发生短路时(如 S$_1$ 点),线路 WL$_2$ 的第一级和第二级速断与线路 WL$_1$ 的第二级速断装置都将启动,WL$_2$ 的第一级速断装置首先动作于 2QF 跳闸,切除线路 WL$_2$。此时线路 WL$_2$ 的第二级速断装置和线路 WL$_1$ 的第二级速断装置返回,从而保证了选择性。

3. 三段式电流保护

从以上讨论可知,采用两阶段的速断装置可使线路全长得到保护,发生故障时可瞬时切除或经过一个时限阶段 Δt 切除故障线路。缺点是各线路的末端无后备保护,因此仍要与过流保护装置配合使用,构成具有较好保护性能的三段式电流保护装置。通常把无时限电流速断称为第 Ⅰ 段保护,限时电流速断称为第 Ⅱ 段保护,定时限过流保护称为第 Ⅲ 段保护。它们各自的保护范围和时限配合关系,如图 6-23 所示。

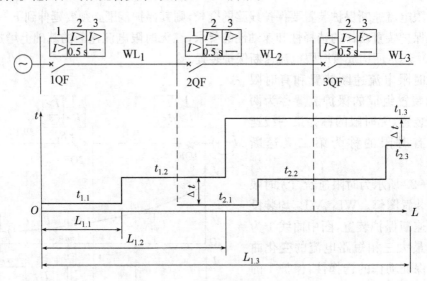

图 6-23 三段式电流保护的配合

线路 WL$_1$ 的第 Ⅰ 段保护为瞬时速断,保护区为 $L_{1.1}$,动作时限为继电器的固有动作时间 $t_{1.1}$;第 Ⅱ 段保护为限时速断,保护区为 $L_{1.2}$,它除了保护线路 WL$_1$ 的全长,还延伸到 WL$_2$ 一部分,其动作时限 $t_{1.2}=t_{2.1}+\Delta t$;第 Ⅲ 段为定时限过电流保护,保护区为 $L_{1.3}$,它保护 WL$_1$ 和 WL$_2$ 的全长,其动作时限时限 $t_{1.3}=t_{2.3}+\Delta t$。

$t_{2.1}$,$t_{2.2}$ 和 $t_{2.3}$ 分别为 WL$_2$ 线路的第 Ⅰ 段,第 Ⅱ 段和第 Ⅲ 段保护的动作时限。

第 Ⅰ、Ⅱ 段保护构成本线路的主保护,第 Ⅲ 段保护对本线路的主保护起后备保护作用,称为近后备,另外还对相邻线路 WL$_2$ 起后备保护作用,称为远后备。

三段式保护目前已广泛应用在 35 kV 及以下的电网中作为相间短路保护。在某些情况下,也可采用两段式电流保护。例如对线路变压器组接线系统,无时限电流速断可按保护全线路考虑,可以不装时限速断,只用 Ⅰ、Ⅲ 两段;又如输电线路,装设无时限电流速断保护区很短,甚至没有,这时只装设 Ⅱ、Ⅲ 段保护。

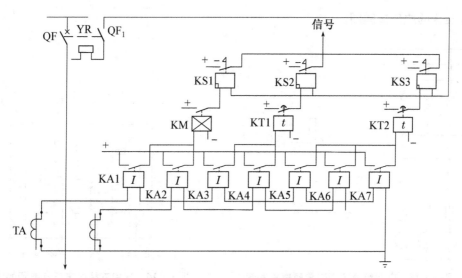

图 6 - 24　三段式电流保护原理图

三段式电流保护原理接线图如图 6 - 24 所示,保护采用不完全星形接线。图中 KA1～KA7 为电流继电器,KM 为中间继电器,KT1、KT2 为时间继电器,KS1～KS3 为信号继电器。其中 KA1、KA2、KM、KS1 构成第 Ⅰ 段保护,KA3、KA4、KT1、KS2 构成第 Ⅱ 段保护,KA5、KA6、KA7、KT2、KS3 构成第 Ⅲ 段保护。任何一段保护动作时均有相应的信号继电器掉牌指示保护段动作,以便于分析故障。过电流保护采用三个电流继电器,目的是为了提高 Y,d 接线的变压器两相短路时的灵敏度。

(四) 单相接地保护

在 3～35 kV 的电力网中,系统中性点的运行方式多为不接地或经消弧线圈接地的小接地电流系统。当这种电网发生单相接地故障时,故障电流往往比负荷电流要小得多,并且系统的相间电压仍保持对称,所以不影响电网的继续运行。但是单相接地后,非故障相对地电压升高,长期运行,将危害系统绝缘。另外,在煤矿井下,外露火花可能引爆瓦斯和煤尘,因此必须装设单相接地保护,动作于信号或跳闸。

发生一点接地后流经故障线路的零序电流,其数值等于全系统非故障元件对地电容电流总和,而容性无功功率的方向指向母线(恰与非故障线路相反)。若以母线为参照,通过故障和非故障线路的零序电容电流数值及其方向不同的特征,为保护提供依据。

根据小接地系统中单相接地时零序分量的特点,可设置零序电压保护、零序电流保护或零序功率方向保护。

1. 绝缘监视装置

在中性点不接地系统中,任一相发生接地都会使接地相电压下降而非接地相电压升高到线电压,并出现零序电压,利用它可实现接地保护。由于此类保护没有选择性,所以称为无选择性绝缘监视装置。

在供配电变电所中,常将一个三相五柱式电压互感器(或三个单相电压互感器),三个电压表和一个电压继电器构成绝缘监视装置来监视电网对地的绝缘状况。图 6 - 25 所示是绝缘监视装置的原理接线图。

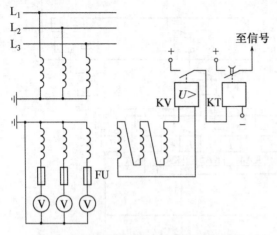

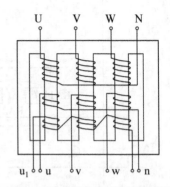

图 6-25　电网绝缘监视装置原理接线图　　　图 6-26　三相五柱式电压互感器的结构图

三相五柱式电压互感器有五个铁芯柱,三相绕组在其中的三个铁芯柱上,如图 6-26 所示。原绕组接成星形,副绕组有两个,其中一个副绕组接成星形,三个电压表接在相电压上。另一个副绕组接成开口三角形,开口处接入一个电压继电器,用来反映线路单相接地时出现的零序电压。为了使电压互感器反映出电网单相接地时的零序电压,电压互感器的中性点必须直接接地。

正常运行时,电网三相对地电压对称,无零序电压产生,三个电压表读数相同且指示的电网的相电压,接在开口三角处电压继电器的电压接近零值,电压继电器不动作。

当电网出现接地故障时,接地一相的对地电压下降,其他两相对地电压升高,这可从三个电压表的读数上看出,同时出现零序电压,使电压继电器动作,发出接地故障信号。

运行人员听到接地音响信号后,通过三个电压表的指示,可以知道哪一相发生了接地故障。由于绝缘监视装置的动作没有选择性,所以要查找具体的故障线路,必须依次断开各个线路。当断开某一线路时,三个电压表的指示恢复到正常状态,说明该线路即是故障线路。

采用绝缘监视装置依次断开各线路来查找故障线路的方法虽然简单,但查找故障要使无故障的用户暂时停电,且查找故障的时间也长。因此,在复杂和重要的电网中,还需装设有选择性的接地保护装置,即零序电流保护和零序功率方向保护。

2. 零序电流保护

零序电流保护是利用故障线路零序电流大于非故障线路零序电流的特点,构成有选择性的保护。根据需要保护可动作于信号,也可动作于跳闸。

在正常情况下,各回线路中的对地电容电流都是对称的。当某一线路中出现接地故障时,凡是直接有电联系的所有线路对地电容电流都不对称,于是出现了零序电流,如图 6-27 所示。由图可知,非故障线路的零序电流为本线路的对地电容电流;故障线路中的零序电流为非故障线路的对地电容电流之和,当连接在一起的线路数越多时,故障与非故障线路零序电流的差值越大。

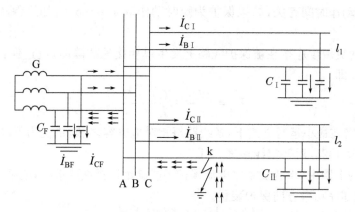

图 6-27 单相接地电容电流分布图

对于架空线路,保护装置可接在三个电流互感器构成的零序电流过滤器回路中,如图 6-28(a)所示。对于电缆线路,零序电流通过零序电流互感器取得,如图 6-28(b)所示。零序电流互感器有一个环状铁芯,套在被保护的电缆上,利用电缆做一次线圈,二次线圈绕在环状铁芯上与电流继电器连接。

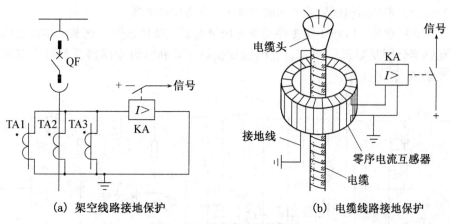

(a) 架空线路接地保护   (b) 电缆线路接地保护

图 6-28 零序电流保护接线

对于电缆线路,在发生单相接地时,接地电流不仅可能沿着故障电缆的导电外皮流动,而且也可能沿着非故障电缆外皮流动。这部分电流,不仅会降低故障线路保护的灵敏度,有时还会造成接地保护装置的误动作。故此应将电缆终端接线盒的接地线穿过零序电流互感器的铁芯,如 6-28(b)所示,使电缆外皮流过的零序电流,再经过接线盒的接地线回流穿过零序电流互感器,防止引起零序电流保护的误动作。

保护装置的动作电流整定必须保证选择性。当电网某线路发生单相接地故障时,因为非故障线路流过的零序电流是其本身的电容电流,在此电流作用下,零序电流保护不应动作。因此其动作电流应为

$$I_{op} = 3K_k U_{10} \omega C_0 \qquad (6-14)$$

式中:U_{10} 为电网的相电压,单位为 V;C_0 为本线路每相的对地电容,单位为 F;K_k 为可靠系

数,它的大小与动作时间有关,如果保护为瞬时动作取 4.0~5.0,如果保护为延时动作取 1.5~2.0。

保护装置的灵敏度应按在被保护线路上发生单相接地故障时,流过保护装置的最小零序电流来校验。即

$$K_r = \frac{3U_{10}\omega(C_\Sigma - C_0)}{I_{op}} \qquad (6-15)$$

式中:C_Σ 为电网在最小运行方式下,各线路每相对地电容之和,单位为 F;K_r 为灵敏系数,对电缆线路 $K_r > 1.25$,对架空线路 $K_r > 1.5$。

在较复杂的电网中,当装设零序电流保护不能满足选择性要求时,或某些情况下灵敏度不够时,可装设零序功率方向保护装置。

3. 零序功率方向保护

由图 6-27 看出,当发生单相接地故障时,故障线路与非故障线路上零序电流的相位相反,即零序功率输送方向相反。若忽略电网对地绝缘电阻的影响,则故障线路的零序电流滞后零序电压 90°,而非故障线路的零序电流超前零序电压 90°。零序功率方向保护装置就是根据这一特点设计的。

零序功率方向继电器的构成原理有绝对值比较法和相位比较法,目前广泛应用 BLD-1型和 ZD-4 型是按绝对值比较原理构成的零序功率方向继电器。

图 6-29 所示为 BLD-1 型零序功率方向继电器原理接线图。该继电器由电压互感器和电流互感器分别获得 $3U_0$ 和 $3I_0$,经电压变换器 TV 和电流变换器 TA 组合成两个被比较的电气量 $\dot{A}_1$ 和 $\dot{A}_2$,其中

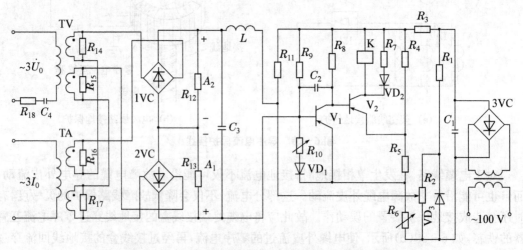

图 6-29 BLD-1型零序功率方向继电器原理接线图

$$\dot{A}_1 = K_1\dot{U}_0 + K_2\dot{I}_0$$
$$\dot{A}_2 = K_1\dot{U}_0 - K_2\dot{I}_0$$

整流后的 $\dot{A}_1$ 和 $\dot{A}_2$,以绝对值形式输入到 V1 的基极进行比较,其动作条件是

$$|\dot{A}_1| > |\dot{A}_2|$$

保护的起动元件为三极管 V_1 和 V_2 构成的触发器,出口元件为继电器 K。正常情况

下,三极管 V_1 的基极为负电位,V_1 导通,V_2 截止。当发生接地故障时,故障线路上的零序功率方向保护装置有零序电压和零序电流输入,且零序功率方向使得 $|\dot{A}_1| > |\dot{A}_2|$。此时,$V_1$ 基极电位为正,使 V_1 截止,V_2 导通,继电器动作,发生接地指示信号。

与此同时,安装在非故障线路上的接地保护装置,虽然也有零序电压和零序电流输入,但由于其零序电流的相位与故障线路零序电流的相位相反,而使 $|\dot{A}_1| < |\dot{A}_2|$,其接地保护装置不动作,实现了有选择性的动作。

对于允许延时切除接地故障的电网,为了经济也可采用一套零序功率方向保护装置,通过自动选线装置,分别接入各线路零序电流互感器的二次回路,当自动选线装置接入故障线路时,满足继电器的动作条件,即发出接地显示信号,通知变电所运行人员。

三、任务布置

实训　供电线路带时限的过电流保护电路的接线与调试

1. **任务实施步骤**

(1) 选择电流继电器的动作值(确定线圈接线方式)和时间继电器的动作时限。(电流继电器选用 DL-24C/6,整定电流为 2.1 A;时间继电器选用 DS-23,整定时间为 5 s。)

(2) 按图 6-30 过电流保护实训接线图进行接线。图中,KA 选用 DL-24C/6,KT 选用 DS-23,KS 选用 JX21-A/T,KM 选用 DZ-31B。

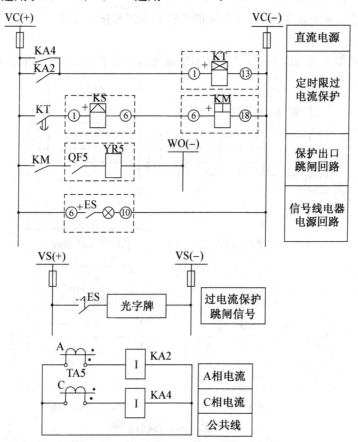

图 6-30　带时限过电流保护原理接线图

（3）依次合上 THEEGP-1 型 35 kV 模拟监控盘的 QS1，QS5，QF1，QS15，QF5，其他开关元件断开。

（4）短路点分别设置在末端和 80%，观察保护动作情况并记录相关数据在表 6-2 中。（注：$I_{op}=2.1\,A$，$T=5\,s$）

表 6-2　数据记录表

短路类型 ＼ 短路点	20%	100%	QF5 是否动作	KS 是否动作
	最大短路电流（高压一次侧）			
三相短路				

（5）图 6-31(a～d)均为实训接线端子，接线端子的数字号码与原理接线图一一对应，各继电器的动作触点在原理接线图中没有标出接线端子上对应的数字号码，实训接线时请同学注意。依照上述实训步骤及实训原理图和接线图在实训端子排上进行接线及调试（走线均走线槽），达到实训目的，提高学生的实际动手能力。

2. 任务要求

（1）掌握过流保护的电路原理，深入认识继电保护二次原理接线图和展开接线图。

（2）掌握识别本实训中继电保护实际设备与原理接线图和展开接线图的对应关系，为以后各项实训项目打下良好的基础。

（3）进行实际接线操作，掌握过流保护的整定调试和接线方法。

3. 问题思考

若采用无时限电流速断保护，会不会出现断路器不动作的现象，如果有如何解决。

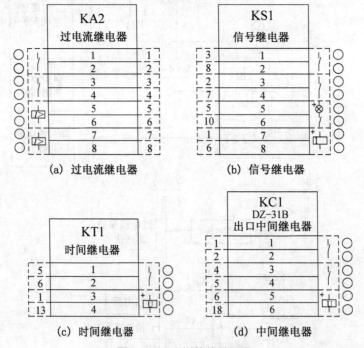

图 6-31　实训接线端子图

四、课后习题

1. 填空题

(1) 限时电流速断保护的保护范围要求达到＿＿＿＿＿＿＿。

(2) 中性点不接地系统,构成接地保护常见方式有:＿＿＿＿、＿＿＿＿和＿＿＿＿。

2. 选择题

(1) 定时限过电流保护的主要缺点是(　　)。

    A. 动作时间长   B. 灵敏性差

    C. 可靠性差   D. 不能保护线路全长

(2) 电流速断保护(　　)。

    A. 能保护线路全长   B. 不能保护线路全长

    C. 有时能保护线路全长   D. 能保护线路全长并延伸至下一段

(3) 定时限过电流保护动作值按躲过线路的(　　)电流整定。

    A. 最大负荷   B. 平均负荷

    C. 末端短路   D. 出口短路

(4) 只有发生(　　),零序电流才会出现。

    A. 相间故障   B. 振荡时

    C. 短路   D. 接地故障或非全相运行时

3. 判断题

(1) 两相短路故障时,因系统三相不对称会产生零序电压和零序电流。　　(　　)

(2) 最大运行方式下,电流保护的保护区大于最小运行方式下的保护区。　　(　　)

(3) 为实现保护的选择性,动作时限的整定一般遵循"时限阶梯"原则。　　(　　)

4. 简答题

(1) 什么叫定时限过电流保护? 什么叫反时限过电流保护? 各自的优缺点有哪些?

(2) 带时限的过电流保护(包括定时限和反时限)的动作电流整定原则是什么?

(3) 过电流保护的整定值为什么要考虑继电器的返回系数? 而电流速断保护则不需要考虑?

(4) 三段式电流保护由哪些保护构成? 各自有哪些特点? 画出各段保护范围和动作时限特性图。

(5) 小接地电流系统中,为什么单相接地保护在多数情况下只是用来发信号,而不定值于跳闸?

(6) 中性点不接地电网单相接地时,零序电压和零序电流的分布特点是什么?

(7) 为什么说绝缘监视装置是一种无选择性的小电流接地信号装置?

(8) 在有选择性的单相接地保护中,电缆头的接地线为什么一定要穿过零序电流互感器的铁芯后接地?

任务3　电力变压器保护

知识教学目标

1. 熟悉变压器的故障状态和不正常运行状态。
2. 熟悉变压器常规保护类型。
3. 掌握变压器瓦斯保护的接线及工作原理。
4. 掌握变压器差动保护的原理,不平衡电流的产生及克服方法。

能力培养目标

能根据现场实际情况进行变压器保护的合理安装,并正确地进行整定调试。

一、任务导入

变压器是电力系统中重要设备之一,它的故障对供电可靠性和系统安全运行将会造成严重影响,同时会造成很大的经济损失。因此,必须根据变压器的容量大小及重要程度装设专用的保护装置。

变压器的故障可分为油箱内部和油箱外部故障两种。变压器油箱外部的故障有引出线和绝缘套管的相间短路和接地短路等。此类故障有可能引起变压器绝缘套管爆炸,从而破坏电力系统正常运行。变压器油箱内部的故障有绕组的相间短路、匝间短路和单相接地短路等。变压器油箱内部故障,不仅会烧毁变压器,而且由于绝缘材料和变压器油受热而产生大量气体,引起变压器油箱爆炸。

此外,变压器还可能出现一些不正常运行状态,如漏油造成的油位下降;由于外部短路引起的过电流或长时间过负荷、过电压等,使变压器绕组过热,绕组绝缘加速老化,甚至引起内部故障,缩短变压器使用寿命。

对于变压器的故障及不正常运行状态,变压器应装设以下保护装置:

(1)瓦斯保护。室外容量在 $800\text{ kV} \cdot \text{A}$ 及以上和室内容量在 $400\text{ kV} \cdot \text{A}$ 及以上的油浸式变压器装设瓦斯保护,作为变压器油箱内各种故障和油面降低的主保护。

(2)纵联差动保护或电流速断保护。单独运行的容量在 $10\ 000\text{ kV} \cdot \text{A}$ 及以上或 2 台并列运行的容量在 $6\ 300\text{ kV} \cdot \text{A}$ 及以上的变压器,装设纵联差动保护,作为变压器内部绕组、绝缘套管及引出线相间短路的主保护。容量小于上述数值的变压器装设电流速断保护,作为变压器一次侧绝缘套管、引出线及部分绕组相间短路的主保护。

(3)过电流保护。作为变压器外部短路及其主保护的后备保护。

(4)过负荷保护。变压器的过负荷保护作用于信号。对无人值班的变电所,可作用于跳闸或自动切除一部分负荷。

二、相关知识

（一）变压器的瓦斯保护

当变压器发生内部故障时，短路电流产生的电弧或内部某些部件发热，将使变压器油和其他绝缘物分解而产生大量气体，利用这种气体作为信号实现保护的装置称为瓦斯保护装置。瓦斯保护可反映变压器油箱内部的各种故障和油面降低等不正常状态。

瓦斯保护的主要元件是瓦斯继电器，它安装在变压器油箱和油枕的连接管处，如图 6-32 所示。为了使气体在管道中更好的流动，在安装具有瓦斯继电器的变压器时，要求变压器的油箱顶盖与水平面具有 1%～1.5% 的坡度；通往油枕的连接管与水平面间有 2%～4% 的坡度。这样当变压器发生内部故障时，可使油箱内气体易于流进油枕，并能防止气泡聚集在变压器的油箱顶盖下。为了使瓦斯继电器可靠动作，在安装瓦斯继电器时，一定使瓦斯继电器的箭头标志指向油枕方向。

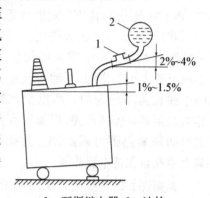

1—瓦斯继电器；2—油枕

图 6-32　瓦斯继电器安装示意图

目前国内采用的瓦斯继电器有三种类型：浮筒式、挡板式和复合式（挡板油杯式）。前两种类型的瓦斯继电器由于存在抗震性能较差和动作慢等缺点，逐渐被淘汰。近年来推广使用 FJ3-80、QJ1-80 型复合式瓦斯继电器。

图 6-33 所示为 QJ1-80 型复合式瓦斯继电器的结构图。变压器正常工作时，轻瓦斯部分的开口杯 5 处于上浮位置，干簧触点 15 断开；重瓦斯部分的挡板 10，在弹簧 9 的保持下，处于正常位置，双干簧触点 13 断开。

当变压器油箱内产生轻微故障时，产生气体量较少，它聚集在瓦斯继电器上部，迫使油面下降，开口杯 5 随油面而下沉，使磁铁 4 靠近触点 15，其干簧触点闭合，发出轻瓦斯信号。

当变压器油箱内严重故障时，产生大量的气体，强烈的油气流冲击挡板 10，挡板克服弹簧的反作用力而斜倒，使固定在挡板上的磁铁 11 靠近干簧触点 13，触点闭合，重瓦斯动作使断路器跳闸，切断变压器电源。

变压器严重漏油时，油面降低，达到一定程度时，干簧触点 15 闭合，同样发出轻瓦斯信号。

瓦斯继电器的调整，按重瓦斯和轻瓦斯分别进行调整。重瓦斯是通过调节杆 14，改变弹簧 9 的反作用力，来调整重瓦斯动作的油流速度；螺杆 12 用来调节磁铁 11 与干簧触点 13 之间的距离。轻瓦斯是通过改变重锤 6 的位置，

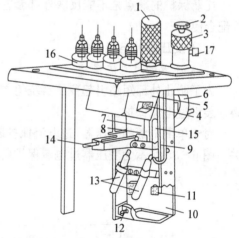

1—罩；2—顶针；3—气塞；4—磁铁；5—开口杯；6—重锤；7—探针；8—开口销；9—弹簧；10—挡板；11—磁铁；12—螺杆；13—干簧触点（重瓦斯用）；14—调节杆；15—干簧触点（轻瓦斯用）；16—套管；17—排气口

图 6-33　QJ1-80 型复合式瓦斯继电器结构图

来调节轻瓦斯触点动作的气体容积。

瓦斯保护的接线如图6-34所示，图中 KG 为瓦斯继电器，KS 为信号继电器，KM 为带串联自保持电流线圈的中间继电器。轻瓦斯动作时，其上触点闭合，发出轻瓦斯信号。重瓦斯动作时，其下触点闭合，由 KS 发出重瓦斯信号，同时继电器 KM 吸合使变压器两侧的断路器跳闸。由于重瓦斯保护是按油的流速大小动作的，而油的流速在故障中往往是不稳定的。所以重瓦斯动作后必须有自保持回路，以保证有足够的时间使断路器可靠跳闸。为此 KM 具有串联自保持电流线圈。

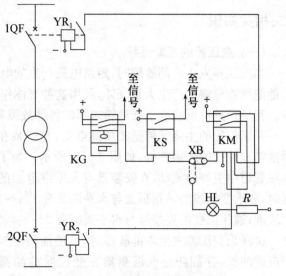

图6-34 瓦斯保护原理接线图

瓦斯保护的主要优点是：动作迅速，灵敏度高，接线和安装简单，能反映变压器油箱内部各种类型的故障。特别是当变压器绕组匝间短路的匝数很少时，虽然故障回路电流很大，可能造成严重的过热，而反映到外部的电流变化却很小，其他保护装置都不动作。因此瓦斯保护对于切除这类故障具有特别重要的意义。

瓦斯保护的缺点是不能反映外部套管和引出线的短路故障，因而还必须与其他保护装置配合使用。

（二）变压器的电流保护

1. 变压器的过电流保护

为了防止外部短路引起变压器绕组的过电流，并作为差动和气体保护的后备，变压器还必须装设过电流保护。

对于单侧电源的变压器，过电流保护装置安装在电源侧，保护动作时切断变压器两侧开关。图6-35所示为变压器过电流保护的单相原理接线图。

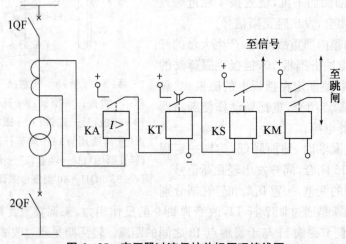

图6-35 变压器过流保护单相原理接线图

过电流保护的动作电流,应按躲过变压器的正常最大工作电流来整定,即

$$I_{op} = \frac{K_k}{K_{re}} I_{w \cdot \max} \left.\vphantom{\frac{K_k}{K_{re}K_i}}\right\}$$
$$I_{op \cdot k} = \frac{K_k}{K_{re}K_i} I_{w \cdot \max}$$

(6-16)

式中:$I_{w \cdot \max}$ 为变压器的最大工作电流,单位为 A;K_k 为可靠系数,取 1.2~1.3;K_{re} 为返回系数,一般取 0.85。

保护装置的灵敏度应按下式校验

$$K_r = \frac{I_{s \cdot \min}^{(2)}}{K_i I_{op \cdot k}} \geqslant 1.5$$

(6-17)

式中,$I_{s \cdot \min}^{(2)}$ 为最小运行方式下,保护范围末端最小两相短路电流,单位为 A。

当保护到变压器低压侧母线时,要求 $K_r \geqslant 1.5$,在远后备保护范围末端短路时,要求 $K_r \geqslant 1.25$。

2. 变压器的电流速断保护

瓦斯保护虽然能很好地反映变压器油箱内部的故障,但由于不能反映油箱外部套管和引出线的故障,因而对容量较小的变压器广泛采用电流速断保护作为电源侧绕组、套管及引出线故障的主保护。再用时限过电流保护装置,保护变压器的全部,并作为外部短路所引起的过电流及变压器内部故障的后备保护。

如图 6-36 所示为变压器电流速断保护单相原理接线图。电源侧为大接地电流系统时,保护采用完全星型接线;电源侧为小接地电流系统时,则可采用两相不完全星型接线。

电流速断保护的动作电流,按躲过变压器外部故障(S_1 点)的最大短路电流来整定,即

$$\frac{I_{op}}{K_T} = K_k I_{s2 \cdot \max}^{(3)} \left.\vphantom{\frac{K_k}{K_T K_i}}\right\}$$
$$I_{op \cdot k} = \frac{K_k}{K_T K_i} I_{s2 \cdot \max}^{(3)}$$

(6-18)

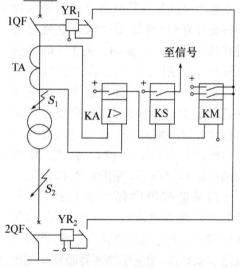

图 6-36 变压器电流速断保护单相原理接线图

式中:I_{op}、$I_{op \cdot k}$ 为保护装置一次动作电流、继电器动作电流,单位为 A;$I_{s2 \cdot \max}^{(3)}$ 为变压器二次侧母线最大三相短路电流,单位为 A;K_k 为可靠系数,取 1.2~1.3;K_T 为变压器变比;K_i 为电流互感器变比。

另外,变压器速断保护的动作电流还应躲过变压器空载投入时的励磁涌流。根据实际运行经验及实验数据,保护装置的一次动作电流必须大于变压器额定电流的 3~5 倍。

变压器电流速断保护的灵敏系数为

$$K_r = \frac{I_{s1 \cdot \min}^{(2)}}{K_i I_{op \cdot k}} \geqslant 2$$

(6-19)

式中,$I_{s1 \cdot \min}^{(2)}$ 为保护装置安装处(S_1 点)最小两相短路电流,单位为 A。

变压器电流速断保护具有接线简单、动作迅速等优点。但作为变压器内部故障保护还存在下述缺点：

（1）当变压器容量不大时，保护区很短，灵敏度达不到要求。

（2）在无电源的一侧，套管引出线的故障不能保护，要依靠过电流保护，这样切除故障时间长，对系统安全运行影响较大。

（3）对于并列运行的变压器，负荷侧故障时，如无母联保护，过流保护将无选择性地切除所有变压器。

所以，对并联运行变压器，容量大于 6 300 kV·A 和单独运行容量大于 10 000 kV·A 的变压器，不采用电流速断，而采用差动保护。对于 2 000～6 300 kV·A 的变压器，当电流速断保护灵敏度小于 2 时，也可采用差动保护。

（三）变压器的纵联差动保护

为了克服电流速断保护的上述缺点，对较大容量的变压器应采用纵联差动保护装置作为变压器的主保护，用它来保护变压器内部及套管和引出线上的短路故障。

1. 纵联差动保护的原理

差动保护是反映变压器两侧电流之差的保护装置，其接线如图 6-37 所示。将变压器两侧装设的电流互感器串联起来构成环路（极性如图所示），电流继电器并接在环路上。此时，通过继电器的电流等于两侧电流互感器二次电流之差，即 $\dot{I}_k = \dot{I}_1 - \dot{I}_2$。如果适当选择电流互感器的变比和接线方式，可使在正常运行和外部短路时（S_2 点），电流互感器二次电流大小相等，相位相同，流入继电器的电流 $\dot{I}_k$ 等于零，保护装置不动作。

当保护范围内部发生短路时（S_1 点），对于单侧电源供电的变压器，则仅

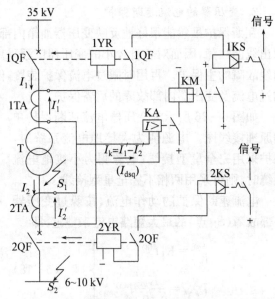

图 6-37 变压器差动保护单相原理接线图

变压器一次侧电流互感器有电流，此时 $\dot{I}_2 = 0, \dot{I}_k = \dot{I}_1$，只要 I_k 大于继电器整定电流 $I_{op \cdot k}$，继电器就动作，使变压器两侧断路器跳闸，瞬时切除故障。

如果两台变压器并列运行，当保护范围外部发生故障时（如 S_2 短路），差动保护不动作。当其中一台变压器发生故障时（如 S_1 点短路），流过继电器的电流 $\dot{I}_k = \dot{I}_1 + \dot{I}_2$，故障变压器的差动保护动作，有选择地将故障变压器切除，保证非故障变压器正常运行，其保护原理如图 6-38 所示。

2. 差动保护中不平衡电流的产生及克服方法

前面讲到，用适当选择变压器两侧电流互感器变比和接线方式的方法，使变压器正常运行及外部短路时，流过继电器的电流为零，保护装置不动作，这是一种理想状态，实际运行中是不可能的。即使在正常运行时，也会有电流流入继电器，当外部短路时，此电流会更大，该

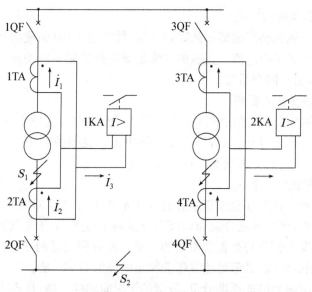

图 6‑38　两台变压器并联运行时差动保护动作原理图

电流称为不平衡电流。如果此电流过大，很可能造成差动保护误动作。因此，必须分析产生不平衡电流的原因及其克服的方法。

（1）变压器接线方式的影响

工矿企业总降压变电所的变压器通常都是 Y,d11 接线，变压器两侧线电流之间有 30°的相位差。此时，即使两侧电流互感器的变比选的合适，二次电流相等，在继电器中也将出现不平衡电流。为消除因变压器两侧线圈接线方式不同而产生的不平衡电流，通常采用相位补偿的方法。即将变压器星型接线侧的互感器二次侧接成三角形；变压器三角形接线侧的电流互感器二次侧接成星形，来消除两侧电流互感器二次电流的相位差，如图 6‑39 所示。

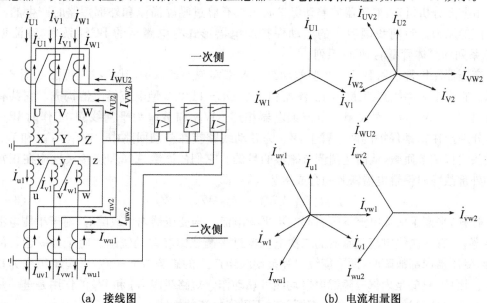

（a）接线图　　　　　　　　　　　（b）电流相量图

图 6‑39　Y,d11 接线变压器差动保护的接线方式及电流相量图

(2) 电流互感器类型的影响

当变压器两侧电流互感器类型不同时,其饱和特性也不同(即使类型相同,其特性也不完全相同),也会产生不平衡电流。克服的方法是提高保护装置的动作电流,即在整定保护装置的动作电流时,引入同型系数。

(3) 电流互感器变比的影响

由于选用电流互感器时,采用的都是定型产品,所以,电流互感器的计算变比与产品目录的标准变比往往不完全符合,也将产生不平衡电流。克服的方法是采用 BCH 型差动继电器,通过调整差动继电器平衡线圈的匝数来补偿。

(4) 变压器励磁涌流的影响

当变压器空载投入或外部故障切除后电压恢复时,由于变压器铁芯的磁通不能突变,在磁路中引起过渡过程,产生周期分量和非周期分量两个磁通,由于非周期分量的影响,合成磁通在最不利的情况下幅值将是正常磁通的 2 倍。此时变压器的铁芯严重饱和,励磁电流剧增,此电流称为励磁涌流,其值可达变压器额定电流的 6~10 倍。

励磁涌流中含有很大的非周期分量,波形偏于时间轴的一侧,且衰减很快,对中、小变压器,经 0.5~1 s 后,其值不超过 0.25~0.5 倍额定电流。由于铁芯高度饱和,因而励磁涌流只通过变压器的原绕组,不能反映到副绕组,对差动保护来讲相当于变压器内部故障,因而会在差动保护回路中产生很大的不平衡电流。目前,广泛采用速饱和变流器来消除它对差动保护的影响。

(5) 改变调压分接头的影响

有时为了保证用电设备的供电质量,需要调整变压器的调压分接头,因而改变了变压器的变比,致使变压器两侧电流互感器的二次电流也随之改变,产生了新的不平衡电流。其克服方法只能靠提高保护装置的动作电流,以躲过不平衡电流的影响。

3. 差动继电器

由上面分析可知,变压器的差动保护必须具有躲过励磁涌流和外部短路时产生的不平衡电流的能力。目前我国生产的差动保护继电器形式有电磁型的 BCH 系列、整流型的 LCD 系列和晶体管型的 BCD 系列。

变压器保护常采用 BCH - 2 型差动继电器来实现差动保护,其接线原理图如图 6 - 40 所示。它由带短路线圈的速饱和变流器和一个 DL - 11/0.2 型电流继电器构成。它共有六个绕组,其中 W_2 为二次线圈与电流继电器相连。W_{bI} 和 W_{bII} 为平衡线圈,工作时 W_{bI} 和 W_{bII} 分别接在差动保护的两个臂上,W_d 为差动线圈接在差动回路中。W_{bI},W_{bII} 和 W_d 都有抽头可以调节匝数,从而达到调节磁势的目的。它们的匝数选择和连接极性应在正常运行和外部故障时使继电器铁芯的合成磁势为零,即

$$I_{I2}(W_{bI} + W_d) = I_{II2}(W_{bII} + W_d) \tag{6-20}$$

这样,平衡了两臂电流不等引起的不平衡电流。当变压器内部故障时,对于单侧电源的变压器,只有一次侧电流互感器的二次电流流过平衡绕组和差动绕组。对于并联运行的变压器,变压器内部故障时,两平衡绕组和差动绕组产生的磁势方向一致,平衡绕组变为动作绕组。因此,只要是内部故障继电器均能可靠动作。短路线圈 W'_K 和 W''_K 的作用是进一步改善差动继电器躲过磁势涌流和外部短路时不平衡电流的性能。

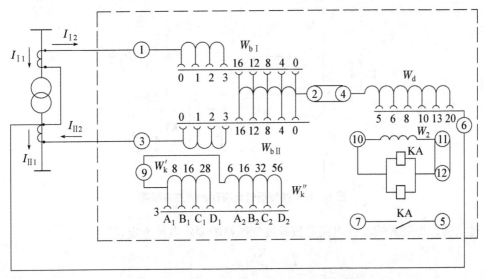

图 6-40 BCH-2型差动继电器接线原理图

双绕组变压器差动保护的原理接线图如图 6-41 所示。图中 KD 为 BCH-2 型差动继电器,KS 为信号继电器,KM 为出口中间继电器,保护装置动作后使变压器两侧断路器跳闸。

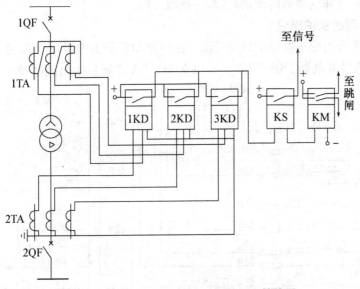

图 6-41 双绕组变压器差动保护原理接线图

(四) 变压器的过负荷保护

变压器的过负荷保护是反映变压器不正常运行状态的,一般经延时后动作于信号。变压器的过负荷电流大都是对称的,因此只需在任一相上装设电流继电器即可,如图 6-42 所示。

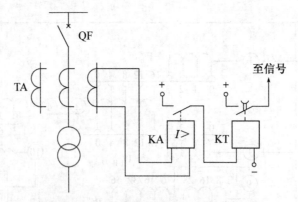

图 6 - 42　变压器过负荷保护原理接线图

过负荷保护装置的动作电流应按躲过变压器的额定电流整定,即

$$
\left.
\begin{aligned}
I_{op} &= \frac{K_k}{K_{re}} I_{N \cdot T} \\
I_{op \cdot k} &= \frac{K_k}{K_{re} K_i} I_{N \cdot T}
\end{aligned}
\right\}
\tag{6-21}
$$

式中:$I_{N \cdot T}$ 为变压器的额定电流,单位为 A;K_k 为可靠系数,取 1.05。

为防止短路时和电动机起动时误发信号,过负荷保护的动作延时,要大于变压器的过电流保护的动作时间和电动机的起动时间,一般取 10 s。

(五) 变压器的保护接线

图 6 - 43 所示为变压器保护的展开图。图中差动保护由 BCH - 2 型差动继电器 1KD、2KD、3KD 和信号继电器 1KS 组成。当 1TA 与 3TA 之间发生短路故障时,差动继电器动

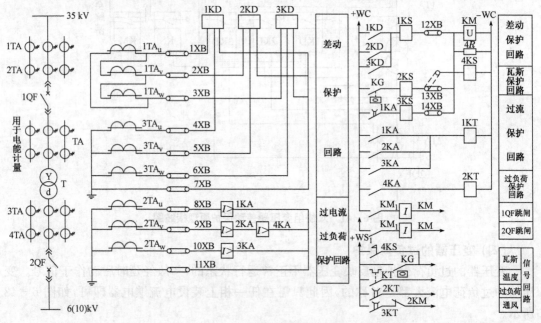

图 6 - 43　变压器保护展开图

作,其触点闭合,出口中间继电器 KM 瞬时动作,使变压器两侧断路器的跳闸线圈带电,断路器跳闸。同时信号继电器 1KS 有电,发出动作信号。

瓦斯保护由瓦斯继电器 KG 和信号继电器 3KS 及 4KS 组成。轻瓦斯动作时,上触点闭合动作于信号;重瓦斯动作时,下触点闭合,通过 KM 瞬时动作于变压器两侧断路器跳闸并发出信号。重瓦斯也可通过切换连片 13XB 只动作于信号(如试验瓦斯继电器的动作性能时)。

过电流保护由电流继电器 1KA、2KA、3KA,时间继电器 1KT 及信号继电器 3KS 组成,当外部发生短路故障或变压器故障主保护拒动时,过流保护延时动作于变压器两侧的断路器跳闸并发出信号。

过负荷保护由电流继电器 4KA 和时间继电器 2KT 组成,变压器过负荷时延时动作于信号。

三、任务布置

实训　配电变压器电流速断保护电路的接线与调试

1. 任务内容与步骤

选择电流继电器的动作值(确定线圈接线方式)和时间继电器的动作时限。(速断保护用电流继电器选用 DL-24C/10,整定电流为 3.5A;过电流保护用电流继电器选用 DL-23C/6,整定电流为 2A;时间继电器选用 DS-23,整定时间为 5 s。)

(1) 电流继电器和时间继电器进行整定调试。

(2) 按图 6-44 变压器电流速断保护实训接线图进行接线。图中,KA1、KA2 选用 DL-23C/6,KA3、KA4 选用 DL-24C/10,KT 选用 DS-22,KS1、KS2 均选用 JX-2AT,KM 选用 DZ-31B。

(3) 依次合上 THEEGP-1 型 35 kV 模拟监控盘的 QS1,QS5,QF1,QS13,QF5,其他开关元件断开。

(4) 短路点分别设置在 20% 和 100% 处,将短路设置投入,观察保护动作情况并记录相关数据在表 6-3 中。(注:$I_{op1}=2A$,$I_{op2}=3.5 A$,$T=5 s$)

表 6-3　数据记录表

短路类型＼短路点	20%	100%	保护动作类型
	最大短路电流(高压一次侧)		
三相短路			

2. 任务要求

(1) 掌握变压器电流速断保护电路原理及整定方法。

(2) 进行实际接线操作,掌握变压器电流速断保护的整定调试和动作试验方法。

3. 问题思考

变压器空载投入或外部故障切除后电压恢复时,会不会导致电流速断误动作呢?

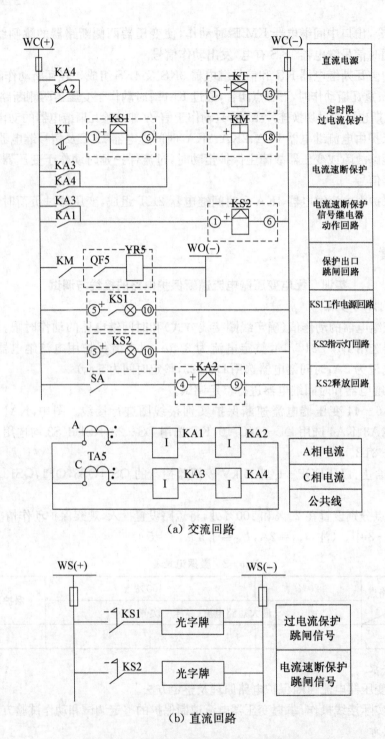

（a）交流回路

（b）直流回路

图 6-44 变压器电流速断保护实训原理接线图

四、课后习题

1. 填空题

(1) 变压器瓦斯保护分为轻瓦斯和重瓦斯保护,其中_____保护动作于跳闸,_____保护动作于发信号。

(2) 为了防止变压器外部短路引起变压器线圈的过电流及作为变压器本身差动保护和气体保护的后备,变压器必须装设_____。

2. 选择题

(1) 气体(瓦斯)保护是变压器的(　　)。

　　A. 主后备保护　　　　　　　　　B. 内部故障的主保护

　　C. 外部故障的主保护　　　　　　D. 外部故障的后备保护

(2) 变压器外部故障时,有较大的穿越性短路电流流过变压器,这时变压器的差动保护(　　)。

　　A. 立即动作　　　　　　　　　　B. 延时动作

　　C. 不应动作　　　　　　　　　　D. 视短路时间长短而定

(3) 瓦斯保护的保护范围是(　　)。

　　A. 油箱内部故障　　　B. 引线故障　　　C. 各侧电流互感器故障

(4) Y/△-11 型的变压器,差动保护的 CT 二次侧的连接方法是(　　)。

　　A. 变压器 Y、△侧的 CT 二次侧分别接成△、Y 形

　　B. 变压器 Y、△侧的 CT 二次侧均接成 Y、△形

　　C. 变压器 Y、△侧的 CT 二次侧均接成△形

　　D. 变压器 Y、△侧的 CT 二次侧均接成 T 形

3. 判断题

(1) 瓦斯保护能保护变压器内部各种类型故障。　　　　　　　　　　　(　　)

(2) 瓦斯保护和差动保护的范围是一样的。　　　　　　　　　　　　　(　　)

(3) 差动保护也可以作为变压器铁芯故障的主保护。　　　　　　　　　(　　)

4. 简答题

(1) 电力变压器通常需要装设哪些继电保护装置? 它们的保护范围如何划分?

(2) 对变压器的瓦斯保护,在什么情况下"轻瓦斯"动作? 什么情况下"重瓦斯"动作?

(3) 什么是变压器的励磁涌流?

(4) 电力变压器的气体保护与纵差动保护的作用有何区别? 若变压器内部发生故障,两种保护是否都会动作?

(5) 电力变压器差动保护产生不平衡电流的原因有哪些? 如何避免不平衡电流的影响?

(6) 变压器相间短路的后备保护有哪些?

单元 7 变电站二次回路和自动装置

任务 1 变电所二次回路

知识教学目标

1. 了解二次回路的分类、作用。
2. 了解操作电源的分类及特点。
3. 掌握断路器控制与信号回路的工作原理。
4. 掌握中央信号装置的工作原理。

能力培养目标

1. 熟悉常见二次回路的工作原理。
2. 熟悉如何分析常见二次回路的工作过程。

一、任务导入

对一次设备的工作状态进行监视、测量、控制和保护的辅助电气设备称为二次设备，如测量仪表、继电器、控制及信号、自动装置等。

工厂供电系统或变电所的二次回路（即二次电路），是指用来控制、指示、监视和保护一次电路运行的电路，亦称二次系统。它包括控制系统、信号系统、监测系统及继电保护和自动化系统等。

二、相关知识

(一) 二次回路概述

二次回路按电源性质可分为直流回路和交流回路。交流回路又分交流电流回路和交流电压回路，交流电流回路由电流互感器供电，交流电压回路由电压互感器供电。

二次回路按其用途可分为断路器控制（操作）回路、信号回路、测量和监视回路、继电保护和自动装置回路等。

二次回路在供电系统中虽然是一次电路的辅助系统，但是它对一次电路的安全，可靠，优质和经济合理的运行有着十分重要的作用，因此必须给予充分的重视。

(二) 操作电源

二次回路的操作电源,是供高压断路器分、合闸回路、继电保护装置、信号回路、监测系统及其他二次回路所需的电源。因此对操作电源的可靠性要求很高,电源的容量要求足够大,且尽可能不受供电系统运行的影响。

二次回路的操作电源,分直流和交流两类。直流操作电源有由蓄电池组供电的和由整流装置供电的两种。交流操作电源有由所(站)用变压器供电的和通过电流、电压互感器供电的两种,下面先重点介绍直流操作电源,然后简单介绍一下交流操作电源。

1. 由蓄电池组供电的直流操作电源

蓄电池主要有铅酸蓄电池和镉镍蓄电池两种。

(1) 铅酸蓄电池

铅酸蓄电池由二氧化铅(PbO_2)的正极板、铅(Pb)的负极板和密度为 $1.2 \sim 1.3\ g/cm^3$ 的稀硫酸(H_2SO_4)电解溶液构成,容器多为玻璃。

铅酸蓄电池在放电和充电时的化学反应式为

$$PbO_2 + Pb + 2H_2SO_4 \underset{充电}{\overset{放电}{\rightleftarrows}} 2PbSO_4 + 2H_2O$$

铅酸蓄电池的额定端电压(单个)为 $2\ V$。但是蓄电池充电终了时,其端电压可达 $2.7\ V$;而放电后,其端电压可下降到 $1.95\ V$。为获得 $220\ V$ 的操作电压,所需的蓄电池个数为 $n = 230/1.95 \approx 118$ 个。考虑到充电终了时端电压的升高,因此长期接入操作电源母线的蓄电池个数为 $n_1 = 230/2.7 \approx 85$ 个,而其他 $n_2 = n - n_1 = 118 - 85 = 33$ 个蓄电池则用于调节电压,接于专门的调节开关上。

采用铅酸蓄电池组作为操作电源,不受供电系统运行情况的影响,工作可靠,但是它在充电过程中会排出氢和氧的混合气体(由于水被电解而产生的),可能有爆炸危险,而且随着气体带出来的硫酸蒸气,有强腐蚀性,对人身健康和设备安全都有很大危险。因此铅酸蓄电池组一般要求单独设置在一个房间内,而且要考虑防腐防爆,从而投资较大,现在工厂供电系统中一般不采用。

(2) 镉镍蓄电池

电池的正极板为氢氧化镍[$Ni(OH)_3$]或三氧化二镍(Ni_2O_3)的活性物,负极板为镉(Cd),电解液为氢氧化钾(KOH)、氢氧化钠($NaOH$)、氢氧化镉[$Cd(OH)_2$]或氢氧化镍[$Ni(OH)_3$]等碱溶液。

镉镍蓄电池在放电和充电时的化学反应式为

$$Cd + 2Ni(OH)_3 \underset{充电}{\overset{放电}{\rightleftarrows}} Cd(OH)_2 + 2Ni(OH)_2$$

由上反应式可以看出,电解溶液并未参与反应,它只起传导电流的作用,因此在放电和充电过程中,电解液的密度不会改变。

镉镍蓄电池的额定端电压(单个)为 $1.2\ V$,充电终了时端电压可达 $1.75\ V$,放电后端电压为 $1\ V$。

采用镉镍蓄电池组作操作电源,除了不受供电系统运行情况的影响、工作可靠外,还有大电流放电性能好、比功率大、机械强度高、使用寿命长、腐蚀性小、无需专用房间从而大大降低投资等优点,因此它在工厂供电系统中应用比较普遍。

2. 由整流装置供电的直流操作电源

整流装置主要有硅整流电容储能式和复式整流两类。

(1) 硅整流电容储能式直流电源

如果单独采用硅整流器来做直流操作电源,则当交流供电系统电压降低或电压消失时,将严重影响直流系统的正常工作。因此宜采用有电容储能的硅整流电源。在供电系统正常运行时,通过硅整流器供给直流操作电源;同时通过电容器储能,在交流供电系统电压降低或电压消失时,由储能电容对继电器和跳闸回路放电,使其正常动作。

图 7-1 是一种硅整流电容储能式直流操作电源系统的接线图。为了保证直流操作电源的可靠性,采用两个交流电源和两台硅整流器,硅整流器 U1 主要用作断路器合闸电源,并向控制、信号和保护回路供电。硅整流器 U2 的容量较小,仅向控制、信号和保护回路供电。逆止元件 VD1 和 VD2 的主要功能:一是当直流电源的电压因交流供电系统的电压降低而降低时,使储能电容 C1、C2 所储存的能量仅用于补偿自身所在的保护回路,而不向其他元件放电;二是限制 C1、C2 向各断路器控制回路中的信号灯和重合闸继电器等放电,以保证其所供电的继电保护和跳闸线圈可靠动作。逆止元件 VD3 和限流电阻 R 接在两组直流母线之间,使直流合闸母线只向控制小母线 WC 供电,防止断路器合闸时硅整流器 U2 向

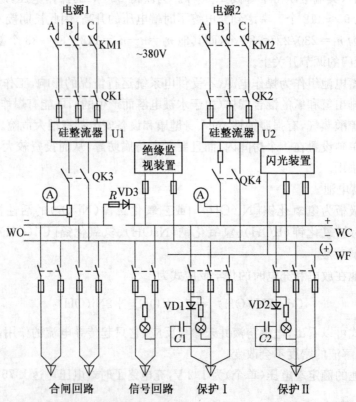

C1、C2—储能电容器;WC—控制小母线;WF—闪光信号小母线;WO—合闸小母线

图 7-1 硅整流电容储能式直流操作电源系统接线图

合闸母线供电。限流电阻 R 用来限制控制回路短路时通过 VD3 的电流，以免 VD3 烧毁。储能电容器 C1 用于对高压线路的继电保护和跳闸回路供电，而储能电容器 C2 用于对其他元件的继电保护和跳闸回路供电。储能电容器多采用容量大的电解电容器，其容量应能保证继电保护和跳闸线圈可靠的动作。

（2）复式整流的直流操作电源

复式整流是指提供直流操作电压的整流电源有两个：① 电压源。由所用变压器或电压互感器供电，经铁磁谐振稳压器（当稳压要求较高时装设）和硅整流器供电给控制、保护等二次回路；② 电流源。由电流互感器供电，同样经铁磁谐振稳压器（当稳压要求较高时装设）和硅整流器供电给控制、保护等二次回路。图 7-2 是复式整流装置的接线示意图。

由于复式整流装置有电压源和电流源，因此能保证供电系统在正常和事故情况下，直流系统均能可靠地供电。与上述电容储能式相比，复式整流装置的输出功率更大、电压稳定性更好。

3. 交流操作电源

对采用交流操作的断路器，应采用交流操作电源。相应地，所有保护继电器、控制设备、信号装置及其他二次元件均应采用交流型式。

交流操作电源可分电流源和电压源两种。电流源取自电流互感器，主要供电给继电保护和跳闸回路；而

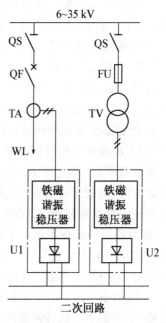

TA—电流互感器；TV—电压互感器；
U1、U2—硅整流器

图 7-2　复式整流装置的接线示意图

电压源取自变配电所的所用变压器或电压互感器，通常所用变压器作为正常工作电源，而电压互感器因其容量小，只作为保护油浸式变压器内部故障的瓦斯保护的交流操作电源。

采用交流操作电源，可使二次回路简化，投资减少，工作可靠，维护方便，但是它不适于比较复杂的继电保护、自动装置及其他二次回路。交流操作电源广泛用于中小型变配电所中采用手动操作或弹簧储能操作及继电保护的交流操作的场合。

（三）高压断路器的控制和信号回路

高压断路器的控制回路，是指控制（操作）高压断路器分、合闸的回路。它取决断路器操作机构的形式和操作电源的类别。电磁操作机构只能采用直流操作电源；弹簧操作机构和手动操作机构可交、直流两用，但一般采用交流操作电源。

信号回路是用来指示一次电路设备运行状态的二次回路。信号按用途可分为断路器位置信号、事故信号和预告信号等。

断路器位置信号用来显示断路器正常工作的位置状态，一般是红灯亮，表示断路器处在合闸位置；绿灯亮，表示断路器处在分闸位置。

事故信号用来显示断路器在一次系统事故情况下的工作状态。一般是红灯闪光，表示断路器自动合闸；绿灯闪光，表示断路器自动跳闸。此外还有事故音响信号和光字牌等。

预告信号是在一次系统出现不正常工作状态时或在故障初发期发出的报警信号。例如变压器过负荷或者轻瓦斯动作时，就发出区别于上述事故音响信号的另一种预告音响信号，同时光字牌亮，指示出故障的性质和地点，值班员可根据预告信号及时处理。

对断路器的控制和信号回路有下列主要要求：

① 应能监视控制回路保护装置（如熔断器）及其分、合闸回路的完好性，以保证断路器的正常工作，通常采用灯光监视的方式。

② 合闸或分闸完成后，应能使命令脉冲解除，即能切断合闸或分闸的电源。

③ 应能指示断路器正常合闸和分闸的位置状态，并在自动合闸和自动跳闸时有明显的指示信号。如前所述，通常用红、绿灯的平光来指示断路器的正常合闸和分闸位置状态，而用红、绿灯的闪光来指示断路器的自动合闸和跳闸。

④ 断路器的事故跳闸信号回路，应该"不对应原理"接线。当断路器采用手动操作机构时，利用手动操作机构的辅助触点与断路器的辅助触点构成"不对应"关系，即操作机构手柄在合闸位置而断路器已经跳闸时，发出事故跳闸信号。当断路器采用电磁操作机构或弹簧操作机构时，则利用控制开关的触点与断路器的辅助触点构成"不对应"关系，即控制开关手柄在合闸位置而断路器已跳闸时，发出事故跳闸信号。

⑤ 对有可能出现不正常工作状态或故障的设备，应装设预告信号。预告信号应能使控制室或值班室的中央信号装置发出音响或灯光信号，并能指出故障地点和性质。通常预告音响信号用电铃，而事故音响信号用电笛，两者有所区别。

1. 采用手动操作的断路控制器控制和信号回路

图 7 - 3 是手动操作的断路器控制和信号回路的原理图。

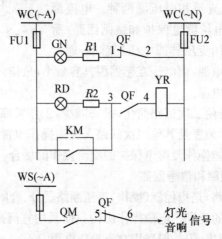

WC—控制小母线；WS—信号小母线；GN—绿色指示灯；RD—红色指示灯；R—限流电阻；YR—跳闸线圈（脱口器）；KM—继电保护出口继电器的触点；QF1～6—断路器 QF 的辅助触点；QM—手动操作机构辅助触点

图 7 - 3　手动操作的断路器控制和信号回路图

合闸时，推上操作机构手柄使断路器合闸。这时断路器的辅助触点 QF3 - 4 闭合，红灯 RD 亮，指示断路器 QF 已经合闸。由于有限流电阻 R2，跳闸线圈 YR 虽有电流通过，但电流很小,不会动作。红灯 RD 亮,还表明跳闸线圈 YR 回路及控制回路的熔断器 FU1、FU2是完好的,即红灯 RD 同时起着监视跳闸回路完好性的作用。

分闸时,扳下操作机构手柄使断路器分闸。这时断路器的辅助触点 QF3－4 断开,切断跳闸回路,同时辅助触点 QF1－2 闭合,绿灯 GN 亮,指示断路器 QF 已经分闸。绿灯 GN亮,还表示控制回路的熔断器 FU1、FU2 是完好的,即绿灯 GN 同时起着监视控制回路完好性的作用。

在正常操作断路器分、合闸时,由于操作机构辅助触点 QM 与断路器辅助触点 QF5－6都是同时切换的,总是一个开、另一个合的,所以事故信号回路总是不通的,因而不会错误地发出事故信号。

当一次电路发生短路故障时,继电保护装置动作,其出口继电器 KM 的触点闭合,接通跳闸线圈 YR 的回路(触点 QF3－4 原已闭合),使熔断器 QF 跳闸。随后其触点 QF3－4 断开,使红灯 RD 灭,并切断 YR 的跳闸电源。与此同时,触点 QF1－2 闭合,使绿灯 GN 亮。这时操作机构的操作手柄虽然仍在合闸位置,但其黄色指示牌掉落,表示断路器已经自动跳闸;同时事故信号回路接通,发出音响和灯光信号。事故信号回路正是按"不对应原理"来接线的:由于操作机构仍在合闸位置,其辅助触点 QM 闭合,而断路器已事故跳闸,其辅助触点 QF5－6 也返回闭合,因此事故信号回路接通。当值班员得知事故跳闸信号后,可将操作手柄扳下至分闸位置,这时黄色指示牌随之返回,事故信号也随之解除。

控制回路中分别与指示灯 GN 和 RD 串联的电阻 R1 和 R2,主要用来防止指示灯灯座短路时造成控制回路短路或断路器误跳闸。

2. 采用电磁操作机构的断路器控制和信号回路

图 7－4 是采用电磁操作机构的断路器控制和信号回路原理图。其操作电源采用图 7－1所示的硅整流电容储能的直流系统。控制开关采用双向自复式并具有保持接触点的 LW5型万能转换开关,其手柄正常为垂直位置(0°)。顺时针扳转 45°,为合闸(ON)操作,手松开即自动返回(复位),保持合闸状态。逆时针扳转 45°,为分闸(OFF)操作,手松开也自动返回,保持分闸状态。图中虚线上打黑点(·)的触点,表示在此位置时触点接通;而虚线上标出的箭头(→),表示控制开关 SA 手柄自动返回的方向。

合闸时,将控制开关 SA 手柄顺时针扳转 45°,这时其触点 SA1－2 接通,合闸接触器 KO通电(回路中触点 QF1－2 原已闭合),其主触点闭合,使电磁合闸线圈 YO 通电,断路器 QF 合闸。断路器合闸完成后,SA 自动返回,其触点 SA1－2 断开,QF1－2 也断开,切除合闸回路;同时 QF3－4 闭合,红灯 RD 亮,指示断路器已经合闸,并监视着跳闸 YR 回路的完好性。

分闸时,将控制开关 SA 手柄逆时针扳转 45°,这时其触点 SA7－8 接通,跳闸线圈 YR通电(回路中触点 QF3－4 原已闭合),使断路器 QF 分闸。断路器分闸完成后,SA 自动返回,其触点 SA7－8 断开,QF3－4 也断开,切断跳闸回路,同时 SA3－4 闭合,QF1－2 也闭合,绿灯 GN 亮,指示断路器已经分闸,并监视着合闸 KO 回路的完好性。

由于红绿指示灯兼有监视分、合闸回路完好性的作用,长时间运行,因此耗电较多。为了减少操作电源中储能电容器能量的过多消耗,因此另设灯光信号小母线 WL(＋),专用来接入红绿指示灯,储能电容器的能量用来供电给控制小母线 WC。

当一次电路发生短路故障时,继电保护动作,其出口继电器触点 KM 闭合,接通跳闸线

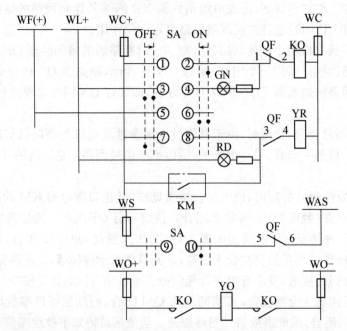

WC—控制小母线；WL—灯光信号小母线；WF—闪光信号小母线；WS—信号小母线；WAS—事故音响信号小母线；WO—合闸小母线；SA—控制开关；KO—合闸接触器；YO—电磁合闸线圈；YR—跳闸线圈器；KM—继电保护出口继电器；QF1～6—断路器 QF 的辅助触点；GN—绿色指示灯；RD—红色指示灯；ON—合闸；OFF—分闸

图 7-4 采用电磁操作机构的断路器控制和信号回路图

圈 YR 回路(回路中触点 QF3-4 原已闭合)，使断路器 QF 跳闸。随后 QF3-4 断开，使红灯 RD 灭，并切断跳闸回路，同时 QF1-2 闭合，而 SA 在合闸位置，其触点 SA5-6 闭合，从而接通闪光电源 WF(＋)，使绿灯 GN 闪光，表示断路器 QF 自动跳闸。由于 QF 自动跳闸，SA 在合闸位置，其触点 SA9-10 闭合，而 QF 已经分闸，其触点 QF5-6 也闭合，因此事故音响信号回路接通，又发出音响信号。当值班员得知事故跳闸信号后，可将控制开关 SA 的操作手柄扳向分闸位置(逆时钟扳转 45°后松开)，使 SA 的触点与 QF 的辅助触点恢复对应关系，全部事故信号立即解除。

3. 采用弹簧操作机构的断路器控制和信号回路

弹簧操作机构是利用预先储能的合闸弹簧释放能量，使断路器合闸。合闸弹簧由交直流两用电动机带动，也可以手动储能。

图 7-5 是采用有 CT7 型弹簧操作机构的断路器控制和信号回路，其控制开关采用 LW2 或 LW5 型万能转换开关。

合闸前，先按下按钮 SB，使储能电动机 M 通电(位置开关 SQ2 原已闭合)，从而使合闸弹簧储能。储能完成后，SQ2 自动断开，切断 M 的回路，同时位置开关 SQ1 闭合，为合闸做好准备。

合闸时，将控制开关 SA 手柄扳向合闸(ON)位置，其触点 SA3-4 接通，合闸线圈 YO 通电，使弹簧释放，通过传动机构使断路器 QF 合闸。合闸后，其辅助触点 QF1-2 断开，绿灯 GN 灭,并切断合闸电源。同时 QF3-4 闭合,红灯 RD 亮,指示断路器在合闸位置,并监视跳闸回路的完好性。

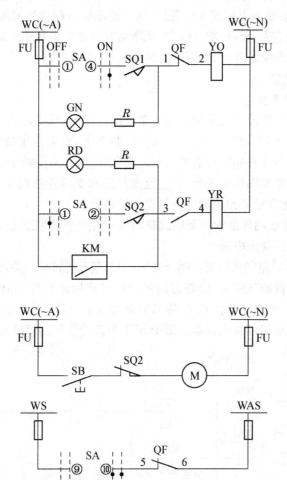

WC—控制小母线;WS—信号小母线;WAS—事故音响信号小母线;SA—控制开关;SB—按钮;SQ—储能位置开关;YO—电磁合闸线圈;YR—跳闸线圈;QF1~6—断路器 QF 的辅助触点;M—储能电机;GN—绿色指示灯;RD—红色指示灯;KM—继电保护出口继电器;ON—合闸;OFF—分闸

图 7-5　采用弹簧操作机构的断路器控制和信号回路图

　　分闸时,将控制开关 SA 手柄扳向分闸(OFF)位置,其触点 SA1-2 接通,跳闸线圈 YR 通电(回路中触点 QF3-4 原已闭合),使断路器 QF 分闸。分闸后,其辅助触点 QF3-4 断开,红灯 RD 灭,并切断分闸电源。同时 QF1-2 闭合,绿灯 GN 亮,指示断路器在分闸位置,并监视合闸回路的完好性。

　　当一次电路发生短路故障时,保护装置动作,其出口继电器 KM 触点闭合,接通跳闸线圈 YR 回路(回路中触点 QF3-4 原已闭合),使断路器 QF 跳闸。随后其触点 QF3-4 断开,红灯 RD 灭,并切断跳闸回路。同时,由于断路器是自动跳闸,SA 手柄仍在合闸位置,其触点 SA9－10 闭合，而断路器 QF 已经跳闸，QF5－6 闭合，因此事故音响信号回路接通，发出事故跳闸音响信号。值班员得知此信号后，可将控制开关 SA 手柄扳向分闸（OFF）位置，使 SA 触点与 QF 的辅助触点恢复对应关系，从而使事故跳闸信号解除。

储能电动机 M 由按钮 SB 控制，从而保证断路器合在发生短路故障的一次电路上时，断路器自动跳闸后不可能误重合闸，因而不需另设电气"防跳"装置。

（四）中央信号装置

1. 中央事故信号装置

中央事故信号装置装设在变配电所值班室或控制室内，其要求是：在任一断路器事故跳闸时，能瞬时发出音响信号，并在控制屏上或配电装置上，有表示事故跳闸的具体断路器位置的灯光指示信号。事故音响信号通常采用电笛（蜂鸣器），并应能手动或自动返回（复归）。

中央事故信号装置按操作电源分，有直流操作的和交流操作的两类。按事故音响信号的动作特征分，有不能重复动作的和能重复动作的两种。

图 7－6 是不能重复动作的中央复归式事故音响信号回路图。这种信号装置适于高压出线较少的中小型工厂变配电所。

图 7－6 所示信号回路中采用的控制开关为 LW2 型万能转换开关，其触点图表见表 7－1。

当任一台断路器自动跳闸后，断路器的辅助触点即接通事故音响信号电笛 HA。在值班员得知事故信号后，可按下按钮 SB2，使 KM 通电动作，即可解除事故音响信号。但控制屏上断路器的闪光信号却继续保留着。图中 SB1 为音响信号的试验按钮。

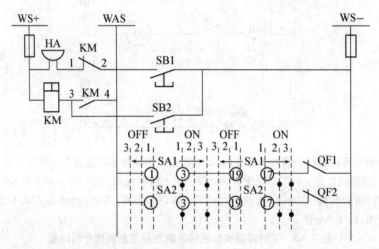

WS—信号小母线；WAS—事故音响信号小母线；SA—控制开关；SB1—试验按钮；SB2—音响解除按钮；KM—中间继电器；HA—电笛

（注：SA 的触点位置，1—预备分、合闸；2—分、合闸；3—分、合闸后；箭头"→"指操作顺序）

图 7－6　不能重复动作的中央复归式事故音响信号回路图

这种信号装置不能重复动作，即第一台断路器自动跳闸后，值班员虽已解除事故音响信号，但控制屏上的闪光信号依然存在。假设这时又有一台断路器自动跳闸，事故音响信号将不会动作，因为中间继电器 KM 的触点 3－4 已将 KM 线圈自保持，KM 触点 1－2 是断开

表7-1　LW2-Z-1a·4·6a·40·20·20/F8型控制开关触点图表

手柄和触点盒型式	F-8	1a		4		6a		
触点号		1-3	2-4	5-8	6-7	9-10	9-12	10-11
位置 分闸后	←		×					×
位置 预备合闸	↑	×				×		
位置 合闸	↗			×			×	
位置 合闸后	↑	×				×	×	
位置 预备分闸	←		×					×
位置 分闸	↙				×			×

手柄和触点盒型式	40			20			20		
触点号	13-14	14-15	13-16	17-19	17-18	18-20	21-23	21-22	22-24
位置 分闸后	×					×			×
位置 预备合闸	×				×			×	
位置 合闸		×	×				×		
位置 合闸后		×	×				×		
位置 预备分闸	×				×			×	
位置 分闸		×				×			×

注:"×"表示触点接通。

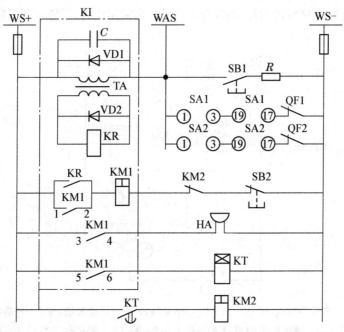

WS—信号小母线;WAS—事故音响信号小母线;SA—控制开关;SB1—试验按钮;SB2—音响解除按钮;
KI—冲击继电器;KR—干簧继电器;KM—中间继电器;KT—时间继电器;TA—脉冲变流器

图7-7　重复动作的中央复归式事故音响信号回路图

的,所以音响信号不会重复动作。只有在第一台断路器的控制开关 SA1 的手柄扳至对应的"跳闸后"位置时,另一台断路器自动跳闸时才会发出事故音响信号。

图 7-7 是重复动作的中央复归式事故音响信号装置回路图。该信号装置采用 ZC-23 型冲击继电器(又称信号脉冲继电器)KI。其中 KR 为干簧继电器,是其执行元件。TA 为脉冲变流器,其一次侧并联的 VD1 和电容 C,用于抗干扰;其二次侧并联的 VD2,起单向旁路作用。当 TA 的一次电流突然减小时,其二次侧感应出的反向电流流经 VD2 而旁路,不让它流过干簧继电器 KR 的线圈。

当某断路器 QF1 自动跳闸时,因其辅助触点与控制开关 SA1 不对应而使事故音响信号小母线 WAS 与信号小母线 WS(一)接通,从而使脉冲变流器 TA 的一次电流突增,其二次侧感应电动势使干簧继电器 KR 动作。KR 的常开触点闭合,使中间继电器 KM1 动作,其常开触点 KM1(1-2)闭合,使 KM1 自保持;其常开触点 KM1(3-4)闭合,使电笛 HA 发出音响信号;其常开触点 KM1(5-6)闭合,启动时间继电器 KT。KT 经整定的时间后,其触点闭合,接通中间继电器 KM2。KM2 的常闭触点断开,使中间继电器 KM1 断电返回,其常开触点 KM1(3-4)断开,从而解除电笛 HA 的音响信号。当另一台断路器 QF2 又自动跳闸时,同样会使电笛 HA 又发出事故音响信号。因此这种装置为"重复动作"的音响信号装置。

2. 中央预告信号装置

中央预告信号装置也装设在变配电所值班室或控制室内,其要求是:当供电系统中发生故障和不正常工作状态但不需立即跳闸时,应及时发出音响信号,并有显示故障性质和地点的指示信号(灯光或光字牌指示)。预告音响信号通常采用电铃,并能手动或自动返回(复归)。

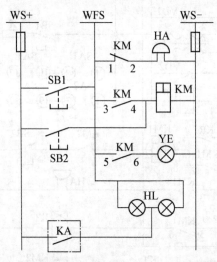

WS—信号小母线;WFS—预告信号小母线;SB1—试验按钮;SB2—音响解除按钮;KA—继电保护触点;KM—中间继电器;YE—黄色信号灯;HL—光字牌指示灯;HA—电铃

图 7-8 不能重复动作的中央复归式预告音响信号回路图

中央预告信号装置也有直流操作的和交流操作的两种,同样有不能重复动作的和能重复动作的两种。图7-8是不能重复动作的中央复归式预告音响信号装置回路图。

当供电系统中发生不正常工作状态时,继电保护动作,其触点 KA 闭合,使预告音响信号(电铃)HA 和光字牌 HL 同时动作。值班员得知预告信号后,可按下按钮 SB2,使中间继电器 KM 通电动作,其触点 KM(1-2)断开,解除电铃 HA 的音响信号;同时其触点 KM(3-4)闭合,使 KM 线圈自保持;其触点 KM(5-6)闭合,黄色信号灯 YE 亮,提醒值班员发生了不正常工作状态,而且尚未消除。当不正常工作状态消除后,继电保护触点 KA 返回,光字牌 HL 的灯光和黄色信号灯 YE 也同时熄灭。但在头一个不正常工作状态未消除时,如果又出现另一个不正常工作状态时,电铃 HA 不会再次动作。

关于能重复动作的中央复归式预告音响信号回路,其基本接线和原理与图7-7所示能重复动作的中央复归式事故音响信号回路类似,此略。

3. 闪光信号装置

闪光信号装置用于给闪光小母线 WF 提供脉动电压。当断路器事故跳闸或者自动投入时,绿灯 GN 或红灯 RD 通过接上闪光小母线 WF 而闪光。

图7-9是由闪光继电器 KF 构成的一种直流闪光装置电路。当断路器事故跳闸或者自动投入时,断路器的控制回路使指示灯(这里用白灯 WH)接通闪光小母线 WF,闪光继电器 KF 通电动作,同时指示灯 WH 亮。但 KF 线圈通电动作后,其常闭触点断开,使 WF 小母线的正电源消失,从而使指示灯 WH 灭。KF 线圈断电后,其常闭触点返回闭合,又使 WF 小母线获得正电源,从而使指示灯 WH 又亮……由于闪光继电器 KF 交替动作,使闪光小母线 WF 获得脉动的正电源,从而使指示灯 WH 闪光。

图7-10是由闪光继电器构成的一种交流闪光装置电路。与图7-9的闪光原理类似,只是这里的闪光继电器中加入了一个桥式整流器,使之只适用于交流。

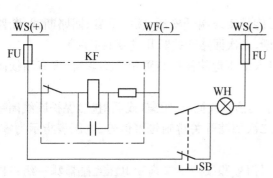

WF—闪光小母线;WS—信号小母线;KF—闪光继电器(DX-3型,直流220 V);SB—试验按钮;WH—白色指示灯

图7-9　直流闪光装置电路

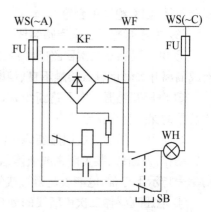

KF—闪光继电器(DX-3型,直流220 V)(其余同左图)

图7-10　交流闪光装置电路

三、任务布置

实训　变电所二次回路常见故障判断

1. 实训目的

（1）了解电流互感器二次回路断线现象。

（2）了解电压互感器二次回路断线现象。

2. 实训内容

变电所二次回路断线是经常发生的故障。二次回路断线总体上分为电流互感器二次回路断线、电压互感器二次回路断线及直流系统二次回路断线等。

（1）电流互感器二次回路断线

① 电流互感器一次绕组直接接在一次电流回路中，当二次侧开路时，二次电流为零，而一次电流不变，使铁芯中的磁通急剧增加达到饱和程度。这个剧增的磁通在开路的二次绕组中产生高压，直接危及人员和设备的安全。

② 电流互感器二次侧开路的现象包括零序、负序电流启动的保护装置频繁动作，或启动后不能复归；差动保护启动或误动作；电流表指示不正常，相电流指示减小到零；有功、无功功率表指示减小，电能表走得慢；开路点有时可能有火花或冒烟等现象；电流互感器有较大的嗡嗡声等。

③ 电流互感器二次侧开路的处理。根据故障现象判断是哪一组二次绕组开路，如果是保护用的二次绕组开路，应立即申请将可能误动的保护装置停用。检查开路绕组供电的二次回路设备（继电器、仪表、端子排等）有无放电、冒烟等明显的开路现象。如果没有发现明显的故障，可以用绝缘工具（如验电器等）轻轻触碰、按压接线端子等部位，观察有无松动、冒火或信号动作等异常现象。在进行这一检查时，必须使用电压等级相符且试验合格的绝缘安全用具（如戴绝缘手套等）。

（2）电压互感器二次回路断线

① 电压互感器二次回路断线的原因，可能是接线端子松动、接触不良、回路断线、断路器或隔离开关辅助触点接触不良、熔断器熔断、二次回路开关断开或接触不良等。

② 电压互感器二次回路断线时，所有接入电压量的保护装置都受到影响，没有断线闭锁装置的保护将会误动作。

③ 电压互感器二次回路断线可能产生下列信号或征象：距离（或低阻抗）保护断线闭锁装置动作，发断线、装置闭锁或故障信号；发二次回路开关跳闸告警信号；电压表指示为零，功率表指示不正常，电能表走得慢或停转等。

④ 电压互感器二次侧断线的处理。根据信号和故障现象判断电压互感器哪一组二次绕组回路断线。若为保护二次电压断线，应立即申请停用受到影响的继电保护装置，断开其出口回路压板，防止断路器误跳闸。如仪表回路断线，应注意对电能计量的影响。检查故障点，可用万用表交流电压挡沿断线的二次回路测量电压，根据电压有无来找出故障点予以处理。电压互感器二次回路开关跳闸或二次熔断器熔断，可能二次回路有短路故障，应设法查出短路点，予以消除。检查短路点，可在二次电源及正常触点断开后，分区分段用万用表电阻挡测量相间及相对地间的电阻，相互比较来判断。如未查出故障点，采用分区分段试送电

时,应在查明有关可能误动的保护(距离或低阻抗等)确已停用后才能进行。

（3）直流系统二次回路断线

直流系统二次回路断线可能影响保护电源正常送电、操作电源失压或信号及监视装置失灵,导致设备失去保护,断路器不能跳闸,操作不能正常进行或运行失去监视,严重威胁安全运行。发生直流断线时,可测量电压(电位)来检查直流回路断线点。用直流电压表沿有关回路检查有无电压。如果有电压,应检查该点对地电位的正负来判断具体断线点。检查电压要用内阻较高的直流电压表,这是为了防止检测中直流回路短路或接地,可能使某些保护误动。

四、课后习题

1. 填空题

（1）二次回路是指用来_____、_____、_____和_____一次电路运行的电路。

（2）蓄电池主要有_____和_____两种。

2. 判断题

（1）二次回路的操作电源,分直流和交流两大类。　　　　　　　　　（　　）

（2）高压断路器的控制回路,是指控制(操作)高压断路器分、合闸的回路。　（　　）

（3）中央事故音响信号按特征分为有不能重复动作的和能重复动作的两种。　（　　）

3. 简答题

（1）什么是二次回路?

（2）交流操作电源与直流操作电源比较,有何主要特点?

（3）对断路器的控制和信号回路有哪些主要要求?

（4）中央信号装置有哪些?

任务2　自动重合闸和备自投装置

知识教学目标

1. 了解一次自动重合闸的基本要求。
2. 掌握自动重合闸的工作原理。
3. 掌握备用电源自动投入装置的工作原理。

能力培养目标

1. 了解备自投装置的作用。
2. 熟悉自动重合闸装置的工作过程。

一、任务导入

自动重合闸装置就是输电线路在发生故障而使被跳闸的断路器自动、迅速地重新投入的一种自动装置。备用电源自动投入装置(简称备自投装置)就是当工作电源因故障断开后,能自动而迅速地将备用电源投入供电,或将用户自动切换到备用电源上去,使用户不致停电的一种自动装置。自动重合闸装置与备用电源自动投入装置的作用就是与继电保护配合,提高供电的可靠性。

二、相关知识

(一) 自动重合闸装置

运行经验表明,电力系统中的不少故障特别是架空输电线路上的短路故障大多是瞬时性故障,这些故障在继电保护动作、断路器跳闸后,多数能很快自行消除。例如雷击闪电或鸟兽造成的线路短路故障,往往在雷闪过后或鸟兽烧死以后,线路大多能恢复正常运行。因此,如果采用自动重合闸装置(简称 AAR),使断路器自动重合闸,迅速恢复供电,会大大提高供电可靠性,减少因停电带来的损失。

一端供电线路的三相 AAR,按其不同特性有各种不同的分类方法。按自动重合闸的方法分,有机械式 AAR 和电气式 AAR;按组成元件分,有机电型、晶体管型和微机型;按动作次数分,有一次 AAR、二次 AAR 和多次 AAR 等。

机械式 AAR,适于采用弹簧操作机构的断路器,可在具有交流操作电源或者虽有直流跳闸电源但没有直流合闸电源的变配电所中使用;电气式 AAR,适于采用电磁操作机构的断路器,可在具有直流操作电源的变配电所中使用。

工厂供电系统中采用的 AAR,一般都是一次 AAR。因为一次 AAR 比较简单经济,而且基本上能满足供电可靠性的要求。运行经验证明:AAR 的重合成功率随着重合次数的增加而显著降低。对于架空线路来说,一次重合成功率可达 60%～90%,而二次重合成功率只有 15%左右,三次重合成功率仅有 3%左右。因此工厂供电系统一般只采用一次 AAR。

1. 电气一次自动重合闸装置的基本原理

图 7-11 是电气一次自动重合闸装置的基本原理的电气简图。

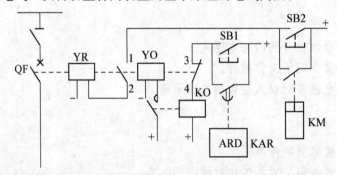

YR—跳闸线圈;YO—合闸线圈;KO—合闸接触器;KAR—重合闸继电器;KM—保护装置出口继电器;SB1—合闸按钮;SB2—跳闸按钮

图 7-11　电气一次自动重合闸装置的基本原理简图

　　手动合闸时,按下合闸按钮 SB1,使合闸接触器 KO 通电动作,从而使合闸线圈 YO 通电动作,使断路器 QF 合闸。

　　手动跳闸时,按下跳闸按钮 SB2,使跳闸线圈 YR 通电动作,使断路器 QF 跳闸。

　　当一次电路发生短路故障时,继电保护装置动作,其出口继电器接触点 KM 闭合,接通跳闸线圈 YR 回路,使断路器 QF 自动跳闸。与此同时,断路器辅助触点 QF(3-4)闭合,而且重合闸继电器 KAR 起动,经整定的时间后其延迟闭合的常开触点闭合,使合闸接触器 KO 通电动作,从而使断路器 QF 重合闸。如果一次电路上的短路故障是瞬时性的,已经消除,则可重合成功。如果短路故障尚未消除,则继电保护装置又要动作,KM 的触点闭合又使断路器 QF 再次跳闸。由于一次 AAR 采取了"防跳"措施(防止多次反复跳、合闸,图 7-11 中未表示),因此不会再次重合闸。

　　2. 电气一次自动重合闸装置示例

　　图 7-12 是采用 DH-2 型重合闸继电器的电气一次自动重合闸装置(AAR)展开式电

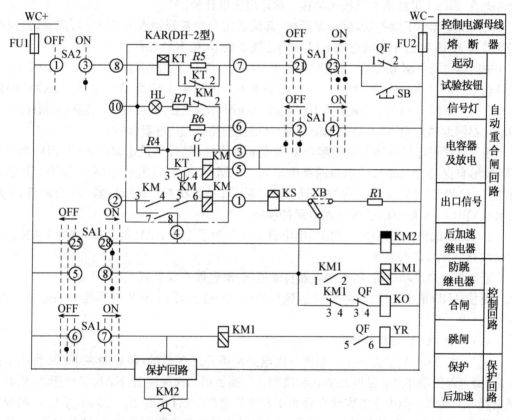

WC—控制小母线;SA1—控制开关;SA2—选择开关;KAR—DH-2 型重合闸继电器(内含 KT 时间继电器、KM 中间继电器、HL 指示灯及电阻 R、电容 C 等);KM1—防跳继电器(DZB-115 型中间继电器);KM2—后加速继电器(DZS-145 型中间继电器);KS—DX-11 型信号继电器;KO—合闸接触器;YR—跳闸线圈;XB—连接片;QF—断路器辅助触点

图 7-12　电气一次自动重合闸装置(AAR)展开图

路图(图中仅绘出了与 AAR 有关的部分)。该电路的控制开关 SA1 采用表 7-1 所示的 LW2 型万能转换开关,其合闸(ON)和分闸(OFF)操作各有 3 个位置:预备分、合闸,正在分、合闸,分、合闸后。SA1 两侧箭头"→"就是这种操作程序。选择开关 SA2 采用 LW2-1.1/F4-X 型,只有合闸(ON)和分闸(OFF)两个位置,用来投入和解除 AAR。

(1) 一次 AAR 的工作原理

线路正常运行时,控制开关 SA1 和选择开关 SA2 都扳到合闸(ON)位置,AAR 投入工作。这时重合闸继电器 KAR 中的电容器 C 经 $R4$ 充电,同时指示灯 HL 亮,表示控制小母线 WC 的电压正常,电容器 C 处于充电状态。

当一次电路发生短路故障而使断路器 QF 自动跳闸时,断路器辅助触点 QF(1-2)闭合,而控制开关 SA1 仍处在合闸位置,从而接通 KAR 的启动回路,使 KAR 中的时间继电器 KT 经它本身的常闭触点 KT(1-2)而动作。KT 动作后,其常闭触点 KT(1-2)断开,串入电阻 $R5$,使 KT 保持动作状态。串入 $R5$ 的目的,是限制通过 KT 线圈的电流,防止线圈过热烧毁,因为 KT 线圈不是按长期接上额定电压设计的。

时间继电器 KT 动作后,经一定延时,其延迟闭合的常开触点 KT(3-4)闭合,这时电容器 C 对 KAR 中的中间继电器 KM 的电压线圈放电,使 KM 动作。

中间继电器 KM 动作后,其常闭触点 KM(1-2)断开,使指示灯 HL 熄灭,这表示 KAR 已经动作,其出口回路已经接通。合闸接触器 KO 由控制小母线 WC 经 SA2、KAR 中的 KM(3-4)、KM(5-6)两对触点及 KM 的电流线圈、KS 线圈、连接片 XB、触点 KM1(3-4) 和断路器辅助触点 QF(3-4)而获得电源,从而使断路器 QF 重新合闸。

由于中间继电器 KM 是由电容器 C 放电而动作的,但 C 的放电时间不长,因此为了使 KM 能够自保持,在 KAR 的出口回路中串入了 KM 的电流线圈,借 KM 本身的常开触点 KM(3-4)和 KM(5-6)闭合使之接通,以保持 KM 动作状态。在断路器 QF 合闸后,其辅助触点 QF(3-4)断开而使 KM 的自保持解除。

在 KAR 的出口回路中串联信号继电器 KS,是为了记录 KAR 的动作,并为 KAR 动作发出灯光信号和音响信号。

断路器重合成功以后,所有继电器自动返回,电容器 C 又重新充电。

要使 ARD 退出工作,可将 SA2 扳到分闸(OFF)位置,同时将出口回路中的连接片 XB 断开。

(2) 一次 AAR 的基本要求

① 一次 AAR 只重合一次。如果一次电路故障是永久性的,断路器在 KAR 作用下重合后,继电保护动作又会使断路器自动跳闸。断路器第二次跳闸后,KAR 又要起动,使时间继电器 KT 动作。但由于电容器 C 还来不及充好电(充电时间需 15~25 s),所以 C 的放电电流很小,不能使中间继电器 KM 动作,从而 KAR 的出口回路不会接通,这就保证 AAR 只重合一次。

② 用控制开关操作断路器分闸时,AAR 不应动作。通常在分闸操作时,先将选择开关 SA2 扳至分闸(OFF)位置,其 SA2(1-3)断开,使 KAR 退出工作。同时将控制开关 SA1 的手柄扳到"预备分闸"及"分闸后"位置时,其触点 SA1(2-4)闭合,使 C 先对 $R6$ 放电,从而使中间继电器 KM 失去动作电源。因此即使 SA2 没有扳到分闸位置(使 KAR 退出的位

置），在采用 SA1 操作分闸时，断路器也不会自行重合闸。

③ AAR 的"防跳"措施。当 ARD 出口回路中的中间继电器 KM 的触点被粘住时，应防止断路器多次重合于发生永久性短路故障的一次电路上。

图 7 - 12 所示 AAR 电路中，采取了两项"防跳"措施：一是在 KAR 的中间继电保护器 KM 的电路线圈回路（即其自保持回路）中，串接了它自身的两对常开触点 KM(3 - 4) 和 KM(5 - 6)。这样，万一其中一对常开触点被粘住，另一对常开触点仍能正常工作，不致发生断路器"跳动"（反复跳、合闸）现象。二是考虑到万一 KM 的两对触点 KM(3 - 4) 和 KM(5 - 6) 同时被粘住时断路器仍可能"跳动"，故在断路器的跳闸线圈 YR 回路中，又串接了防跳继电器 KM1 的电流线圈。在断路器分闸时，KM1 的电流线圈同时通电，使 KM1 动作。当 KM 的两对触点 KM(3 - 4) 和 KM(5 - 6) 同时被粘住时，KM1 的电压线圈经它自身的常开触点 KM1(1 - 2)、XB、KS 线圈、KM 电流线圈及两对触点 KM(3 - 4)、KM(5 - 6) 而带电自保持，使 KM1 在合闸接触器 KO 回路中的常闭触点 KM1(3 - 4) 也同时保持断开，使合闸接触器 KO 不致接通，从而达到"防跳"的目的。因此这个防跳继电器 KM1 实际是一种分闸保持继电器。

采用了防跳继电器 KM1 以后，即使采用控制开关 SA1 操作断路器合闸，如果一次电路存在着故障，继电保护使断路器自动跳闸以后，断路器也不会再次合闸。当 SA1 的手柄扳到"合闸"位置时，其触点 SA1(5 - 8) 闭合，合闸接触器 KO 通电，使断路器合闸。如果一次电路存在着故障，继电保护动作使断路器自动跳闸。在跳闸回路接通时，防跳继电器 KM1 起动。这时即使 SA1 手柄扳在"合闸"位置，但由于 KO 回路中 KM1 的常闭触点 KM1(3 - 4) 断开，SA1(5 - 8) 闭合也不会再次接通 KO，而是接通 KM1 的电压线圈使 KM1 自保持，从而避免断路器再次合闸，达到"防跳"的要求。当 SA1 回到"合闸后"位置时，其触点 SA1(5 - 8) 断开，使 KM1 的自保持随之解除。

(3) AAR 与继电保护装置的配合

假设线路上装设有带时限的过电流保护和电流速断保护，则在线路末端发生短路时，过电流保护应该动作。过电流保护使断路器跳闸后，由于 KAR 动作，将使断路器重新合闸。如果短路故障是永久性的，则过电流保护又要动作，使断路器再次跳闸。但由于过电流保护带有时限，因而将使故障延续时间延长，危害加剧。为了减小危害，缩短故障时间，一般采取重合闸后加速保护装置动作的措施。

由图 7 - 12 可知，在 KAR 动作后，KM 的常开触点 KM(7 - 8) 闭合，使加速继电器 KM2 动作，其延时断开的常开触点 KM2 立即闭合。如果一次电路的短路故障是永久性的，则由于 KM2 闭合，使保护装置启动后，不经时限元件，而只经 KM2 触点直接接通保护装置出口元件，使断路器快速跳闸。AAR 与保护装置的这种配合方式，称 AAR"后加速"。

由图 7 - 12 还可看出，控制开关 SA1 还有一对触点 SA1(25 - 28)，它在 SA1 手柄处于"合闸"位置时接通。因此当一次电路存在着故障而 SA1 手柄在"合闸"位置时，直接接通加速继电器 KM2，也能加速故障电路的切除。

(二) 备用电源自动投入装置

在要求供电可靠性较高的工厂变配电所中，通常设有两路电源进线。在车间变电所低压侧，一般也设有与相邻车间变电所相连的低压联络线。如果在作为备用电源的线路上装设备用电源自动投入装置(简称 AAT),则在工作电源线路突然断电时,利用失压保护装置使该线路的断路器跳闸,并在 AAT 作用下,使备用电源线路的断路器迅速合闸,使备用电源投入运行,恢复供电,从而大大提高供电可靠性,保证对用户的不间断供电。

1. 备用电源自动投入的基本原理

图 7-13 是说明备用电源自动投入基本原理的电气简图。

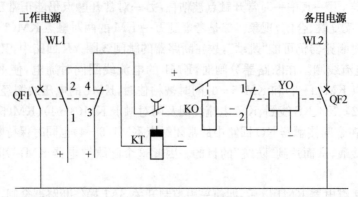

QF1—工作电源进线 WL1 上的断路器;QF2—工作电源进线 WL2 上的断路器;KT—时间继电器;KO—合闸接触器;YO—QF2 的合闸线圈

图 7-13　备用电源自动投入装置(AAT)基本原理简图

假设电源进线 WL1 在工作,WL2 为备用,断路器 QF2 断开。当工作电源 WL1 断电引起失压保护动作使 QF1 跳闸时,其常开触点 QF1(3-4)断开,使原已通电动作的时间继电器 KT 断电,但其延时断开触点尚未及时断开,这时 QF1 的另一对常闭触点 QF1(1-2)闭合,而使合闸接触器 KO 通电动作,使 QF2 合闸,从而使备用电源 WL2 投入运行,恢复对变配电所的供电。备用电源 WL2 投入后,KT 的延时断开触点断开,切断 KO 回路,同时 QF2 的联锁触点 QF2(1-2)断开,切断 YO 回路,避免 YO 长期通电(YO 是按短时大功率设计的)。由此可见,双电源进线又配备以 AAT 时,供电可靠性大大提高,但是双电源单母线不分段接线,如果母线上发生故障,整个变配电所仍要停电。因此对有重要负荷的场合,宜采用两段母线同时供电的方式。

2. 高压双电源互为备用的 AAT 电路示例

图 7-14 是高压双电源互为备用的 AAT 电路,采用的控制开关 SA1、SA2 均为表 7-1 所示的 LW2 型万能转换开关,其触点 5-8 只在"合闸"时接通,触点 6-7 只在"分闸"时接通。断路器 QF1 和 QF2 均采用交流操作的 CT7 型弹簧操作机构。

假设电源 WL1 在工作,WL2 为备用,即断路器 QF1 在合闸位置,QF2 在分闸位置。这时控制开关 SA1 在"合闸后"位置,SA2 在"分闸后"位置,它们的触点 5-8 和 6-7 均断开,而触点 SA1(13-16)接通,触点 SA2(13-16)断开。指示灯 RD1(红灯)亮,GN1(绿灯)灭;RD2(红灯)灭,GN2(绿灯)亮。

当工作电源 WL1 断电时,电压继电器 KV1 和 KV2 动作,它们的触点返回闭合,接通时间继电器 KT1,使其延时闭合的常开触点闭合,接通信号继电器 KS1 和跳闸线圈 YR1,使断路器 QF1 跳闸,同时给出跳闸信号,红灯 RD1 因触点 QF1(5-6)断开而熄灭,绿灯 GN1

因触点 QF1(7-8)同时闭合而点亮。与此同时,断路器 QF2 的合闸线圈 YO2 因触点 QF1 (1-2)闭合而通电,使断路器 QF2 合闸,从而使备用电源 WL2 自动投入,恢复变配电所的供电,同时红灯 RD2 亮,绿灯 GN2 灭。

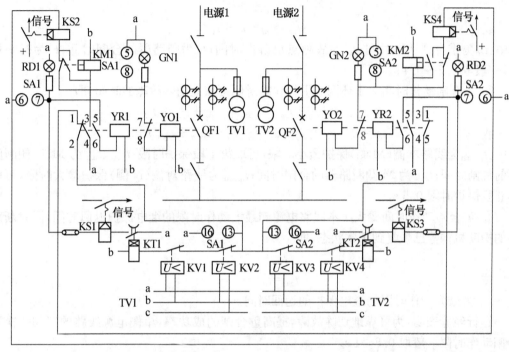

QF1、QF2—断路器;TV1、TV2—电压互感器(其二次侧相序 a、b、c);SA1、SA2—控制开关;KV1~KV4—电压继电器;KT1、KT2—时间继电器;KM1、KM2—中间继电器;KS1~KS4—信号继电器;YR1、YR2—跳闸线圈;YO1、YO2—合闸线圈;RD1、RD2—红色指示灯;GN1、GN2—绿色指示灯

图 7-14　高压双电源互为备用的 AAT 电路图

反之,如果运行的备用电源 WL2 又断电时,同样的,电压继电器 KV3、KV4 将使 QF2 跳闸,使 QF1 合闸,自动投入电源 WL1 工作。

三、任务布置

实训　自动重合闸装置参数的整定

1. 实训目的

(1) 了解时限整定方法。

(2) 了解重合闸继电器。

2. 实训内容

为了保证自动重合闸装置能够正确的动作,必须对其进行参数整定。需整定的参数包括重合闸动作时限和重合闸复归时间两项。

(1) 重合闸动作时限的整定

对图 7-12 所示电气一次自动重合闸装置,重合闸动作时限是指时间继电器 KT 的整定时限。原则上它是越短越好,但必须考虑以下几个方面的问题:

① 重合闸动作时间大于故障点反游离时间,即考虑故障点有足够的断电时间,保证故障点绝缘强度恢复,否则即使在瞬时性故障下,重合也不能成功。在考虑绝缘强度恢复时还必须计及负荷电动机向故障点反馈电流时使得绝缘强度恢复变慢的因素,即

$$t_{op} + t_{x} > t_{al}$$

或
$$t_{op} = t_{al} - t_{x} + t_{s}$$

式中:t_{op} 为重合闸动作时间;t_{al} 为故障点反游离时间;t_{x} 为断路器的合闸时间;t_{s} 为时间裕度,一般取 $0.3 \sim 0.4$ s。

② 重合闸动作时间大于环网或平行线路对侧可靠地切除故障的时间,即

$$t_{m.\min} + t_{m.sj} + t_{op} + t_{m.x} > t_{n.\max} + t_{n.sj} + t_{al}$$

或
$$t_{op} = t_{n.\max} + t_{n.sj} + t_{al} - (t_{m.\min} + t_{m.sj} + t_{m.x}) + t_{s}$$

式中:$t_{m.\min}$ 为线路本侧(M 侧)保护最小时限,可取第 I 段保护时限;$t_{m.sj}$、$t_{n.sj}$ 为 M、N 侧断路器的跳闸时间;$t_{m.x}$ 为 M 侧断路器的合闸时间;$t_{n.\max}$ 为线路对侧(N 侧)保护最大时限,可取第 II 段保护时限 0.5 s。

③ 重合闸动作时间要大于本线路电源侧最大动作时限的继电保护返回时间,同时断路器的操动机构等已恢复到正常状态,即

$$t_{op} + t_{x} > t_{re}$$

或
$$t_{op} = t_{re} - t_{x} + t_{s}$$

式中,t_{re} 为最大动作时限的继电保护的返回时间。

运行经验表明,为可靠地切除故障,提高重合闸的成功率,单侧电源线路的三相一次重合闸动作时限一般取 $0.8 \sim 1$ s。

(2) 重合闸复归时间的整定

重合闸复归时间就是电容器 C 上两端电压从零值充电到中间继电器 KM 动作电压所需要的时间。它必须满足以下几方面的要求:一方面必须保证断路器重合到永久性故障时,由后备保护再次跳闸,AAR 不会再动作去重合闸断路器;另一方面,第一次重合成功之后不久,线路又发生新的故障,将进行新的一轮跳闸—重合闸循环。从第一次重合到第二次重合应有一定的时间间隔,来保证断路器切断能力的恢复,即当重合闸动作成功后,复归时间不小于断路器恢复到再次动作所需时间。综合两方面的要求,重合闸复归时间一般取 $15 \sim 20$ s。

四、课后习题

1. 填空题

(1) AAR 与继电保护的配合一般采取重合闸_____加速保护装置动作。

(2) 在一次 AAR 中,电容 C 的充电时间是_____秒。

2. 判断题

(1) 一端供电线路的三相 AAR 按重合次数分,有一次 AAR、二次 AAR 和多次 AAR。
( )

(2) 工厂供电系统一般只采用一次 AAR。
( )

(3) 备自投装置是在工作电源因故障断开后才动作的。
( )

3. 简答题

(1) 什么是自动重合闸装置？

(2) 什么是备用电源自动投入装置？

(3) 一次自动重合闸装置有哪些基本要求？

单元 8 电气安全、防雷及接地

任务 1 电气安全

知识教学目标

1. 了解触电对人体的危害。
2. 熟悉预防触电的方法。
3. 了解电气安全的一般措施。
4. 熟悉触电急救措施。

能力培养目标

1. 掌握现场急救方法。
2. 掌握人工呼吸法。
3. 掌握胸外挤压心脏急救法。

一、任务导入

人身触及带电导体或绝缘遭到破坏的电气设备外壳时,人身成为电流通路的一部分,造成触电事故。触电对于人体组织的破坏程度是很复杂的,一般来说,电流对人体的伤害大致分为两大类,即电击和电伤。电击是指电流通过人体内部,造成人体内部组织的损伤和破坏,这是最危险的触电,大多数能使人死亡。电伤是指强电流瞬间通过人体的某一局部或电弧对人体表面的烧伤,使外表器官遭到破坏,当烧伤面不大时,不至于有生命危险,电击的危害高于电伤。

二、相关知识

(一) 电流对人体的危害

电击对人的伤害程度与通过人体电流的大小、持续时间、电流的频率以及电流通过人体的途径密切相关。

1. 流过人体的电流

流过人体的电流又称为人体触电电流,它的大小对人体组织的伤害程度起着决定性作用。表 8-1 列出了不同触电电流时人体的生理反应情况。一般规定:工频交流电的极限安全电流值为 30 mA。

2. 人体电阻

流经人体电流的大小，与人体电阻有着密切的关系。当电压一定时，人体电阻越大，流过人体的电流越小，反之亦然。

人体电阻包括两部分，即体内电阻和皮肤电阻。体内电阻由肌肉组织、血液、神经等组成，其值较小，且基本上不受外界条件的影响。皮肤电阻是指皮肤表面角质层的电阻，它是人体电阻的主要部分，其数值变化较大。当皮肤干燥、完整时，人体电阻可达 10 kΩ 以上；而当皮肤角质层受潮或损伤时，人体电阻会降到 1 kΩ 左右；如皮肤完全遭到破坏，人体电阻将下降到 600～800 Ω。

3. 人体接触电压

流过人体电流的大小与人体接触电压的高低有直接关系，接触电压越高，触电电流越大，但二者之间并非线性关系。

极限安全电流和人体电阻的乘积，称为安全接触电压，它与工作环境有关。根据 GB 3805—83 规定其有效值最大不超过 50 V，安全额定电压等级为 42 V、36 V、24 V、12 V、6 V。一般工矿企业安全电压采用 36 V。

4. 触电持续时间

触电持续时间是指从触电瞬间开始到人体脱离电源或电源被切断时的时间。我国规定：触电电流与触电时间的乘积不得超过 30 mA·s。

触电对人体的伤害程度除上述几个主要原因外，还与电流的频率、电流通过人体的途径、人的体质状态等因素有关。工频交流电对人体的危害较直流电大。

表 8-1　不同触电电流时人体的生理反应情况

电流/mA	危　害　程　度	
	交　流/50 Hz	直　流
2～3	手指有强烈麻刺感，颤抖	没有感觉
5～7	手指痉挛	感觉痒、刺痛、灼热
8～10	手指尖部到腕部痛得厉害，虽能摆脱导体但较困难	热感觉增强
20～30	手迅速麻痹不能摆脱导体，痛得厉害，呼吸困难	热感觉增强，手部肌肉收缩，但不强烈
30～50	引起强烈痉挛，心脏跳动不规则，时间长则心室颤动	热感觉增强，手部肌肉收缩，但不强烈
50～80	呼吸麻痹，发生心室颤动	有强烈热感觉，手部肌肉痉挛，呼吸困难
90～100	呼吸麻痹，持续 3 s 以上心脏麻痹，以至停止跳动	呼吸麻痹
300 及以上	作用时间 0.15 s 以上，呼吸和心脏麻痹，肌体组织遭到电流的热破坏	

（二）触电的预防方法

根据人体触电的情况将触电防护分为直接触电防护和间接触电防护两类。

1. 直接触电防护

是指对直接接触正常带电部分的防护,例如对带电导体加隔离栅栏或加保护罩等。

2. 间接触电防护

是指对故障时可带危险电压而正常时不带电的外露可导电部分(如金属外壳、框架等)的防护,例如将正常不带电的外露可导电部分接地,并装设接地故障保护,用以切断电源或发出报警信号等。

(三) 触电的急救处理

触电者的现场急救,是抢救过程中关键的一步。如处理及时和正确,则因触电而呈假死的人有可能获救;反之,就会带来不可弥补的后果。因此《电业安全工作规程》(DL408—91)将"特别要学会触电急救"规定为电气工作人员必须具备的条件之一。

1. 脱离电源

触电急救,首先要使触电者迅速脱离电源,越快越好,因为触电时间越长,伤害越重。

(1)脱离电源就是要将触电者接触的那一部分带电设备的开关断开,或设法将触电者与带电设备脱离。在脱离电源时,救护人既要救人,也要注意保护自己。触电者未脱离电源前,救护人员不得直接用手触及伤员。

(2)如触电者触及低压带电设备,救护人员应设法迅速切断电源,如拉开电源开关或拔除电源插头;或使用绝缘工具、干燥的木棒等不导电物体解脱触电者;也可抓住触电者干燥而不贴身的衣服将其拖开;也可戴绝缘手套或将手用干燥衣物等包起绝缘后解脱触电者;救护人员也可站在绝缘垫上或干木板上进行救护。为使触电者与导电体解脱,最好用一只手进行救护。

(3)如触电者触及高压带电设备,救护人员应迅速切断电源,或用适合该电压等级的绝缘工具(戴绝缘手套、穿绝缘靴并用绝缘棒)解脱触电者。救护人员在抢救过程中,应注意保持自身与周围带电部分必要的安全距离。

(4)如触电者处于高处,解脱电源后人可能会从高处坠落,因此要采取相应的安全措施,以防触电者摔伤或死亡。

(5)在切断电源救护触电者时,应考虑到事故照明、应急灯等临时照明,以便继续进行急救。

2. 急救处理

当触电者脱离电源后,应立即根据具体情况,迅速对症救治,同时赶快通知医生前来抢救。

(1)如果触电者神志尚清醒,则应使之就地躺平,严密观察,暂时不要站立或走动。

(2)如果触电者已神志不清,则应使之就地仰面躺平,且确保气道通畅,并用 5 s 时间,呼叫伤员或轻拍其肩部,以判定伤员是否意识丧失,禁止摇动伤员头部呼叫伤员。

(3)如果触电者失去知觉,停止呼吸,但心脏微有跳动(可用两指去试一侧喉结旁凹陷处的颈动脉有无搏动)时,应在通畅气道后,立即施行口对口(或鼻)的人工呼吸。

(4)如果触电者受伤相当严重,心跳和呼吸都已停止,完全失去知觉时,则在通畅气道后,立即同时进行口对口(鼻)的人工呼吸和胸外按压心脏的人工循环。如果现场仅有一人抢救时,可交替进行人工呼吸和人工循环,先胸外按压心脏 4～8 次,然后口对口(鼻)吹气

2～3 次，再按压心脏 4～8 次，又口对口（鼻）吹气 2～3 次，如此循环反复进行。

由于人的生命的维持，主要是靠心脏跳动而造成的血液循环和呼吸而形成的氧气和废气的交换，因此采用胸外按压心脏的人工循环和口对口（鼻）吹气的人工呼吸的方法，能对处于因触电而停止了心跳和中断了呼吸的"假死"状态的人起暂时弥补的作用，促使其血液循环和正常呼吸，达到"起死回生"。在急救过程中，人工呼吸和人工循环的措施必须坚持进行。在医务人员未来接替救治前，不应放弃现场抢救，更不能只根据没有呼吸或脉搏擅自判定伤员死亡，放弃抢救，只有医生有权做出伤员死亡的诊断。

3. 人工呼吸法

（1）首先迅速解开触电者的衣服、裤带，松开上身的紧身衣、胸罩和围巾等，使其胸部能自由扩张，不致妨碍呼吸。

（2）使触电人仰卧，不垫枕头，头先侧向一边，清除其口腔内的血块、假牙及其他异物。如舌根下陷，应将舌头拉出，使气道畅通。如触电者牙关紧闭，救护人应以双手托住其下颌骨的后角处，大拇指放在下颌角边缘，用手将下颌骨慢慢向前推移，使下牙移到上牙之前；也可用开口钳、小木片、金属片等，小心地从口角伸入牙缝撬开牙齿，清除口腔内异物。然后将其头部扳正，使之尽量后仰，鼻孔朝天，使气道畅通。

（3）救护人位于触电者头部的左侧或右侧，用一只手捏紧鼻孔，不使漏气；用另一只手将下颌拉向前下方，使嘴巴张开。嘴上可盖一层纱布，准备接受吹气。

（4）救护人做深呼吸后，紧贴触电者嘴巴，向他大口吹，如图 8-1(a)所示。如果掰不开嘴，亦可捏紧嘴巴，紧贴鼻孔吹气。吹气时，要使胸部膨胀。

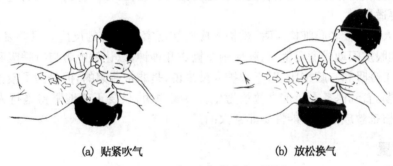

(a) 贴紧吹气　　　　　　　　　　(b) 放松换气

图 8-1　口对口吹气的人工呼吸法

（5）救护人吹气完毕后换气时，应立即离开触电者的嘴巴（或鼻孔），并放松紧捏的鼻（或嘴），让其自由排气，如图 8-1(b)所示。

按照上述要求对触电者反复地吹气、换气，每分钟约 12 次。对幼小儿童施行此法时，鼻子不捏紧，可任其自由漏气，而且吹气不能过猛，以免肺包胀破。

4. 胸外按压心脏的人工循环法

按压心脏的人工循环法有胸外按压和开胸直接挤压心脏两种。后者是在胸外按压心脏效果不大的情况下，由胸外科医生进行。这里只介绍胸外按压心脏的人工循环法。

（1）与上述人工呼吸法的要求一样，首先要解开触电者衣服、裤带及胸罩、围巾等，并清除口腔内异物，使气道畅通。

（2）使触电者仰卧，姿势与上述口对口吹气法同，但后背着地处的地面必须平整牢固，如硬地或木板之类。

（3）救护人位于触电者一侧，最好是跨腰跪在触电者的腰部，两手相叠（对儿童可只用一只手），手掌根部放在心窝稍高一点的地方（掌根放在胸骨的下三分之一部位），如图8-2所示。

（4）救护人找到触电者的正确压点后，自上而下、垂直均衡地用力向下按压，压出心脏里面的血液，如图8-3(a)所示。对儿童，用力应适当小一些。

（5）按压后，掌根迅速放松（但手掌不要离开胸部），使触电者胸部自动复原，心脏扩张，血液又回到心脏里来，如图8-3(b)所示。

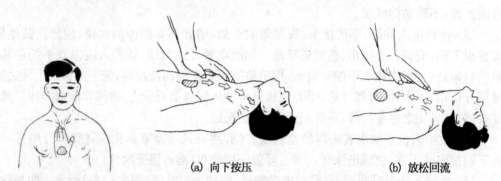

(a) 向下按压　　　　　　　　　　(b) 放松回流

图8-2　胸外按压心脏的正确压点　　　　图8-3　人工胸外按压心脏法

按照上述要求反复地对触电者的心脏进行按压和放松，每分钟约60次。按压时定位要准确，用力要适当。

在施行人工呼吸和心脏按压时，救护人应密切观察触电者的反应。只要发现触电者有苏醒征象，如眼皮闪动或嘴唇微动，就应中止操作几秒钟，以让触电者自行呼吸和心跳。

施行人工呼吸和心脏按压，对于救护人员来说，是非常劳累的，但是为了救治触电者，还必须坚持不懈，直到医务人员前来救治为止。事实说明，只要正确地坚持施行人工救治，触电假死的人被抢救成活的可能性是非常大的。

三、任务布置

1. 人工呼吸法练习。

2. 胸外心脏按压法练习。

四、课后习题

1. 填空题

（1）电流对人体的伤害大致分为两大类，即_____和_____，其中_____者更为严重。

（2）工频交流电的极限安全电流值为_____。

（3）人体电阻分为_____和_____。

2. 判断题

（1）皮肤完全遭到破坏，人体电阻将下降到 $600 \sim 800\ \Omega$。　　　　　　　　　　（　）

 （2）工频交流电对人体的危害较直流电大。   （ ）

 （3）8～10 mA 的交流电，人虽能摆脱导体但较困难。   （ ）

 （4）看到有人触电不能摆脱，能够用手去拉。   （ ）

3．选择题

（1）当皮肤干燥、完整时，人体电阻可达_____。

 A. 10 kΩ   B. 1 kΩ   C. 600 Ω   D. 10 Ω

（2）一般工矿企业安全电压采用_____。

 A. 380 V   B. 100 V   C. 36 V   D. 24 V

4．简答题

（1）触电的危险性主要取决于哪些因素？预防触电的措施有哪些？

（2）触电急救的方法及注意事项有哪些？

任务 2　大气过电压与防雷

知识教学目标

1．了解过电压的类型、危害。

2．熟悉防雷设施的工作原理。

3．了解供配电系统的防雷措施。

能力培养目标

1．掌握建筑物、电气设备的防雷设施的敷设。

2．实训变电所防雷措施。

一、任务导入

  供配电系统在正常运行时，电气设备的绝缘处于电网的额定电压作用之下。但是由于雷击等原因，供配电系统中某些部分的电压可能升高，甚至会大大超过正常运行状态下的数值。这种对电气设备绝缘造成危害的电压升高，称之为过电压。过电压按其产生的原因不同，分为内部过电压和外部过电压。

  1．内部过电压

  在电力系统中，由于断路器操作、发生故障或其他原因引起电磁能量转换而产生的过电压，称之为内部过电压。

  内部过电压的能量来自电网本身，所以其幅值和电网的工频电压有一定的倍数关系。运行经验证明，内部过电压的幅值在多数情况下不会超过电网工频电压的3.5倍，只要合理选择电气设备的绝缘强度，在运行期间加强定期检查，及时排除绝缘弱点，内部过电压造成的破坏是可以防止的。另外，由于各级变配电所的高、低压母线上均装有阀型避雷器，它对幅值较高的内部过电压也兼有防护作用。

2. 大气过电压

供配电系统的电气设备和地面建筑物遭受直接雷击或感应雷击时所产生的过电压,其能量来源于系统外部,故称为外部过电压,又称大气过电压或雷电过电压。雷电过电压在供配电系统中所形成的雷电冲击电压的幅值可达几百千伏,雷电冲击电流的幅值可达几百千安,从而会造成线路停电、电气设备破坏、建筑物破坏和人畜伤亡等严重事故。

二、相关知识

(一)雷电的基本知识

1. 雷电的形成

雷电是带电云层(雷云)与建筑物、防雷装置、大地或其他物体之间发生的迅猛放电现象。

雷电产生原因的学说较多,现象比较复杂。最常见的一种说法是:地面湿气受热上升,或空气中不同冷、热气团相遇,凝成水滴或冰晶,形成积云。积云在运动中使电荷发生分离,形成积聚大量电荷的雷云。当雷云的电场强度达到足够大时将引起雷云中的内部放电,或雷云间的强烈放电,或雷云与大地或其他物体间放电,即所谓雷电。

2. 雷电的表现形式

大多数雷电发生在雷云之间,这对地面设施没有什么直接影响,我们所关心的主要是雷云对大地的放电以及由此形成的直击雷过电压、感应雷过电压及雷电侵入波。另外,偶然会出现所谓的球形雷,对地面设施也会造成危害。

(1)直击雷。直击雷是雷电直接击中电气设备、线路、建筑物或其他地面设施,经验表明,对大地放电的雷云大多数带负电荷(约占85%)。雷云对大地放电的基本过程如表8-2所示。

表8-2 雷云对大地放电的基本过程

放电过程	过程描述	示 意 图
先导放电阶段	当雷云靠近大地时,地面感应出与雷云的电荷极性相反的电荷,当雷云与大地之间在某一方位的电场强度达到25~30 kV/cm 时,就开始有放电通道自雷云向这一方位发展	
迎面先导阶段	先导放电通道临近地面时,由于局部电场强度增加,常常形成一个上行的迎雷先导	
主放电阶段	当上、下先导相互接近时,正、负电荷强烈吸引中和而产生强大的雷电流,并伴有雷鸣电闪,这就是直击雷的主放电阶段,这时间极短,一般约50~100 μs	
余辉放电阶段	雷云中的剩余电荷继续沿主放电通道向大地放电,形成断续的隆隆雷声。这就是直击雷的余辉放电阶段,时间约为0.03~0.15 s,电流较小,约几百安	

　　(2) 感应雷和雷电侵入波。当雷云在架空线路(或其他物体)上方时,线路上由于静电感应而积聚大量异性的束缚电荷。雷云主放电时,先导通道中的电荷迅速中和,架空线路上的电荷被释放,形成自由电荷,电荷流向线路两端,形成电位很高的过电压,这就是感应雷过电压,如图 8 - 4 所示。高压线路上的感应雷过电压,它的幅值高达 $300\sim400\ \mathrm{kV}$,低压线路上的感应雷过电压也可达几万伏,对供配电系统的危害很大。

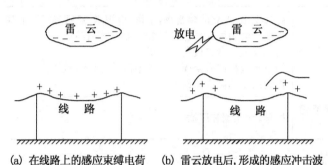

　　(a) 在线路上的感应束缚电荷　　(b) 雷云放电后,形成的感应冲击波

图 8 - 4　架空线路上的感应雷过电压

　　由于架空线路遭受直击雷或感应雷而产生的雷电冲击波,会沿架空线路侵入变配电所或厂房等其他建筑物内将导致设备损坏。据统计,这种雷电波侵入引起的事故占电力系统雷害事故的 50％以上,因此对雷电冲击波侵入的防护也应予以足够的重视。

　　(3) 球形雷。在雷电频繁的雷雨季节,偶然会发现殷红色、灰红色、紫色或蓝色的"火球",直径一般十到几十厘米,甚至超过 1 m。有时从天而降,然后又在空中或沿地面水平移动,有时平移有时滚动,通过烟囱、开着的门窗和其他缝隙进入室内,或无声地消失,或发出丝丝的声音,或发生剧烈的爆炸,因而人们习惯称之为"球形雷"。防避球形雷最好在雷雨天不要打开门窗,并在烟囱、通风管道等空气流动处装上网眼不大于 4 cm,粗约 $2\sim2.5$ mm 的金属保护网,然后做良好接地。

　　3. 雷电活动及雷击的选择性

　　(1) 雷电活动及年平均雷暴日。雷电活动从季节来讲,夏季最活跃,冬季最少;从地区分布来讲,热而潮湿的地区多,冷而干燥的地区少;山区多,平原少。评价某一地区雷电活动的强弱,通常习惯使用"年平均雷暴日",即以一年中该地区有多少天耳朵能听到雷鸣来表示该地区雷电活动的强弱。年平均雷暴日数不超过 15 天的地区称为少雷区,超过 40 天的地区称为多雷区。年平均雷暴日数越多,表示该地区雷电活动越强,因此对防雷要求就越高,防雷措施越要加强。

　　(2) 雷击选择性。年平均雷暴日这一数字只能提供一个概略的情况。事实上,即使在同一地区内,雷电活动也有所不同,有些局部地区,雷击要比邻近地区多得多。同一区域内雷击分布不均匀的现象称为"雷击选择性"。雷害事故统计资料和实验研究证明,雷击的地点以及遭受雷击的部位是有一定规律的,掌握这些规律对预防雷击有很重要的意义。

　　同一区域容易遭受雷击的地点和部位如表 8 - 3 所示。

表 8-3 同一区域容易遭受雷击的地点和部位

类　　别	特征及实例
易遭受雷击的地点	土壤电阻率较小的地方：金属矿床的地区、河岸、地下水出口处、湖沼、低洼地区和地下水位高的地方； 不同电阻率土壤的交界地段：山坡与稻田接壤处、岩石与土壤的交界线
易遭受雷击的建（构）筑物	高耸突出、孤立的建筑物：水塔、电视塔、高楼和旷野的建（构）筑物等； 排出导电尘埃、废气热气柱的厂房，管道等； 内部有大量金属设备的厂房； 地下水位高或有金属矿床等地区的建（构）筑物； 铁路线路和高压电线路
同一建（构）筑物易遭受雷击的部位	檐角、女儿墙和屋檐

（二）防雷装置

1. 避雷针

专门用来直接接受雷击的金属构件，称之为接闪器。其功能是把接引来的雷电流，通过引下线和接地装置向大地中泄放，保护建筑物及其他设备免受直接雷害。常用的防雷设施有避雷针、避雷线、避雷带和避雷网。

避雷针及避雷线是防止直接雷击的装置，它把雷电引向自身，使被保护物免受雷击。

避雷针是接地良好的、顶端尖锐的金属棒。它由接闪器、接地引下线和接地极三部分组成。接闪器由直径 12～20 mm，长为 1～2 m 的圆钢或直径为 20～25 mm 钢管制成，接地引下线为截面不小于 25 mm^2 的镀锌钢绞线或直径不小于 6 mm 的圆钢制成，接地极为埋入土壤中的金属板或金属管。为了保护接地良好，三部分必须牢固地熔焊连接。

避雷针的保护范围，以它能防护直击雷的空间来表示。

我国过去的防雷设计规范（如 GBJ57—83）和过电压保护设计规范（如 GBJ64—83），对避雷针和避雷线的保护范围都是按"折线法"来确定的，而新颁国家标准 GB 50057—94《建筑物防雷设计规范》则规定采用 IEC 推荐的"滚球法"来确定。

所谓"滚球法"就是选择一个半径为 h_r（滚球半径）的球体，沿需要防护直击雷的部位滚动，如果球体只接触到避雷针（线）或避雷针（线）与地面，而不触及需要保护的部位，则该部位就在避雷针（线）的保护范围之内。

单支避雷针的保护范围，按 GB 50057—94 规定，应按下列方法确定（参看图 8-5）：

（1）当避雷针高度 $h \leqslant h_r$ 时

① 距地面 h_r 处做一平行于地面的平行线；

② 以避雷针的针尖为圆心，h_r 为半径，做弧线交于平行线的 A、B 两点；

③ 以 A、B 为圆心，h_r 为半径做弧线，该弧线与针尖相交并与地面相切。从此弧线起到地面止的整个伞形空间，就是避雷针的保护范围；

④ 避雷针在被保护物高度 h_x 的 xx' 平面上的保护半径，按下式计算：

$$r_x = \sqrt{h(2h_r - h)} - \sqrt{h_x(2h_r - h_x)} \tag{8-1}$$

式中，h_r 为滚球半径，按表 8-4 确定。

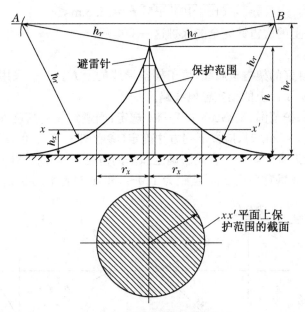

图8-5 单支避雷针保护范围

表8-4 按建筑物防雷类别确定滚球半径和避雷网格尺寸

建筑物防雷类别	滚球半径 h_r/m	避雷网格尺寸/m
第一防雷建筑物	30	≤5×5 或≤6×4
第二防雷建筑物	45	≤10×10 或≤12×8
第三防雷建筑物	60	≤20×20 或≤24×16

⑤ 避雷针在地面上的保护半径,按下式计算:

$$r_0 = \sqrt{h(2h_r - h)} \qquad (8-2)$$

(2)当避雷针高度 $h > h_r$ 时

在避雷针上取高度 h_r 的一点代替单支避雷针的针尖作圆心;其余的作法与 $h \leqslant h_r$ 时的作法相同。

关于两支及多支避雷针的保护范围,可参看 GB 50057—94 或有关设计手册,此略。

【例8-1】 某厂在一座高为 30 m 的水塔侧建一变电所,其各部尺寸如图8-6所示,水塔顶装有一支高 2 m 的避雷针。问:能否保护这一变电所?

解:查表8-4得滚球半径 $h_r = 60$ m,而 $h = 30$ m$+2$ m$= 32$ m,$h_x = 6$ m,由(式8-1)得避雷针保护半径为

$$r_x = \sqrt{32 \times (2 \times 60 - 32)}\ \text{m} - \sqrt{6 \times (2 \times 60 - 6)}\ \text{m} = 26.9\ \text{m}$$

现变电所在 $h_x = 6$ m 高度上最远一角距离避雷针的水平距离为

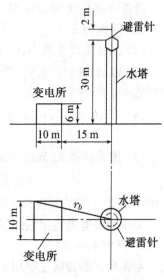

图8-6 例题8-1的图

$$r=\sqrt{(15+10)^2+5^2}\ \mathrm{m}=25.5\ \mathrm{m}<r_x$$

由此可见,水塔上的避雷针完全能保护这一变电所。

2. 避雷线

避雷线是接地良好的架空金属线,位于架空导线的上方。一般采用 35 mm² 的钢绞线,主要用来保护 35 kV 及以上的架空输电线路。

单根避雷线的保护范围,按 GB 50057—94 规定:当避雷线的高度 $h\geq 2h_r$ 时,无保护范围;当避雷线的高度 $h<2h_r$ 时,应按下列方法确定(参看图 8-7)。但需注意,确定架空避雷线的高度时,应计及弧垂的影响。在无法确定弧垂的情况下,等高支柱间的档距小于 120 m 时,其避雷线中点的弧垂宜采用 2 m;档距为 120~150 m 时宜采用 3 m。

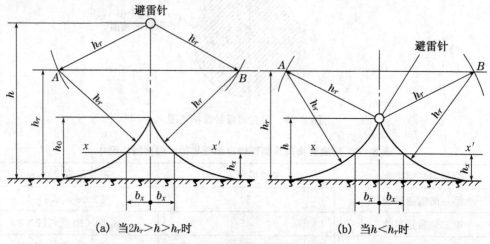

(a) 当 $2h_r>h>h_r$ 时   (b) 当 $h<h_r$ 时

图 8-7　单根避雷线的保护范围

避雷线的高度 $h<2h_r$ 时,保护范围的确定方法如下:

(1) 距地面 h_r 处做一平行于地面的平行线。

(2) 以避雷线为圆心,h_r 为半径,做弧线交于平行线的 A、B 两点。

(3) 以 A、B 为圆心,h_r 为半径做弧线,该两弧线相交或相切,并与地面相切。从该弧线起到地面止就是保护范围。

(4) 当 $2h_r\gg h$ 时,保护范围最高点的高度 h_0 按下式计算:

$$h_0=2h_r-h \tag{8-3}$$

(5) 避雷线在 h_r 高度的 xx' 平面上的保护宽度,按下式计算:

$$b_x=\sqrt{h(2h_r-h)}-\sqrt{h_x(2h_r-h_x)} \tag{8-4}$$

式中:h 为避雷线的高度;h_x 为被保护物的高度。

关于两根等高避雷线的保护范围,可参看 GB 50057—94 或有关设计手册,此略。

3. 避雷带和避雷网

避雷带和避雷网主要用来保护高层建筑物免遭直击雷和感应雷。

避雷带和避雷网宜采用圆钢和扁钢,优先采用圆钢。圆钢直径应不小于 8 mm;扁钢截面应不小于 48 mm²,其厚度应不小于 4 mm。当烟囱上采用避雷环时,其圆钢直径应不小于

12 mm；扁钢截面应不小于 100 mm²，其厚度应不小于 4 mm。避雷网的网格尺寸要求如表 8-4 所示。

以上接闪器均应经引下线与接地装置连接。引下线宜采用圆钢或扁钢，优先采用圆钢，其尺寸要求与避雷带（网）采用的相同。引下线应沿建筑物外墙明敷，并经最短的路径接地，建筑艺术要求较高者可暗敷，但其圆钢直径应不小于 10 mm，扁钢截面应不小于 80 mm²。

4. 避雷器

避雷器用来防止雷电冲击波沿线路侵入变配电所，对变配电所内电气设备的绝缘造成损坏。避雷器一般接于母线与架空线路进出口处，装在被保护设备的电源侧，与被保护设备并联。当雷电冲击波侵入时，避雷器迅速对地放电，而使被保护设备的绝缘免受冲击波的损坏，当冲击波消失后，避雷器又能自动恢复起始状态。避雷器可分为保护间隙、管型避雷器、阀型避雷器和金属氧化物避雷器等。

（1）保护间隙。保护间隙是较简单的防雷设备，它由两个金属电极构成，电极做成角形是为了使工频续流电弧易于伸长而自行熄灭。其中一个电极固定在绝缘子上并与线路相接，另一个电极经绝缘子与第一个电极隔开，并与接地装置相连接，如图 8-8(a,b)所示。

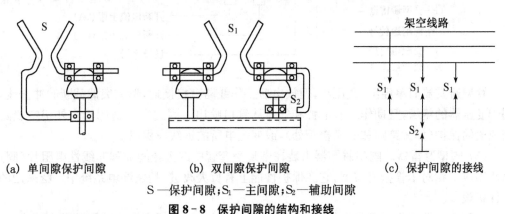

(a) 单间隙保护间隙　　　　(b) 双间隙保护间隙　　　　(c) 保护间隙的接线

S—保护间隙；S₁—主间隙；S₂—辅助间隙

图 8-8　保护间隙的结构和接线

双间隙保护间隙的辅助间隙的作用，主要是防止主间隙因鸟类、树枝等造成短路故障时，不致引起线路接地。单间隙保护间隙没有辅助间隙，必须在其公共接地引下线中间串入一个辅助间隙，如图 8-8(c)所示。

保护间隙的工作原理是：正常运行时，间隙对地是绝缘的，当架空线路遭受雷击时，空气间隙被击穿，将雷电流泄入大地，使线路绝缘子或其他电气设备上的绝缘不致发生闪络，起到了保护作用。

保护间隙简单经济，维修方便，但保护性能差，灭弧能力弱，所以只适用于室外负荷不重要的线路上，且一般要求配装自动重合闸装置，以提高被保护线路的供电可靠性。

（2）管型避雷器。管型避雷器由产气管、内部间隙和外部间隙等部分组成，如图 8-9

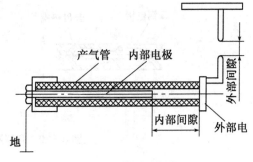

图 8-9 管型避雷器

所示。产气管由遇热气化的纤维、塑料或橡胶等有机材料制成。内部间隙装在产气管内,一个电极为棒形,另一个电极端部为环形。外部间隙的作用是使产气管在线路正常工作时与工作电压隔离,避免产气管受潮漏电,外部间隙可根据线路额定电压进行调节。

管型避雷器的工作原理是:当线路上遭受到雷击或感应雷时,雷电过电压使管型避雷器的内、外部间隙击穿,使雷电流通过接地装置入地。由于避雷器放电时内阻接近于零,所以其残压极小,但工频续流很大。雷电流和工频续流使内部间隙产生强烈电弧,管内产生的大量气体(可达数十甚至上百个大气压)由管口喷出,强烈吹弧,使工频续流电弧在第一次过零时熄灭。这时外部间隙恢复绝缘,使避雷器与系统隔离,系统恢复正常运行。

管型避雷器的灭弧能力与工频续流的大小有关。工频续流太大产气过多,会使产气管爆裂;工频续流过小产气不足,不能灭弧,所以管型避雷器的开断电流具有上下限,使用时要根据安装地点的运行条件进行合理的选择。

管型避雷器的型号表示和含义如下:

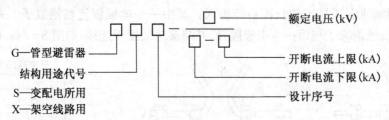

管型避雷器简单经济,残压小,但放电后工作线路直接接地,形成突然截断的冲击波,不利于变压器的绝缘,且动作时有电弧和气体从管口喷出。因此它只适用于室外架空线路个别地段的保护(如大跨距和交叉档距处),或变配电所的进线段保护。

(3)阀型避雷器。阀型避雷器由装在密封瓷套管中的火花间隙和非线性电阻片(阀片)串联组成。相对于管型避雷器,它在保护性能上有重大改进,是供配电系统中广泛采用的防雷保护设备。

阀型避雷器的火花间隙按线路额定电压的高低,采用若干个单火花间隙叠合而成,每个单火花间隙由两个圆形黄铜电极及一个垫在中间的云母片(厚0.5~1 mm)叠合组成,如图8-10所示。由于两个黄铜电极的间距小,面积较大,因而电场较均匀,放电伏秒特性较平缓。高压阀式避雷器串联很多个单火花间隙,目的是将长弧分割成多段短弧,以加速电弧的熄灭。

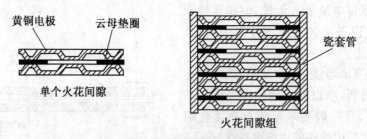

图8-10 阀型避雷器的火花间隙

阀型避雷器的阀片由金刚砂(碳化硅)细粒(占70%)、石墨(占10%)和水玻璃(占

20%)在一定的高温下烧结而成,呈圆饼状。阀型避雷器中阀片的多少,与工作电压的高低成比例。阀片具有良好的非线性特性,在正常工作电压下其电阻值很大,而在过电压下其电阻值很小。

　　阀型避雷器的工作原理是:当雷电过电压作用于阀型避雷器时,火花间隙被击穿放电,雷电流通过阀片迅速流入大地。此时,阀片阻值很小,使残压降低。雷电流过后,线路电压又恢复为线路的正常对地工频电压,电流为工频续流,此时阀片的电阻变大,限制了工频续流,使火花间隙容易灭弧,从而切断工频续流。

　　阀型避雷器分为普通型和磁吹型两大类,其型号的表示和含义如下:

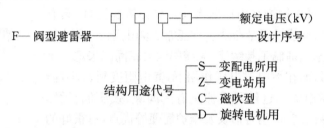

　　① 普通型有 FS 系列和 FZ 系列两种。FS 系列主要用于 10 kV 及以下中小型变配电所的配电装置、变压器等的防雷保护。FS4 - 10 型高压阀型避雷器和 FS - 0.38 型低压阀型避雷器的结构如图 8 - 11 所示。

　　FZ 系列由于每个单火花间隙上都并联有分路电阻,使串联火花间隙上的电压分布较均匀,有利于灭弧,故电气性能较好,主要用来保护 35 kV 及以上中大容量变电站及发电厂电气设备。

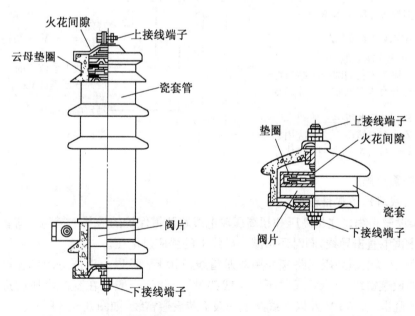

（a）FS4-10型高压阀型避雷器　　　　（b）FS-0.38型低压阀型避雷器

图 8 - 11　高、低压阀式避雷器的结构图

② 磁吹型有 FCZ 系列和 FCD 系列两种。FCZ 系列采用限流间隙和大直径阀片,其通流能力更大,故用来保护变配电所的高压电气设备。FCD 系列采用了拉长电弧的磁吹间隙,容易灭弧,同时分路电阻可起限流作用,使残压降低,该系列避雷器通流能力大,主要用来保护旋转电机等绝缘较差的设备。

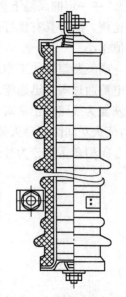

(4) 金属氧化物避雷器。金属氧化物避雷器又称压敏避雷器,是一种新型避雷器,其结构如图 8-12 所示。金属氧化物避雷器没有火花间隙,只有压敏电阻片。压敏电阻片(阀片)是由氧化锌或氧化铋等金属氧化物烧结而成的多晶半导体陶瓷元件,具有理想的阀电阻特性,非线性系数很小。在正常工频电压下,阀片呈现极大的电阻,能迅速抑制工频续流,无需串联火花间隙来熄灭工频续流引起的电弧,而在雷电过电压作用下,其电阻变得很小,能很好地对地泄放雷电流。这种避雷器具有无间隙、残压低、无续流、结构简单、可靠性高、使用寿命长及维护简便等优点,有很好的发展前景。

图 8-12 金属氧化物避
雷器(Y5W 型)

金属氧化物避雷器还有一种类型,既有火花间隙又有压敏电阻片,其结构与前述的普通阀式避雷器类似,只是阀片电阻采用性能更优异的金属氧化物电阻片,是普通阀式避雷器的更新换代产品。

金属氧化物避雷器型号的表示和含义如下:

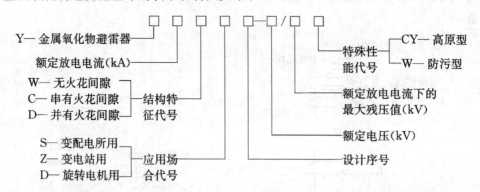

(三) 防雷措施

1. 架空线路的防雷措施

(1) 架设避雷线。这是高压和超高压输电线路防雷保护的最基本措施。避雷线的作用主要是防止雷电直击导线,同时还可减小导线上的感应过电压。

220 kV 及以上超高压线路应采用双避雷线;110 kV 及以上电压等级的输电线路应在线路全线架设避雷线;35 kV 线路不宜全线架设避雷线,一般只在变配电所的进线段架设 1～2 km 的避雷线;10 kV 及以下线路上一般不装设避雷线,如图 8-13 所示。

(2) 提高线路本身的绝缘水平。采用木横担、瓷横担或更高一级的绝缘子,以提高线路的防雷水平,这是 10 kV 及以下架空线路防雷的基本措施。更高电压等级输电线路的个别地段需采用高杆塔(例如跨越河流的杆塔),多在这些杆塔上增加缘绝子串片数以加强线路

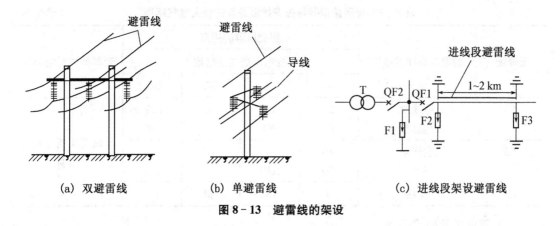

(a) 双避雷线　　　　　(b) 单避雷线　　　　　(c) 进线段架设避雷线

图 8 - 13　避雷线的架设

绝缘。

（3）采用消弧线圈接地方式。3～10 kV 电网采用消弧线圈接地方式，并且三相导线作三角形布置、顶线绝缘子上装以保护间隙。这样可以使大多数雷击单相闪络接地，不致发展成为持续工频电弧，且先闪络的一相相当于一条避雷线，从而保护了下面的两根导线。

（4）安装自动重合闸装置。由于线路冲击闪络后具有自行恢复绝缘强度的能力，因此安装自动重合闸装置可以使断路器在线路遭受雷击引起短路而跳闸后，经 0.5 s 或稍长一点的时间自动重合闸，从而恢复供电，提高供电的可靠性。

（5）绝缘薄弱地点装设避雷器。在整个架空线路中，对于绝缘比较薄弱的地点，如交叉跨越杆、转角杆、分支杆和换位杆等，应装设管型避雷器或保护间隙。

2．变配电所的防雷措施

（1）装设避雷针防护直击雷

变配电所的露天变（配）电设备、母线构架及建筑物等应装设避雷针作为直击雷防护装置。在避雷针上落雷时，雷电流在避雷针上产生的电压降，向被保护物放电，这一现象称为反击。独立的避雷针与被保护物之间，应保持一定距离。为了避免发生反击，避雷针与被保护设备之间的距离不得小于 5 m，避雷针应有独立的接地体，其接地电阻不得大于 10 Ω；与被保护物接地体之间的距离，不得小于 3 m。

（2）装设避雷器防护感应雷及雷电侵入波

变配电所高压侧装设避雷器主要用来保护主变压器，以免雷电冲击波沿高压线路侵入变配电所，损坏变配电所的变压器。为此要求避雷器应尽量靠近主变压器安装，但是变配电所内的其他设备也需要保护，又应当尽量减少避雷器的组数，因此避雷器到变压器或其他被保护设备之间会有一定的电气距离。如果这个距离过大，会使避雷器失去对变压器的保护作用，因此这个距离是有限制的。按变压器的允许过电压可得出避雷器到变压器或其他被保护设备之间的最大允许电气距离。如阀式避雷器主变压器的最大允许电气距离如表 8-5 所示。

表 8-5 阀型避雷器与被保护设备间的最大电气距离 （单位：m）

电压等级 kV	装设避雷线的范围	到变压器的距离				到其他电器的距离
		变电所进线回路数				
		一	二	三	三以上	
35	进线段	25	35	40	45	按到变压器距离增加 35% 计算
	全线	55	80	95	105	
63	进线段	40	65	75	85	
	全线	80	110	130	145	
110	全线	90	135	155	175	

（3）进出线的防雷保护

① 35～110 kV 变电所进线段的防雷保护

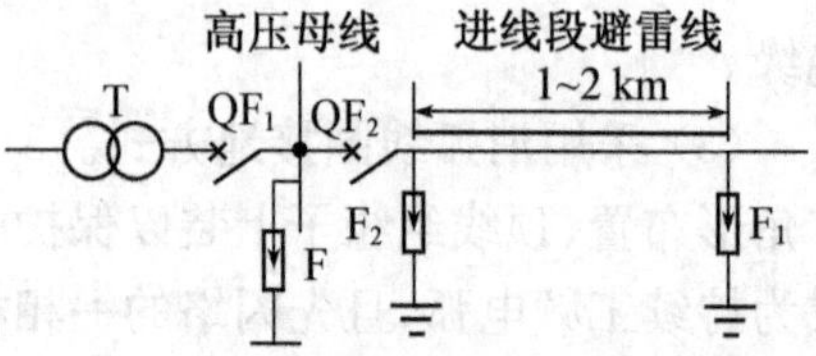

对于 35～110 kV 变电所的进线段，为了限制雷电入侵波的幅值和陡度，降低过电压的数值，应在变电所的进线段上装设防雷装置。图 8-14 为 35～110 kV 变电所进线段的标准保护方式。

图中 1～2 km 的避雷线用于防止进线段遭直接雷击及削弱雷电入侵波的陡度。若线路绝缘水平较高（木杆线路），其进线段首端应装设管型避雷器 F_1，用以限制进线段以外沿导线侵入的雷电冲击波的幅值，而其他线路（铁塔和钢筋混凝土电杆）不需装设。

图 8-14 35～110 kV 变电所进线的防雷保护

对于进线回路的断路器或隔离开关，在雷雨季节可能经常断开，而线路侧又带电时，为了保护进线断路器及隔离开关免受入侵波的损坏，应装设管型避雷器 F_2。阀型避雷器 F 用于保护变压器及其他电气设备。

② 3～10 kV 配出线的防雷保护

当变电所 3～10 kV 配出线路上落雷时，雷电入侵波会沿配出线侵入变电所，对配电装置及变压器绝缘构成威胁。因此在每段母线上和每路架空线上应装设阀型避雷器，如图 8-15 所示。对于有电缆段的架空线路，避雷器应装在电缆与架空线的连接处，其接地端应与电缆金属外皮相连。若配出线上有电抗器时，在电抗器和电缆头之间，应装一组阀型避雷器，以防电抗器端电压升高时损害电缆绝缘。

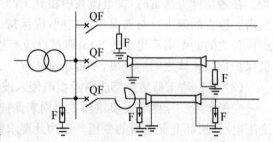

图 8-15 变电所 3～10 kV 配电所的防雷保护

3. 建筑物的防雷措施

（1）建筑物的防雷分类。根据其重要性、使用性质及发生雷电事故的可能性和后果，建筑物按防雷要求分为三类，如表 8-6 所示。

表 8-6　建筑物的防雷分类

类别	建筑物特征（爆炸等危险环境的分区如表 8.7 所示）
第一类防雷建筑物	① 凡制造、使用或储存炸药、火药、起爆药和火工品等大量爆炸物质的建筑物，因电火花而引起爆炸，会造成巨大破坏和人身伤亡者； ② 具有 0 区或 10 区爆炸危险环境的建筑物； ③ 具有 1 区爆炸危险环境的建筑物，因电火花而引起爆炸，会造成巨大破坏和人身伤亡者
第二类防雷建筑物	① 国家级重点文物保护的建筑物； ② 国家级的会堂、办公建筑物、大型展览和博览建筑物、大型火车站、国宾馆、国家级档案馆以及大型城市的重要给水水泵房等特别重要的建筑物； ③ 国家级计算中心、国际通信枢纽等对国民经济有重要意义且装有大量电子设备的建筑物； ④ 制造、使用或储存爆炸物质的建筑物，且电火花不易引起爆炸或不致造成巨大破坏和人身伤亡者； ⑤ 具有 1 区爆炸危险环境的建筑物，且电火花不易引起爆炸或不致造成巨大破坏和人身伤亡者； ⑥ 具有 2 区或 11 区爆炸危险环境的建筑物； ⑦ 工业企业内有爆炸危险的露天钢质封闭气罐； ⑧ 预计雷击次数大于 0.06 次/年的部、省级办公建筑物及其他重要或人员密集的公共建筑物； ⑨ 预计雷击次数大于 0.3 次/年的住宅、办公楼等一般性民用建筑物
第三类防雷建筑物	① 省级重点文物保护的建筑物及省级档案馆； ② 预计雷击次数大于或等于 0.012 次/年，且小于或等于 0.06 次/年的部、省级办公建筑物及其他重要或人员密集的公共建筑物； ③ 预计雷击次数大于或等于 0.06 次/年，且小于或等于 0.3 次/年的住宅、办公楼等一般性民用建筑物； ④ 预计雷击次数大于或等于 0.06 次/年的一般性工业建筑物； ⑤ 根据雷击后对工业生产的影响及产生的后果，并结合当地气象、地形、地质及周围环境等因素，确定需要防雷的 21 区、22 区、23 区火灾危险环境； ⑥ 在平均雷暴日大于 15 天/年的地区，高度在 15 m 及以上的烟囱、水塔等孤立的高耸建筑物；在平均雷暴日小于或等于 15 天/年的地区，高度在 20 m 及以上的烟囱、水塔等孤立的高耸建筑物

表 8-7　爆炸和火灾危险环境的分区

分区代号	环境特征
0 区	连续出现或长期出现爆炸性气体混合物的环境
1 区	在正常运行时可能出现爆炸性气体混合物的环境
2 区	在正常运行时不可能出现或即使出现也仅是短时存在的爆炸性气体混合物的环境
10 区	连续出现或长期出现爆炸性粉尘的环境
11 区	有时会将积留下来的粉尘扬起而偶然出现爆炸性粉尘混合物的环境
21 区	具有闪点高于环境温度的可燃液体，在数量和配置上能引起火灾危险的环境
22 区	具有悬浮状、堆积状的可燃性粉尘或可燃纤维，虽不可能形成爆炸混合物，但在数量和配置上能引起火灾危险的环境
23 区	具有固体状可燃物质，在数量和配置上能引起火灾危险的环境

（2）建筑物易受雷击的部位。建筑物屋顶易受雷击的部位,应装设避雷针或避雷带（网）进行直击雷防护。建筑物易受雷击的部位与屋顶的坡度有关,如表8.8所示。

表8-8 建筑物易受雷击的部位

建筑物屋顶的坡度	易受雷击的部位	示意图	备注
平屋面或坡度不大于1/10的屋面	檐角、女儿墙、屋檐	(a) 平屋面 (b) 坡度不大于1/10	① 屋面坡度为屋脊高出屋檐的距离与屋宽之比 ② "○"表示雷击率最高的部位;实线表示易受雷击的部位;虚线表示不易受雷击的部位
坡度大于1/10且小于1/2的屋面	屋角、屋脊、檐角、屋檐		
坡度不小于1/2的屋面	屋角、屋脊、檐角		

（3）建筑物的防雷措施。根据GB 50057—1994《建筑物防雷设计规范》规定,各类防雷建筑物应采取防直击雷和防雷电波侵入的措施,第一类防雷建筑物和具有爆炸危险的第二类防雷建筑物还应采取防雷电感应的措施。建筑物的防雷措施如表8-9所示。

表8-9 建筑物的防雷措施

类别	雷电形式	主要防雷措施	相关要求
第一类防雷建筑物	防直击雷	装设独立避雷针或架空避雷线（网）	接闪器支柱及其接地装置至被保护建筑物及与其有联系的金属物之间的距离,架空避雷线（网）至被保护建筑物屋面和各种突出屋面物体之间的距离,均不得小于3 m;接闪器接地引下线的冲击接地电阻 $R_{冲} \leqslant 10\ \Omega$
	防感应雷	金属物件可靠接地	防雷电感应的接地装置应和电气设备接地装置共用,其工频接地电阻不应大于10 Ω;防雷电感应的接地装置与独立避雷针、架空避雷线（网）的接地装置之间的距离不得小于3 m
	防雷电波侵入	低压线路宜全线采用电缆直接埋地敷设	在入户端,应将电缆的金属外皮、钢管接到防雷电感应的接地装置上。全线采用电缆有困难时,可在入户端改换一段埋地电缆（埋地长度≥15 m）引入。在电缆与架空线连接处,还应装设避雷器。避雷器、电缆金属外皮和钢管等均应连在一起接地,其冲击接地电阻 $R_{冲} \leqslant 10\ \Omega$
第二类防雷建筑物	防直击雷	装设避雷网（带）、避雷针或由其混合组合的接闪器	接闪器接地引下线的冲击接地电阻 $R_{冲} \leqslant 10\ \Omega$;避雷网（带）应沿屋角、屋脊、屋檐和檐角等易受雷击的部位敷设
	防感应雷	金属物件可靠接地	建筑物内的设备、管道和构架等主要金属物,应就近接至防直击雷接地装置或电气设备的保护接地装置上,可不另设接地装置
	防雷电波侵入	低压线路全线采用电缆直接埋地敷设	全线采用埋地电缆或架空电缆（金属线槽内）引入时,在入户端应将电缆金属外皮和金属线槽接地;低压架空线改换一段埋地电缆引入时,埋地长度也不应小于15 m

（续表）

类别	雷电形式	主要防雷措施	相关要求
第三类防雷建筑物	防直击雷	装设避雷网（带）、避雷针或由其混合组成的接闪器	接闪器接地引下线的 $R_{击} \leqslant 30\ \Omega$；避雷网（带）应沿屋角、屋脊、屋檐和檐角等易受雷击的部位敷设
	防感应雷	不另外采用防雷措施	接闪器引下线与附近金属物和电气线路的间距应符合规范的要求
	防雷电波侵入	低压线路采用电缆直接埋地敷设；架空进出线在进出处装设避雷器	对电缆进出线，应在进出端将电缆的金属外皮、钢管等与电气设备接地装置相连；对低压架空进出线，应在进出处装设避雷器并与绝缘子铁脚、金具连在一起接到电气设备的接地装置上

4. 高压电动机的防雷措施

高压电动机是旋转工作设备，其绝缘只能采用固体介质。在制造过程中固体介质可能产生气隙或受到损伤，绝缘质量不均匀，绝缘水平低，而且在运行过程中绝缘容易受潮、腐蚀和老化乃至绝缘失效。因此高压电动机对雷电波侵入的防护，不能采用普通阀型避雷器，而要采用专用于保护旋转电动机的 FCD 型磁吹阀型避雷器，或采用具有串联间隙的金属氧化物避雷器。

对定子绕组中性点能够引出的高压电动机，在中性点装设阀型或金属氧化物避雷器，以保护电动机中性点对地绝缘。

对定子绕组中性点不能引出的高压电动机，为降低雷电侵入波的幅值和陡度，减轻其对电动机绝缘的危害，一般采取如下措施（高压电动机的防雷保护接线如图 8-16 所示）：

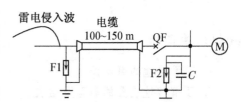

图 8-16　高压电动机的防雷保护接线

（1）进线母线上装设 FCD 型磁吹阀型避雷器 F2，且并联一组电容器 C。并联电容器的作用是增大回路的时间常数以减小雷电侵入波的陡度。

（2）用一段 $100 \sim 150$ m 的电缆引入，并在电缆首端安装一组管式或普通阀型避雷器，利用电缆的分流作用削弱雷电侵入波。

三、任务布置

实地考察一个高层住宅小区和本校建筑物的防雷设施，要求：

1. 分析两个不同建筑群的防雷区别。

2. 总结建筑物防雷措施。

四、课后习题

1. 填空题

（1）变电站防雷设施有＿＿＿＿＿、＿＿＿＿＿和＿＿＿＿＿＿。

（2）过电压分为_____和_____。

（3）避雷针由_____、_____和_____三部分组成。

（4）避雷针的接地线与被保护电气设备的接地线之间要保持_____m的距离。

2. 判断题

（1）雷电放电现象多发生在雷云与雷云之间。 （　　）

（2）避雷针的接地引下线能够与电气设备接地线共用。 （　　）

（3）跨越杆需要装设避雷器。 （　　）

3. 选择题

（1）保护变电站的阀型避雷器是（　　）。

    A. FZ   B. FS   C. GX   D. GS

（2）下列线路不用设避雷线的是（　　）。

    A. 10 kV   B. 35 kV   C. 110 kV   D. 1 000 kV

（3）不能用于保护输电线路的是（　　）。

    A. 避雷针   B. 避雷器   C. 避雷线   D. 以上都是

4. 简答题

（1）简述架空线的防雷措施。

（2）简述变电所的防雷措施。

任务 3　电气设备的接地

知识教学目标

1. 熟悉接地的基本概念。

2. 了解接地装置的类型及组成。

3. 理解电气设备接地类型及原理。

4. 掌握接地装置的敷设。

能力培养目标

1. 了解接地线的安装。

2. 熟悉接地体的布局方式。

3. 掌握接地电阻的测量方法。

一、任务导入

（一）基本概念

1. 接地的含义

某点的电位是相对于零电位而言的,工程上要求有零电位参考点。大地是一个导电体,当其中没有电流通过时是等电位的,所以认为大地具有零电位,将它取作零电位参考点。如果地面上的金属物体通过导体与大地牢固相连,在没有电流通过的情况下,金属物体与大地之间没有电位差,该物体也就具有了大地的电位——零电位,这就是接地的含义,即接地就是指电气设备的某部分与大地之间作良好的电气连接,使该部分与大地保持等电位。

2. 接地电阻

事实上,大地并不是理想导体,它具有一定的电阻率,在外界作用下其内部如果出现电流,也就不再保持等电位。地面上被强制流进大地的电流(即接地电流 I_E)是经过接地导体从一点注入的,进入大地以后的电流以电流场的形式作半球形向远处扩散。离电流注入点越远,大地中的电流密度越小,可以认为在相当远(或者叫无穷远)处,大地中的电流密度接近于零,该处仍保持大地中没有电流时的电位即零电位。试验表明,在离开接地导体 20 m 处,电位已趋近于零,这个电位为零的地方,称为电气上的"地"。

由上分析可知,当接地点有电流流入大地时,该点相对于远处的零电位来说,电位将会升高,其电位值称为该接地点的对地电压 U_E。把接地点的对地电压 U_E 与接地电流 I_E 的比值定义为该点的接地电阻 R_E,即

$$R_E = \frac{U_E}{I_E} \tag{8-5}$$

3. 接触电压和跨步电压

接触电压是指设备的绝缘损坏时,在身体可同时触及的两部分之间出现的电位差。例如人站在发生接地故障的电气设备旁边,手触及设备的金属外壳,则人手与脚之间所呈现的电位差,即为接触电压。

跨步电压是指人在接地故障点附近或有电流流过的大地上行走时,加于两脚之间的电压,如图 8-17 中的 U_{K1}。人的跨步一般按 0.8 m 考虑。

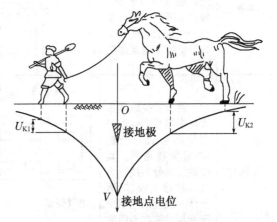

(二) 接地装置及其装设

1. 接地装置

接地装置由接地线与接地体组成。

图 8-17 跨步电压示意图

埋入地中并直接与大地接触的金属导体,称为接地体或接地极。接地体有人工接地体和自然接地体之分,人工接地体指人为埋入地中的接地体,如钢管、角钢、扁钢和圆钢等;自然接地体是指兼作接地体用的直接与大地接触的各种金属构件、金属管道及建筑物的钢筋混凝土基础等。交流电力设备应充分利用自然接地体。

连接接地体与电气设备、装置的接地部分的金属导体,称为接地线。人工接地线多采用扁钢和圆钢制作,低压电气设备地面上外露的接地线可用有色金属导线,移动式电气设备则使用橡套软电缆的专用线芯作接地线。

接地装置按接地体的多少,可分为三种形式,其结构形式、特点及示意图等如表 8-10 所示。

表 8-10　接地装置的三种形式

分类		说明	示意图	特点及应用
单极接地	垂直接地体	由一个接地体构成。接地线的一端与接地体连接，另一端与设备的接地点连接	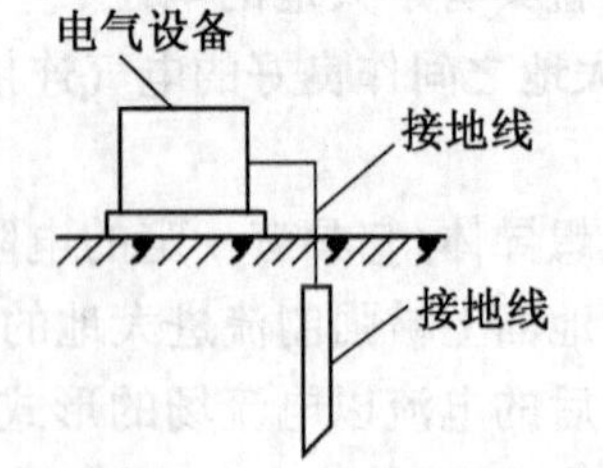	适用于接地要求不太高和设备接地点较少的场所。一般采用垂直接地体，在多岩石地区可采用水平接地体
	水平接地体		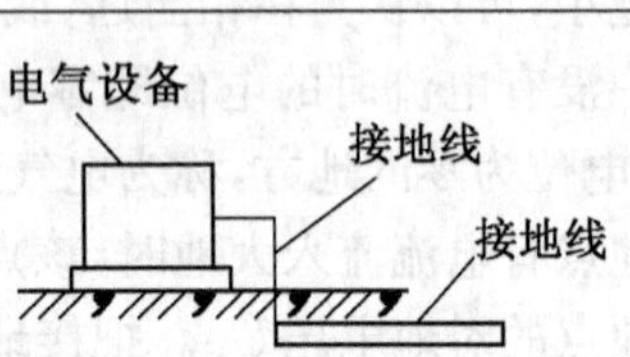	
多极接地		由两个或两个以上的接地体构成，各接地体之间用接地干线并联成一个整体。接地支线的一端与接地干线连接，另一端与设备的接地点直接连接	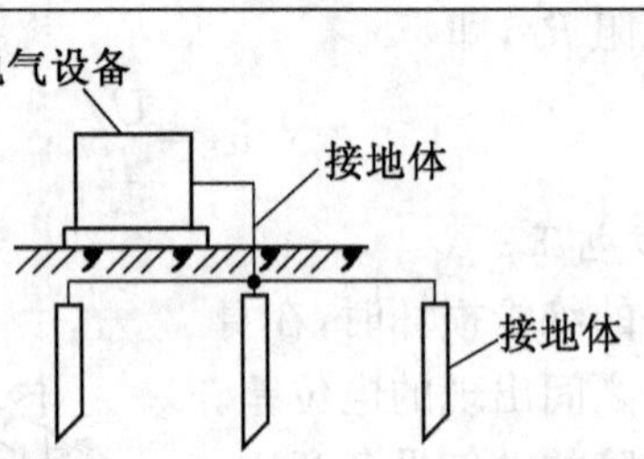	减小了接地装置的接地电阻，可靠性强，适用于接地要求较高而且设备接地点较多的场所
接地网		由若干接地体在大地中相互用接地线连接起来的一个整体，称为接地网。其接地线又分为接地干线和接地支线，接地干线一般应采用不少于两根导体在不同地点与接地网连接	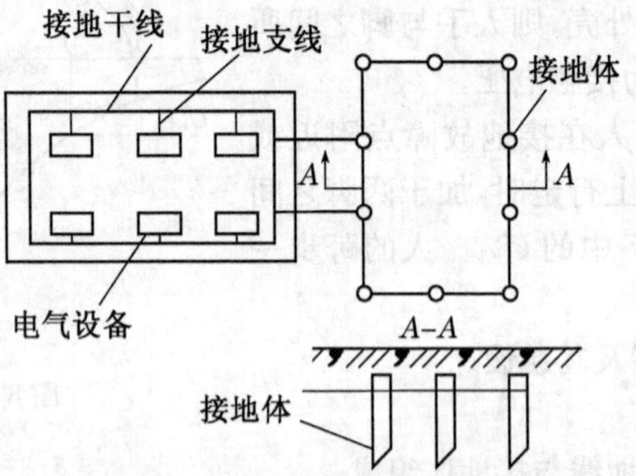	既便于满足整体设备的接地需要，又减小了接地电阻，加强了接地装置的可靠性。适用于配电所以及接地点多的车间、工厂或露天作业等场所

2. 接地装置的装设

(1) 自然接地体的利用。在设计和装设接地装置时，首先应尽可能充分地利用自然接地体，以节省投资，节约钢材。如果自然接地体的接地电阻满足要求，可不必另设人工接地体，否则应装设人工接地装置。对于大接地电流系统的发电厂和变配电所，不论自然接地体的情况如何，仍应装设人工接地体。

经常作为接地装置的自然接地体有：埋在地下的自来水管及其他金属管道（但液体燃料、易燃及有爆炸性物质的管道除外），与大地有可靠连接的建筑物和建筑物的金属结构，敷设于地下其数量不少于两根的电缆金属外皮，建筑物钢筋混凝土基础等。

利用自然接地体时，一定要保证良好的电气连接。在建筑物结构的结合处，除已焊接者外,凡用螺栓连接或其他连接的,都要采用跨接焊接,而且跨接线尺寸不得小于规定值。

(2) 人工接地体的装设。一般用来作为人工接地体的有钢管、角钢、扁钢和圆钢等钢材,其规格要求如表 8-11 所示。

表 8-11 人工接地体的规格

类　型	材　料	规格要求		常用尺寸/mm
垂直接地体	钢管	壁厚大于等于 3.5 mm	长 2～3 m	内径 40～50,壁厚 3.5,长 2 500
	角钢	厚度大于等于 4 mm		40×40×4～50×50×5
水平接地体	扁钢	厚度大于等于 4 mm	长度小于等于 60 m	截面积 4×40,长 500～2 000
		截面积大于等于 100 mm²		
	圆钢	直径大于等于 10 mm		直径 16

单极垂直接地体和水平接地体的埋设如图 8-18 所示。

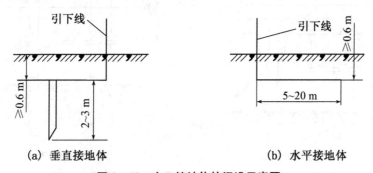

(a) 垂直接地体　　　　　　　(b) 水平接地体

图 8-18 人工接地体的埋设示意图

人工接地体垂直和水平埋设时,其埋设深度距地面应不小于 0.6 m。垂直接地体下端要加工成尖形,以便于将接地体打入地下。扁钢水平接地体应立面竖放,这样有利于减小接地电阻。为了减小建筑物的接触电压,接地体与建筑物的基础间应有 2～3 m 的距离。

多根接地体埋设时,接地体之间应有一定的间距。因为当多根接地体相互靠近时,由于相互间的磁场影响,使大地电流受到排挤而妨碍电流的流散。这种影响大地电流流散的作用,称为屏蔽效应。由于这种屏蔽效应,使得接地装置的利用率下降,所以垂直接地体的间距一般不宜小于接地体长度的 2 倍,水平接地体的间距一般不宜小于 5 m。

接地网的布置,应尽量使地面的电位分布均匀,以降低接触电压和跨步电压对人身体的危害。接地网的外缘应闭合,外缘各角应作成圆弧形。(35～110)/(6～10) kV 变电所的接地网内应敷设水平均压带,如图 8-19 所示。在经常有人出入的走道处,应采用高绝缘路面(如沥青碎石路面),或加装帽檐式均压带。

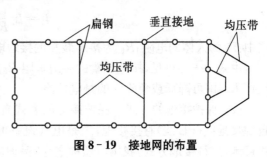

图 8-19 接地网的布置

(三) 电气设备的接地类型

电气设备的接地按其作用不同,可分为工作接地和保护接地。

1. 工作接地

工作接地是为保证电力系统和设备达到正常工作要求而进行的一种接地,例如电源中性点的接地、防雷装置的接地等。各种工作接地有各自的功能:电源中性点直接接地,在运行中能维持三相系统中相线对地电压不变,保证电气设备绝缘所要求的工作条件;防雷装置的接地,是为了有效对地泄放雷电流,以消除过电压对设备的危害。

2. 保护接地

保护接地是为保障人身安全,防止因绝缘损坏而遭受触电的危险而进行的一种接地,例如设备外露可导电部分的接地。

(1) 保护接地的作用。保护接地的作用说明示意图如图 8-20 所示。

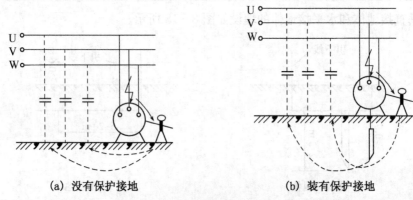

(a) 没有保护接地　　　　　　(b) 装有保护接地

图 8-20　保护接地的作用说明示意图

如图 8-20(a)所示,设备外壳未接地时,当绝缘损坏后,人触及外壳即与故障相的对地电压接触,将危及人身安全。在有了保护接地后,如图 8-20(b)所示,则在发生故障时设备外壳上的对地电压将为

$$U_E = I_E R_E \qquad\qquad (8-6)$$

式中:I_E 为单相接地电流;R_E 为接地装置的接地电阻。

当人触及设备外壳时,接地电流将同时沿着接地体和人体两条通路流过,流过人体的电流为

$$I_P = I_E \frac{R_E}{R_P + R_E} \qquad\qquad (8-7)$$

式中:R_P 为人体的电阻;R_E 为接地装置的接地电阻。

由式(8-7)可见,接地装置的接地电阻 R_E 越小,流过人体的电流越小。因而,只要适当地择 R_E,即可降低或免除人的触电危险。

(2) 保护接地的方式。保护接地的方式有两种:一是电气设备的外露可导电部分经各自的接地线(PE 线)直接接地;二是电气设备的外露可导电部分经公共的 PE 线或经 PEN 线接地,这种接地方式,我国习惯称之为"保护接零"。上述的公共 PE 线和 PEN 线,通称为"零线"。

必须注意:同一低压配电系统中,不能有的设备采取保护接地,有的设备又采取保护接零,否则当采取保护接地的设备发生单相接地短路时,采取保护接零设备的外露可导电部分将带上危险的电位,如图 8 - 21 所示。

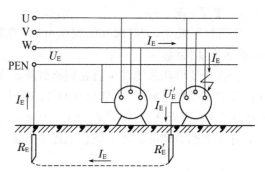

图 8 - 21　接地的设备发生单相接地短路时的情况

分析如下:当采取保护接地的设备一相绝缘损坏而发生单相接地短路时,短路电流由该相线、外壳、接地装置和大地形成闭合回路,单相接地短路电流为

$$I_E = \frac{U_E}{R'_E + R_E} \tag{8-8}$$

式中:R_E 为系统中性点接地装置的接地电阻;R'_E 为设备接地装置的接地电阻。

故障设备的对地电压为

$$U'_E = I_E R'_E = \frac{R'_E}{R'_E + R_E} U_\Phi \tag{8-9}$$

式中,U_Φ 为系统相电压。

系统中性点的对地电压为

$$U_E = -I_E R_E = -\frac{R_E}{R'_E + R_E} U_\Phi \tag{8-10}$$

由上式可知,中性线将具有较高的电位。若系统相电压为 220 V,系统中性点接地装置的接地电阻和设备接地装置的接地电阻相等,则中性线的电位为 110 V,采取保护接零的设备外壳也将具有 110 V 的电位,这将危及人身安全。

3. 保护接零

地面低压电网为了获得 380/220 V 两种电压,采用三相四线制供电系统,其电源中性点采用直接接地的运行方式。直接接地的中性点称为零点,由零点引出的导线称为零线。

保护接零系统属于 TN(TN—C)系统,就是将电气设备正常情况下不带电的外露金属部分与电网的零线作电气连接,如图 8 - 22 所示。

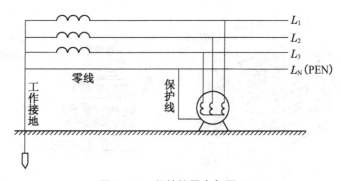

图 8 - 22　保护接零电气原理

4. 重复接地

在 TN 系统中,为确保零线安全可靠,将零线上的一点或多点再次与大地作金属性连接,称为重复接地。

重复接地可在系统发生碰壳短路时降低零线的对地电压,减轻触电的危险。当采用保护接零方式而零线断开时,如果在断线后有电力设备发生一相碰壳,那么后面的零线会带上系统相电压,造成危险,如图 8-23(a)所示。采用重复接地后,接在断线处后面的所有电气设备外壳上的对地电压比系统相电压小得多,危险程度大大降低,如图 8-23(b)所示。

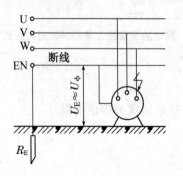
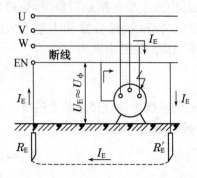

(a) 未重复接地系统PEN线断线时　　　　(b) 重复接地系统PEN线断线时

图 8-23　重复接地的作用说明示意图

TN 系统中需要重复接地的地点有:架空线路终端及沿线每隔 1 km 处;电缆和架空线引入车间和其他建筑物处。

三、任务布置

接地电阻的测量

接地电阻的测量方法有伏安法、接地电阻测试仪测量法等。接地电阻测试仪有指针式接地电阻测试仪、数字式接地电阻测试仪以及新型的钳式接地电阻测试仪等。

以 ZC-8 型接地电阻测试仪为例,说明接地电阻的测量。ZC-8 型接地电阻测试仪如图 8-24 所示,接地电阻测试仪的接线图如图 8-25 所示。

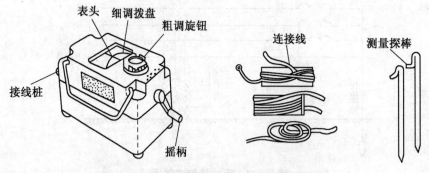

图 8-24　ZC-8 型接地电阻测试仪及其附件

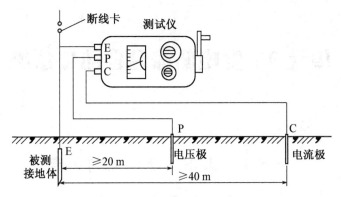

图 8‑25 接地电阻测试仪的接线图

测量时首先拆开接地干线与接地体的连接线，使断线卡处断开，或拆开接地干线与所有接地支线的连接线。测量探棒（电压极、电流极）与被测接地体在一条直线上，且相互之间的距离应符合相关要求。根据被测接地体的接地电阻估计值，调节好粗调旋钮，然后以 120 r/min 左右的转速均匀摇动测量仪的手柄，当表针偏离中心时，边摇动手柄，边调节细调拨盘旋钮，直至表针居中为止。以调拨盘的读数乘粗调定位倍数，其结果即是被测接地体的接地电阻值。反复在不同的位置测量 3～4 次，取其平均值。

四、课后作业

1. 填空题

(1) 接地按其目的和作用分为_____、_____、_____和_____。

(2) 一般用来作为人工接地体的有_____、_____、_____和_____等钢材。

(3) 接地装置按接地体的多少，可分为_____、_____和_____三种形式。

2. 判断题

(1) 直接接地的中性点称为零点，由零点引出的导线称为零线。 （ ）

(2) 适当地择 R_E，即可降低或免除人的触电危险。 （ ）

(3) 防雷装置的接地属于工作接地。 （ ）

(4) 电源中性点直接接地属于保护接地。 （ ）

(5) 电流互感器二次侧接地属于保护接地。 （ ）

3. 选择题

(1) 下列接地属于保护接地的是（ ）。

    A. 中性点直接接地   B. 电气设备外壳接地

    C. 互感器二次侧接地   D. 避雷针接地线的接地

(2) 不能作为接地体的是（ ）。

    A. 钢管   B. 角钢   C. 扁钢   D. 铝管

4. 简答题

(1) 什么叫工作接地？什么叫保护接地？

(2) 什么叫保护接零？什么叫重复接地？

单元 9　变电站综合自动化系统

任务 1　综合自动化基础知识

知识教学目标

1. 了解变电站综合自动化的概念及特点。
2. 了解变电站综合自动化的发展趋势。
3. 掌握变电站综合自动化的功能。
4. 掌握变电站综合自动化的结构。

能力培养目标

能描述变电站综合自动化的功能。

一、任务导入

现有的变电站有三种形式：第一种是传统的变电站；第二种是部分实现微机管理、具有一定自动化水平的变电站；第三种是全面微机化的综合自动化变电站。变电站的发展可分为以下三个阶段：

（1）以分立元件构成的自动装置阶段；

（2）以微机处理器为核心的智能化自动装置阶段；

（3）变电站综合自动化系统的发展阶段。

随着计算机技术的飞速发展，微机保护在电力系统中得到了广泛应用。变电站综合自动化系统取代传统的变电站二次系统，已成为电力系统自动化的发展趋势。

二、相关知识

（一）综合自动化概念

供配电系统综合自动化就是应用控制技术、信息处理技术和通信技术，利用计算机硬件和软件系统技术将变电站的二次设备，包括控制、信号、测量、保护、自动装置、远动装置等进行功能的重新组合和结构的优化设计，以实现对变电站主要设备和输、配电线路进行自动监视、测量、控制、保护以及调度通信功能的一种综合性的自动化系统。

变电站综合自动化系统具有功能综合化、系统结构微机化、测量显示数字化、操作监视屏幕化、运行管理智能化等特征。同传统变电站二次系统不同的是：各个保护、测控单元既保持相对独立（如继电保护装置不依赖于通信或其他设备，可自主、可靠地完成保护控制功能，迅速切除和隔离故障），又通过计算机通信的形式，相互交换信息，实现数据共享，协调配合工作，减少了电缆和设备配置，增加了新的功能，提高了变电站整体运行控制的安全性和可靠性。

变电站综合自动化的优点有：

（1）控制和调节由计算机完成，减小了劳动强度，避免了误操作；

（2）简化了二次接线，整体布局紧凑，减少了占地面积，降低变电站建设投资；

（3）通过设备监视和自诊断，延长了设备检修周期，提高了运行可靠性；

（4）变电站综合自动化以计算机技术为核心，具有发展、扩充的余地；

（5）减少了人的干预，使人为事故大大减少；

（6）提高经济效益。减少占地面积，降低了二次建设投资和变电站运行维护成本；设备可靠性增加，维护方便；减轻和替代了值班人员的大量劳动；延长了供电时间，减少了供电故障。

（二）变电站综合自动化的现状与发展趋势

变电站综合自动化是在计算机技术和网络通信技术的基础上发展起来的。国外在 20 世纪 80 年代已有分散式变电站综合自动化系统问世，以西门子（SIMENS）公司为例，该公司第一套全分散式变电站综合自动化系统 LSA678，早在 1985 年就在德国汉诺威投入运行，至 1993 年初，已有 300 多套系统在德国及欧洲的各种电压等级的变电站运行。我国的变电站综合自动化工作起步较晚，大概从 20 世纪 90 年代开始，初始阶段主要研制和生产集中式的变电站综合自动化系统，例 DISA-1、BJ-1、IES-60、XWJK-1000A 和 FD-97 等各种型号的系统。90 年代中期开始研制分散式变电站综合自动化系统，如 DISA-2、DISA-3、BJ-F3、CSC-2000、DCAP3200、FDK 等，与国外先进水平相比，大约有 10 年的差距。目前，许多高校、科研单位、制造厂家以及规划设计、基建和运行部门在学习和借鉴国外先进技术的同时，结合我国的实际情况，共同努力，继续开发更加符合我国国情的变电站综合自动化系统。今后其发展和推广的速度会越来越快，与国外的差距会逐步缩小。

在变电站综合自动化系统的具体实施过程中，由于受现有专业分工和管理体制的影响而有不同的实施方法：一种主张站内监控以远动（RTU）为数据采集和控制的基础，相应的设备也是以电网调度自动化为基础，"保护"则相对独立；另一种则主张站内监控以保护（微机保护）为数据采集和控制的基础，将保护与控制、测量结合在一起，国内已有这一类产品，如 CSC-2000 等。后者正在成为一种发展趋势和共识，因此设计、制造、运行和管理等部门要打破专业界限，逐步实现一体化。这一点对 110 kV 及以下的变电站尤为必要。

从我国目前的运行体制、人员配备和专业分工来看，前者无疑占有较大优势。因为无论从规划设计、科研制造、安装调试和运行维护等各方面，控制与保护都是相互独立的两个不同专业，因此更符合我国国情。而后者因难以提供较清楚的事故分析和处理的界面而一时还不易被运行部门接受。但从发展趋势、技术合理性及减少设备重复配置、简化维护工作量等方面考虑，后者又有其优越性。

从信息流的角度看，保护（包括故障录波等）和控制、测量的信息源都是来自现场电流互感器 TA、电压互感器 TV 的二次侧输出,只是其要求各不相同而已。保护主要采集一次设备的故障异常状态信息,要求 TA、TV 测量范围较宽,通常按 10 倍额定值考虑,但测量精度要求较低,误差在 3% 以上。而控制和测量主要采集运行状态信息,要求 TA、TV 测量范围较窄,通常在测量额定值附近波动,对测量精度有一定的要求,测量误差要求在 1% 以内。

总控单元(CPU)直接接收来自上位机(当地)或远方的控制输出命令,经必要的校核后,可直接动作至保护操作回路,省去了遥控输出和遥控执行等环节,简化了设备,提高了可靠性。

从无人值班角度看,不仅要求简化一次主接线和主设备,同时也要求简化二次回路和设备,因此保护和控制、测量的一体化有利于简化设备和减少日常维护工作量,对 110 kV 及以下,尤其是 10 kV 配电站,除了电量计费和功率总加等有测量精度要求而必须接测量 TA、TV 外,其他测量仅做监视运行工况之用,完全可与保护 TA、TV 合用。此外,在局域网(LAN)上各种信息可以共享,控制和测量等均不必配置各自的数据采集硬件,常规的控制屏和信息屏、模拟屏等亦可取消。

变电站综合自动化系统和无人值班运行模式的实施,在很大程度上取决于设备的可靠性,这里指的设备不仅是自动化设备,更重要的是电气主设备。根据变电站综合自动化系统的特点,主管部门应制定出有关设备制造和接口的规范标准。自动化设备制造厂商应与电气主设备制造厂商加强合作,以方便设计和运行部门选型。

对数量较多的 10 kV 配电站,由于接线简单,对保护相对要求较低,为简化设备,节省投资,建议由 RTU 来完成线路保护及双母线切换(备自投)等保护功能。为此需在 RTU 软件中增加保护运行判断功能,如备用电源自投功能,可通过对相应母线段失压和相关开关状态信号的逻辑判断来实现。

今后变电站综合自动化的运行模式将从无人值班、有人值守逐步向无人值守过渡,因此遥视警戒技术(防火、防盗、防溃、防水汽泄漏及远方监视等)将应运而生,并得到迅速发展。

随着计算机和网络通信技术的发展,站内 RTU/LTU 或保护监控单元将直接上网,通过网络与后台机(上位机)及工作站通信。取消传统的前置处理机环节,从而彻底消除通信"瓶颈"现象。

(三) 综合自动化功能组成

变电站综合自动化是多专业性的综合技术,它以微计算机为基础,实现了对变电站传统的继电保护、控制方式、测量手段、通信和管理模式等的全面技术改造。国际大电网会议 WG34.03 工作组在研究变电站的数据流时,分析了变电站综合自动化需完成的功能大概有 63 种,归纳起来可分为七种功能组:控制、监视功能;自动控制功能;测量表计功能;继电保护功能;与继电保护有关功能;接口功能;系统功能。

结合我国的情况,变电站综合自动化系统的基本功能体现在下述五个方面。

1. 监控

监控系统应取代常规的测量系统,取代指针式仪表,改变常规的操作机构和模拟盘,取代常规的报警、中央信号和光字牌等,取代常规的远动装置等。其功能应包括以下几部分内容:

(1) 数据采集

变电站的数据包括模拟量、开关量和电能量。

① 模拟量的采集。变电站需采集的模拟量有：各段母线电压、线路电压、电流、有功功率和无功功率，主变压器电流、有功功率和无功功率，电容器的电流、无功功率，各出线的电流、电压、功率以及频率、相位和功率因数等。此外，模拟量还有主变压器油温、直流电源电压和站用变压器电压等。对模拟量的采集，有直流采样和交流采样两种方式。

② 开关量的采集。变电站的开关量有：断路器的状态、隔离开关状态、有载调压变压器分接头的位置、同期检测状态、继电保护动作信号和运行告警信号等。这些信号都以开关量的形式，通过光电隔离电路输入至计算机，但输入的方式有区别。对于断路器的状态，采用中断输入方式或快速扫描方式，以保证对断路器变位的采样分辨率在 5 ms 之内。对于隔离开关状态和分接头位置等开关信号，可以用定期查询方式读入计算机进行判断。继电保护的动作信息，输入计算机的方式有两种情况：常规的保护装置和微机保护装置。由于常规保护装置不具备串行通信能力，故其保护动作信息往往取自信号继电器的辅助触点，也以开关量的形式读入计算机中；近年来新研制成功的微机继电保护装置，大多数具有串行通信功能，因此其保护动作信号可通过串行口或局域网络通信方式输入计算机。

③ 电能计量。电能计量即指对电能量（包括有功电能和无功电能）的采集。传统的方法是采用机械式的电能表，它无法和计算机直接接口。为了弥补这些缺陷，出现了多种解决方法，下面介绍其中的两种：

第一种是电能脉冲计量法。这种方法的实质是把传统的感应式的电能表与电子技术相结合，即对原来感应式的电能表加以改造，使电能表转盘每转一圈便输出一个或两个脉冲，用输出的脉冲数代替转盘转动的圈数，计算机可以对这个输出脉冲进行计数，将脉冲数乘以标度系数（与电能表常数、TV 和 TA 的变比有关），便得到电能量。这种脉冲计量法有两种常用类型的仪表：脉冲电能表和机电一体化电能计量仪表。

第二种是软件计算方法。根据数据采集系统利用交流采样得到的电流、电压值，通过软件计算出有功电能和无功电能。因为 U、I 的采集是监控系统或数据采集系统必需的基本量，因此利用所采集的 U、I 值计算出电能量，不需要增加专门的硬件投资，而只需要设计好计算程序，故称软件计算法。目前软件计算电能也有两种途径：一种是在监控系统或数据采集系统中计算；另一种是用微机电能计量仪表计算。

（2）事件顺序记录

事件顺序记录（Sequence Of Events，SOE），包括断路器跳合闸记录和保护动作顺序记录。微机保护或监控系统采集环节必须有足够的内存，能存放足够数量和足够长时间段的事件顺序记录，确保当后台监控系统或远方集中控制主站通信中断时，不丢失事件信息，并应记录事件发生的时间（应精确至毫秒级）。

（3）故障录波与测距、故障记录

① 故障录波与测距。变电站的故障录波和测距可采用两种方法实现：一是由微机保护装置兼作故障记录和测距，再将记录和测距的结果送监控机存储及打印输出或直接送调度主站，这种方法可节约投资，减少硬件设备，但故障记录的量有限；另一种方法是采用专用的微机故障录波器，并且故障录波器应具有串行通信功能，可以与监控系统通信。

② 故障记录。故障记录是记录继电保护动作前后与故障有关的电流量和母线电压，记

录时间一般可考虑保护启动前两个周波(即发现故障前两个周波)和保护启动后 10 个周波以及保护动作和重合闸等全过程的情况。

(4) 操作控制功能

无论是无人值班还是有人值班变电站,操作人员都可通过 CRT 屏幕对断路器和隔离开关(如果允许电动操作的话)进行分、合操作,对变压器分接开关位置进行调节控制,对电容器进行投切控制,同时要能接受遥控操作命令,进行远方操作;为防止计算机系统故障时,无法操作被控设备,在设计时,应保留人工直接拉、合闸方式。断路器操作应有闭锁功能:包括断路器操作时,应闭锁自动重合闸;断路器在当地和远方操作时应互相闭锁;断路器与隔离开关间的闭锁等。

(5) 安全监视功能

监控系统在运行过程中,对采集的电流、电压、主变压器温度和频率等量要不断进行越限监视,如发现越限,立刻发出告警信号,同时记录和显示越限时间和越限值,另外,还要监视保护装置是否失电,自控装置工作是否正常等。

(6) 人机联系功能

人机联系桥梁是 CRT 显示器、鼠标和键盘。变电站采用微机监控系统后,无论是有人值班还是无人值班站,最大的特点之一是操作人员或调度员只要面对 CRT 显示器的屏幕,通过操作鼠标或键盘,就可对全站的运行工况和运行参数一目了然,可对全站的断路器和隔离开关等进行分、合操作,彻底改变了传统的依靠指针式仪表和依靠模拟屏或操作屏等手段的操作方式。

① CRT 显示画面的内容归纳起来有以下几方面。

(a) 显示采集和计算的实时运行参数。监控系统所采集和通过采集信息所计算出来的 U、I、P、Q、$\cos\varphi$、有功电能、无功电能以及主变压器温度 T 和系统频率 f 等,都可在 CRT 的屏幕上实时显示出来,同时在潮流等运行参数的显示画面上,应显示出日期和时间(年、月、日、时、分、秒)。屏幕刷新周期可在 $2\sim10\,s$ 间(可调)。

(b) 显示实时主接线图。主接线图上断路器和隔离开关的位置要与实际状态相对应。进行对断路器或隔离开关的操作时,在所显示的主接线图上,对所要操作的对象应有明显的标记(如闪烁等),各项操作都应有汉字提示。

(c) 事件顺序记录(SOE)显示。显示所发生的事件内容及发生事件的时间。

(d) 越限报警显示。显示越限设备名、越限值和发生越限的时间。

(e) 值班记录显示。

(f) 历史趋势显示。显示主变压器负荷曲线和母线电压曲线等。

(g) 保护定值和自控装置的设定值显示。

(h) 其他。包括故障记录显示和设备运行状况显示等。

② 输入数据。变电站投入运行后,随着送电量的变化,保护定值、越限值等需要修改,甚至由于负荷的增长,需要更换原有的设备,例如更换 TA 变比。因此在人机联系中,必须有输入数据的功能。需要输入的数据至少有以下几种内容:

(a) TA 和 TV 变比。

(b) 保护定值和越限报警定值。

（c）自控装置的设定值。

（d）运行人员密码。

（7）打印功能。对于有人值班的变电站，监控系统可以配备打印机，完成以下打印记录功能：

① 报表和运行日志定时打印。

② 开关操作记录打印。

③ 事件顺序记录打印。

④ 越限打印。

⑤ 召唤打印。

⑥ 抄屏打印。

⑦ 事故追忆打印。

对于无人值班变电站，可不设当地打印功能，各变电站的运行报表集中在控制中心打印输出。

（8）数据处理与记录功能。监控系统除了完成上述功能外，数据处理和记录也是很重要的环节。历史数据的形成和存储是数据处理的主要内容。此外，为满足继电保护专业和变电站管理的需要，必须进行一些数据统计，其内容包括如下几项：

① 主变和输电线路有功和无功功率每天的最大值和最小值以及相应的时间。

② 母线电压每天定时记录的最高值和最低值以及相应的时间。

③ 计算受配电电能平衡率。

④ 统计断路器动作次数。

⑤ 断路器切除故障电流和跳闸次数的累计数。

⑥ 控制操作和修改定值记录。

（9）谐波分析与监视。保证电力系统的谐波在国标规定的范围内，也是电能质量的重要指标。随着非线性器件和设备的广泛应用，电气化铁路的发展和家用电器的不断增加，电力系统的谐波含量显著增加，并且有越来越严重的趋势。目前，谐波"污染"已成为电力系统的公害之一，因此，在变电站综合自动化系统中，要重视对谐波含量的分析和监视。对谐波污染严重的变电站，采取适当的抑制措施，降低谐波含量，是一个不容忽视的问题。

2. 微机保护

微机保护是综合自动化系统的关键环节，它的功能和可靠性如何，在很大程度上影响了整个系统的性能，因此设计时必须给予足够的重视。微机保护的各保护单元，除了具有独立、完整的保护功能外，还必须具有以下功能：

（1）保护装置必须满足快速性、选择性、灵敏性和可靠性的要求，其工作不受监控系统和其他子系统的影响。保护系统的软、硬件结构要相对独立，而且各保护单元必须有各自独立的 CPU，组成模块化结构。主保护和后备保护由不同的 CPU 实现，重要设备的保护，采用双 CPU 的冗余结构，保证在保护系统中一个功能部件模块损坏，只影响局部保护功能而不能影响其他设备的保护。

（2）故障记录功能。当被保护对象发生事故时，能自动记录保护动作前后有关的故障信息，包括短路电流、故障发生时间和保护出口时间等，以利于分析故障。

（3）具有与统一时钟对时功能，以便准确记录发生故障和保护动作的时间。

（4）存储多种保护整定值。

（5）当地显示与多处观察和授权修改保护整定值。对保护整定值的检查与修改要直观、方便、可靠，除了在各保护单元上要能显示和修改保护定值外，考虑到无人值班的需要，通过当地的监控系统和远方调度端，应能观察和修改保护定值，同时为了加强对定值的管理，修改定值要有校对密码措施，以及记录最后一个修改定值者的密码。

（6）设置保护管理机或通信控制机，负责对各保护单元的管理。保护管理机（或通信控制机）把保护系统与监控系统联系起来，向下负责管理和监视保护系统中各保护单元的工作状态，并下达由调度或监控系统发来的保护类型配置或整定值修改等信息；如果发现某一保护单元故障或工作异常，或有保护动作的信息，应立刻上传给监控系统或上传至远方调度端。

（7）通信功能。变电站综合自动化系统中，由保护管理机或通信控制器与各保护单元通信，各保护单元必须设置有通信接口，便于与保护管理机等连接。

（8）故障自诊断、自闭锁和自恢复功能。每个保护单元应有完善的故障自诊断功能，发现内部有故障，能自动报警，并能指明故障部位，以利于查找故障和缩短维修时间，对于关键部位的故障，则应自动闭锁保护出口。如果是软件受干扰，造成"飞车"的软故障，应有自启动功能，以提高保护装置的可靠性。

3. 电压、无功综合控制

变电站综合自动化系统必须具有保证安全、可靠供电和提高电能质量的自动控制功能。电压和频率是电能质量的重要指标，因此电压、无功综合控制也是变电站综合自动化系统的一个重要组成部分。

对电压和无功功率进行合理的调节，不仅可以提高电能质量，提高电压合格率，而且可以降低网损。电力系统中电压和无功功率的调整对电网的输电能力、安全稳定运行水平和降低电能损耗有极大影响。因此，要对电压和无功功率进行综合调控，以保证包括电力部门和用户在内的总体运行技术指标和经济指标达到最佳。

4. 低频减负荷控制

电力系统的频率是电能质量重要的指标之一。电力系统正常运行时，必须维持频率在 $50\pm(0.1\sim0.2)$Hz 的范围内。系统频率偏移过大时，发电设备和用电设备都会受到不良的影响。轻则影响工农业产品的质量和产量；重则损坏汽轮机、水轮机等重要设备，甚至引起系统的"频率崩溃"，致使大面积停电，造成巨大的经济损失。

在系统发生故障时，有功功率严重缺额，系统频率急剧下降，为了使频率回升，需要切除部分负荷，这时应做到有次序、有计划地切除负荷，并保证所切负荷的数量合适，以尽量减少切除负荷后所造成的经济损失，这是低频减负荷装置的任务。

假定变电站馈电母线上有多条配电线路，根据这些线路所供负荷的重要程度，分为基本级和特殊级两大类。把一般负荷的馈电线路放在基本级里，供给重要负荷的线路划在特殊级里，一般低频减负荷装置基本级可以设定五轮或八轮，随用户选用。安排在基本级中的配电级路，也按重要程度分为一、二、三……八轮。当系统发生功率严重缺额造成频率下降至第一轮的启动值且延时时限已到时，低频减负荷装置动作出口，切除第一轮的线路，此时如果频率恢复,则动作便成功。但若频率还不能恢复,说明功率仍缺额。当频率低于第二轮的整定值且第二轮的动作延时已到,则低频减负荷装置再次启动,切除第二轮的负荷。如此反复对频率进行采样、计算和判断,直至频率恢复正常或基本级的一至八轮的负荷全部切完。当基本级的线路全部切除后,如果频率仍停留在较低的水平上,则经过一定的时间延时后,启动切除特殊轮负荷。特别重要的用户,则设为零轮,即低频减负荷装置不会对它发切负荷的指令。

由此可以看出,实现低频减负荷的方法关键在于测频。随着电力系统的发展,电网运行方式日益复杂和多样化,供电可靠性的问题更加突出,因此对低频减负荷装置的性能指标的要求也必须提高。采用传统的频率继电器构成的低频减负荷装置已不能适应系统中出现的不同的功率缺额的情况,不能有效地防止系统的频率下降并恢复频率,难以实现重合闸等功能,常造成频率的悬停和超调现象。

随着计算机在变电站自动装置中的应用,出现了各种类型的微机低频减负荷装置,目前,用微机实现低频减负荷的方法大体有两种:

(1) 采用专用的低频减负荷装置实现

这种低频减负荷装置的控制方式如前所述,将全部馈电线路分为一至八轮(也可根据用户需要设置低于八轮的)和特殊轮,然后根据系统频率下降的情况去切除负荷。

(2) 把低频减负荷的控制分散装设在每回馈电线路的保护装置中

现在微机保护装置几乎都是面向对象设置的,每回线路配一套保护装置,在线路保护装置中,增加一个测频环节,便可以实现低频减负荷的控制功能了,对各回线路轮次安排考虑的原则仍同上所述。只要将第 n 轮动作的频率和延时定值,事前在某回线路的保护装置中设置好,则该回线路便属于第 n 轮切除的负荷。

一般第一轮的频率整定为 47.5~48.5 Hz,最末轮的频率整定为 46~46.5 Hz。采用微机低频减负荷装置,相邻两轮间的整定频率差<0.5 Hz,时限差<0.5 s。特殊轮的动作频率可取 47.5~48.5 Hz,动作时限可取 15~25 s。

5. 备用电源自动投入控制

随着国民经济的迅猛发展、人们生活水平的不断提高,用户对供电质量和供电可靠性的要求也日益提高,备用电源自动投入是保证配电系统连续可靠供电的重要措施。因此,备用电源自动投入已成为变电站综合自动化系统的基本功能之一。

备用电源自投装置是因电力系统故障或其他原因使工作电源被断开后,能迅速将备用电源、备用设备或其他正常工作的电源自动地投入工作,使原来工作电源被断开的用户能迅速恢复供电的一种自动控制装置。

传统的备用电源自投装置是晶体管型或电磁型的自控装置,随着微处理机技术、网络技术和通信技术的发展,微机型的备用电源自投装置将取代常规的自动装置。

微机型的备用电源自投装置具有以下特点:

(1) 综合功能比较齐全,适应面广。

(2) 备用电源自投装置具有串行通信功能,可以像微机保护装置一样,方便地与保护管理机或综合自动化系统接口,可适用于无人值班变电站。

(3) 体积小,性能价格比高。

（4）故障自诊断能力强，可靠性高。微机型的备用电源自投装置，像微机保护装置一样，其动作判据主要决定于软件，工作性能稳定，装置本身具有很强的故障自诊断功能，便于维护和检修。

（四）变电站综合自动化系统结构

变电站综合自动化系统的发展过程与集成电路技术、微型计算机技术、通信技术和网络技术密切相关。随着这些高科技的不断发展，综合自动化系统的体系结构也不断发生变化，其性能和功能以及可靠性等也不断提高。从国内外变电站综合自动化系统的发展过程来看，其结构形式有集中式、分布集中式、分散与集中相结合和全分散式等四种类型。

1．集中式的结构

集中式结构的综合自动化系统指采用不同档次的计算机，扩展其外围接口电路，集中采集变电站的模拟量、开关量和数字量等信息，集中进行计算与处理，分别完成微机监控、微机保护和一些自动控制等功能。集中式结构不是指由一台计算机完成保护、监控等全部功能。多数集中式结构的微机保护、微机监控与调度等通信的功能也是由不同的微型计算机完成的。

图 9-1 是这种集中式的结构，它根据变电站的规模，配置相应容量的集中式保护装置和监控主机及数据采集系统，安装在变电站中央控制室内。

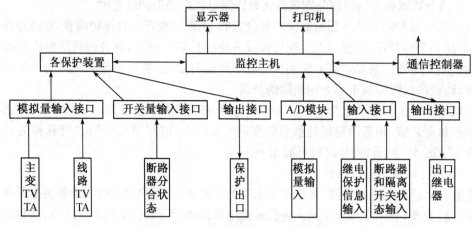

图 9-1　集中式结构的综合自动化系统框图

主变压器和各进出线及站内所有电气设备的运行状态，通过 TA、TV 经电缆传送到中央控制室的保护装置和监控主机（或远动装置）。继电保护动作信息往往是取保护装置的信号继电器的辅助触点，通过电缆送给监控主机（或远动装置）。这种结构系统能实时采集变电站中各种模拟量、开关量的信息，完成对变电站的数据采集和实时监控、制表、打印和事件顺序记录等功能；还能完成对变电站主要设备和进、出线的保护任务。不但其结构紧凑、体积小，可大大减少占地面积，而且造价低。这种系统每台计算机的功能较集中，如果一台计算机出故障，影响面大，因此必须采用双机并联运行的结构才能提高可靠性；由于采用集中式结构，软件复杂，修改工作量大，调试麻烦，组态不灵活，对不同主接线或规模不同的变电站，软、硬件都必须另行设计，工作量大。

2. 分布式系统集中组屏的结构

分布式系统集中组屏的结构是把整套综合自动化系统按其不同的功能组装成多个屏（或称柜）。这些屏都集中安装在主控室中，这种形式被称为"分布集中式结构"，其典型系统结构框图如图9-2和图9-3所示，图中保护单元是按对象划分的，即一回线路或一组电容器各用一台单片机，再把各保护单元和数采单元分别安装在各保护屏和数采屏上，由监控主机集中对各屏进行管理，然后通过调制解调器与调度中心联系。分布式集中组屏自动化系统可应用于有人值班或无人值班变电站。

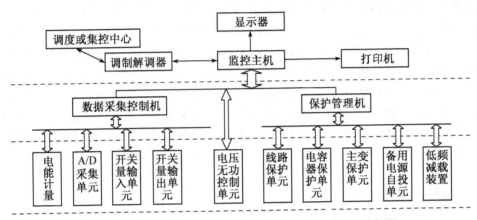

图9-2　分层分布式系统集中组屏结构的综合自动化系统框图1

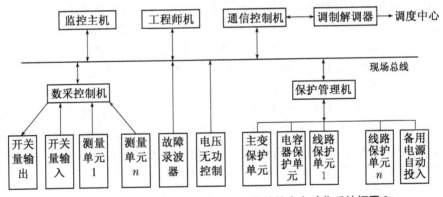

图9-3　分层分布式系统集中组屏结构的综合自动化系统框图2

分布式系统集中组屏结构的特点如下所述：

(1) 分布式的配置图

采用按功能划分的分布式多CPU系统，其功能单元有：各种高、低压线路保护单元；电容器保护单元；主变压器保护单元；备用电源自投控制单元；低频减负荷控制单元；电压、无功综合控制单元；数据采集与处理单元；电能计量单元等。每个功能单元基本上由一个CPU组成，也有一个功能单元的功能由多个CPU完成的，例如主变压器保护，有主保护和多种后备保护，因此往往由两个或两个功能以上CPU完成不同的保护功能，这种按功能设计的分散模块化结构，具有软件相对简单、调试维护方便、组态灵活、系统整体可靠性高等特点。在综合自动化系统的管理上,采取分层管理的模式,即各保护功能单元由保护管理机直接管理。一台保护管理机可以管理 32 个单元模块,它们之间可以采用双绞线用 RS-485 接口连接,也可通过现场总线连接;而模拟量和开入/开出单元,由数采控制机负责管理。保护管理机和数采控制机是处于变电站级和功能单元间的第二层结构。正常运行时,保护管理机监视各保护单元的工作情况,一旦发现某一单元本身工作不正常,立即报告监控机,并报告调度中心,如果某一保护单元有保护动作信息,也通过保护管理机,将保护动作信息送往监控机,再送往调度中心,调度中心或监控机也可通过保护管理机下达修改保护定值等命令。数采控制机则将各数采单元所采集的数据和开关状态送给监控机和送往调度中心,并接受由调度或监控机下达的命令。总之,这第二层管理机的作用是可明显地减轻监控机的负担,协助监控机承担对单元层的管理。变电站层的监控机或称上位机,通过局部网络与保护管理机和数采控制机通信。监控机在无人值班的变电站,主要负责与调度中心的通信,使变电站综合自动化系统具有 RTU 的功能,完成四遥的任务;在有人值班的变电站,除了负责与调度中心通信外,还负责人机联系,使综合自动化系统通过监控机完成当地显示、制表、打印和开关操作等功能。图 9-2 和图 9-3 都属分层分布式的综合自动化系统,采用集中组屏方式,区别在于图 9-2 可用于中、小规模的变电站,而图 9-3 可用于规模较大的变电站。

(2) 继电保护相对独立

继电保护装置是电力系统中对可靠性要求非常严格的设备。在综合自动化系统中,继电保护单元宜相对独立,其功能不依赖于通信网络或其他设备。各保护单元要有独立的电源,保护的输入应由电流互感器和电压互感器通过电缆连接,输出跳闸命令也要通过常规的控制电缆送至断路器的跳闸线圈,保护的启动、测量和逻辑功能独立实现,不依赖通信网络交换信息。保护装置通过通信网络与保护管理机传输的只是保护动作信息或记录数据。为了无人值班的需要,也可通过通信接口实现远方读取和修改保护整定值。

(3) 具有与系统控制中心通信功能

综合自动化系统本身已具有对模拟量、开关量、电能脉冲量进行数据采集和数据处理的功能,也具有收集继电保护动作信息、事件顺序记录等功能,因此不必另设独立的 RTU 装置,不必为调度中心单独采集信息,而将综合自动化系统采集的信息直接传送给调度中心,同时也接受调度中心下达的控制、操作命令和在线修改保护定值命令。

(4) 模块化结构,可靠性高

由于各功能模块都由独立的电源供电,输入/输出回路都相互独立,任何一个模块故障只影响局部功能而不影响全局,而且由于各功能模块基本上是面向对象设计的,因而软件结构相对集中式来说简单,因此调试方便,也便于扩充。

(5) 管理维护方便

分层分布式系统采用集中组屏结构,全部屏(柜)安放在室内,工作环境较好,电磁干扰相对较弱,管理和维护方便。

3. 分散与集中相结合的结构

由于分布集中式的结构,虽具备分层分布式、模块化结构的优点,但因为采用集中组屏结构,因此需要较多的电缆。随着单片机技术和通信技术的发展,特别是现场总线和局部网络技术的应用,以及变电站综合自动化技术的不断提高,对全微机化的变电站二次系统进行优化设计。一种方法是按每个电网元件(例如:一条出线、一台变压器、一组电容器等)为对象,集测量、保护、控制为一体,设计在同一机箱中。对于配电线路,可以将这个一体化的保护、测量、控制单元分散安装在各个开关柜中,然后由监控主机通过光缆或电缆网络,对这些单元进行管理和交换信息,这就是分散式的结构。对于高压线路保护装置和变压器保护装置,仍采用集中组屏安装在控制室内。这种将配电线路的保护和测控单元分散安装在开关柜内,而高压线路保护和主变压器保护装置等采用集中组屏的系统结构,称为分散和集中相结合的结构,其框图如图9-4所示,这是当前综合自动化系统的主要结构形式。

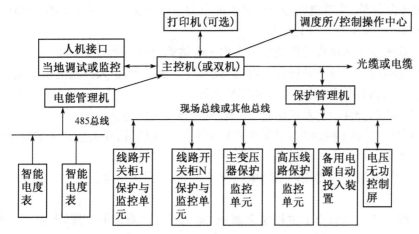

图9-4 分散与集中相结合的变电站综合自动化系统框图

这种系统结构,配电线路各单元采用分散式结构,高压线路保护和变压器保护采用集中组屏结构,它们通过现场总线与保护管理机交换信息,节约控制电缆,简化了变电站二次设备之间的互连线,缩小了控制室的面积;抗干扰能力强,工作可靠性高,而且组态灵活,检修方便,还能减少施工和设备安装工程量。由于采用分散式的结构可以降低总投资,所以是变电站综合自动化系统的发展方向。

三、任务布置

变电站综合自动化参观

1. 参观目的

通过参观,使学生初步了解变电站的结构及设备布置形式,辨识变配电站电气设备的外形和名称,对变配电站形成初步的感性认识。

2. 参观内容

(1)由变配电站电气工程师或技术人员介绍变配电站的整体布置情况及电气一次系统图,提出参观过程中的有关注意事项。

(2)由变配电站电气工程师或技术人员带领参观主控制室、变电区、配电室等供配电系统一次设备的工作情况,了解微机监控系统和微机保护系统的工作原理。

(3)由变配电站电气工程师或技术人员介绍变配电站的管理和运行方式。

（4）由集控中心的电气工程师或技术人员介绍无人值班变电站的结构配置情况，以及各层的作用和功能。

3．注意事项

参观时一定要服从指挥注意安全，未经许可不得进入禁区。不允许随便触摸任何电气按钮，以防发生意外。

四、课后习题

1．判断题

（1）基于晶体管、集成电路等电子技术的电力系统测量、保护和自动装置通过功能组合和优化设计，可构成综合自动化系统。　　　　　　　　　　　　　　（　　）

（2）计算机技术和现代通信技术是实现变电站综合自动化的支撑技术。　（　　）

（3）变电站综合自动化系统为变电站的小型化、智能化、扩大控制范围及变电站安全可靠、优质经济运行提供了现代化手段和基础保证。　　　　　　　　　　（　　）

（4）变电站综合自动化系统综合了变电站全部二次设备。　　　　　　（　　）

（5）集中式结构的主要特点是集中采集变电站的模拟量、开关量和数字量等信息，集中进行计算与处理。　　　　　　　　　　　　　　　　　　　　　　　（　　）

（6）集中组屏结构因需用的二次电缆较多，一般适用于小型变电站的综合自动化系统。

　　　　　　　　　　　　　　　　　　　　　　　　　　　　　　　（　　）

（7）分散安装结构减小了主控制室面积，简化了二次系统的配置，节省了二次电缆，广泛用于新建的中小型变电站。　　　　　　　　　　　　　　　　　　　（　　）

（8）110 kV 变电站中将主变压器、110 kV 线路的单元设备分散安装在配电装置中，而将 10 kV 线路的单元设备集中组屏与主机安装在主控制室内，这就是分散安装与集中组屏相结合的结构。　　　　　　　　　　　　　　　　　　　　　　　（　　）

（9）综自系统通信采用的是模拟通信技术。　　　　　　　　　　　　（　　）

（10）在综自系统中采用 RS－485 是由于其信号传输速率较 RS－422 高。　（　　）

（11）以太网是一种应用广泛的局域网技术。　　　　　　　　　　　　（　　）

（12）现场总线的抗干扰能力较强，适用于恶劣的工业生产环境下的数据通信。（　　）

2．填空题

（1）基于计算机技术的电力系统继电保护与安全自动装置，具有完备的_____、_____功能，并具有利用_____传输数据的功能。

（2）变电站采用综合自动化系统可自动地综合实现_____、_____、_____、_____等多种功能。

（3）变电站综合自动化系统以_____代替了传统的监控、信号系统和远动屏，以监控主界面的_____代替了常规仪表，用_____保护代替了模拟式保护。

（4）变电站综合自动化系统是_____、_____和_____等高科技在变电站领域的综合应用。

（5）小站模式的综合自动化系统采用_____结构，大站模式的综合自动化系统采用_____结构。

3. 简答题

(1) 变电站综合自动化有哪些优点？

(2) 微机保护的种类？

(3) 微机保护的优点有哪些？

(3) 传统变电站控制存在哪些问题？

(4) 变电站综合自动化系统可综合实现哪些功能？

附　录

附录1　用电设备组的需要系数、二项式系数及功率因数表

用电设备名称	需要系数 K_d	二项式系数		最大容量设备台数	$\cos\varphi$	$\tan\varphi$
		b	c			
小批量生产的金属冷加工机床电动机	0.16～0.2	0.14	0.4	5	0.5	1.73
大批量生产的金属冷加工机床电动机	0.18～0.25	0.14	0.5	5	0.5	1.73
小批量生产的金属热加工机床电动机	0.25～0.3	0.24	0.4	5	0.5	1.73
大批量生产的金属热加工机床电动机	0.3～0.35	0.26	0.5	5	0.65	1.17
通风机、水泵、空压机及电动发电机组电动机	0.7～0.8	0.65	0.25	5	0.8	0.75
非联锁的连续运输机械及铸造车间整砂机械	0.5～0.6	0.4	0.4	5	0.75	0.88
联锁的连续运输机械及铸造车间整砂机械	0.65～0.7	0.6	0.2	5	0.75	0.88
铸造车间的桥式起重机（ε＝25%）	0.1～0.25	0.09	0.3	3	0.5	1.73
锅炉房、机加工、机修和装配车间的桥式起重机（ε＝25%）	0.1～0.25	0.06	0.2	3	0.5	1.73
自动连续装料的电阻炉设备	0.75～0.8	0.7	0.3	2	0.95	0.33
非自动连续装料的电阻炉设备	0.65～0.7	0.7	0.3	2	0.95	0.33
实验室用的小型电热设备（电阻炉、干燥箱等）	0.7	0.7	0		1.0	0
工频感应电炉	0.8				0.35	2.67
高频感应电炉	0.8				0.6	1.33
电弧熔炉	0.9				0.87	0.57
点焊机、缝焊机	0.35				0.6	1.33
对焊机、铆钉加热机	0.35				0.7	1.02
自动弧焊变压器	0.5				0.4	2.29
变配电所、仓库照明	0.5～0.7					

用电设备名称	需要系数 K_d	二项式系数		最大容量设备台数	$\cos\varphi$	$\tan\varphi$
		b	c			
生产厂房、办公室、阅览室及实验室照明	0.8～1					
宿舍(生活区)照明	0.6～0.8					
室外照明、事故照明	1.0					

附录 2　照明设备的 $\cos\varphi$ 及 $\tan\varphi$

光源类别	$\cos\varphi$	$\tan\varphi$	光源类别	$\cos\varphi$	$\tan\varphi$
白炽灯、卤钨灯	1.0	0	高压钠灯	0.45	1.98
荧光灯(电感镇流器)	0.55	1.52	金属卤化物灯	0.4～0.61	2.29～1.29
荧光灯(电子镇流器)	0.9	0.48	镝灯	0.52	1.6
高压水银灯(50～175 W)	0.45～0.5	1.98～1.73	氙灯	0.9	0.48
高压水银灯(200～1 000 W)	0.65～0.67	1.16～1.10	霓虹灯	0.4～0.5	2.29～1.73

附录 3　住宅用电负荷的需要系数表

按三相配电计算时所连接的基本户数	K_d 通用值	K_d 推荐值	按三相配电计算时所连接的基本户数	K_d 通用值	K_d 推荐值	按三相配电计算时所连接的基本户数	K_d 通用值	K_d 推荐值
9	1	1	36	0.50	0.60	72	0.41	0.45
12	0.95	0.95	42	0.48	0.55	75～300	0.40	0.45
18	0.75	0.80	48	0.47	0.55	375～600	0.33	0.35
24	0.66	0.70	54	0.45	0.50	780～900	0.26	0.30
30	0.58	0.65	63	0.43	0.50			

注:1. 住宅每户设备容量为:基本型 4 kW,提高型 6 kW,先进型 8 kW。

　　2. 表中通用值为目前采用的住宅需要系数值,推荐值是为了计算方便而提出,仅供参考。

　　3. 住宅的公用照明及公用电力负荷的需要系数,一般按 0.8 选取。

附录 4 民用建筑用电设备组的需要系数及功率因数表

负荷名称	规模	需要系数 K_d	功率因数	备注
照明	面积小于 500 m² 500～3 000 m² 3 000～15 000 m² ＞15 000 m² 商场照明	1～0.9 0.9～0.7 0.75～0.55 0.6～0.4 0.9～0.7	0.9	含插座容量,荧光灯就地补偿或采用电子镇流器
冷冻机房、锅炉房	1～3 台 ＞3 台	0.9～0.7 0.7～0.6	0.8～0.85	
热力站、水泵房和通风机	1～5 台 ＞5 台	1～0.8 0.8～0.6	0.8～0.85	
电梯		0.18～0.22	0.7(交流机) 0.8(直流机)	
洗衣机房厨房	≤100 kW ＞100 kW	0.4～0.5 0.3～0.4	0.8～0.9	
窗式空调	4～10 台 10～50 台 50 台以上	0.8～0.6 0.6～0.4 0.4～0.3	0.8	
舞台照明	≤200 kW ＞200 kW	1～0.6 0.6～0.4	0.9～1	

附录 5 建筑物的用电参考指标

建筑类别	用电指标/(W·m⁻²)	建筑类别	用电指标/(W·m⁻²)
公寓	30～50	医院	40～70
旅馆	40～70	高等学校	20～40
办公	30～70	中小学	12～20
商业	一般:40～80 大中型:60～120	展览馆	50～80
体育	40～70	演播室	250～500
剧场	50～80	汽车库	8～15

附录 6　导体在正常和短路时的最高允许温度及热稳定系数表

导体种类和材料		最高允许温度/℃		热稳定系数
		额定负荷时	短路时	C/(A·$\sqrt{s}$·mm^{-2})
母线或绞线	铜	70	300	171
	铝	70	200	87
500 V 橡胶绝缘导线和电力电缆	铜芯	65	150	131
500 V 聚氯乙烯绝缘导线和 1～6 kV 电力电缆	铜芯	70	160	115
1～10 kV 交联聚乙烯绝缘电力电缆，乙丙橡胶电力电缆	铜芯	90	250	143

附录 7　10 kV 级 SC 系列干式变压器主要技术参数表

型号	额定容量/(kV·A)	电压组合及分接范围			联结组标号	空载损耗/kW	负载损耗/kW	空载电流(%)	阻抗电压(%)
		高压/kV	高压分接范围(%)	低压/kV					
SC—30/10	30	6 6.3 6.6 10 10.5 11	±5 或 ±2×2.5	0.4	Yyn0 或 Dyn11	220	700	2.3	4
SC—50/10	50					300	1 000	2.2	
SC—80/10	80					400	1 400	2.1	
SC—100/10	100					450	1 600	2.0	
SC—125/10	125					520	1 900	1.9	
SC—160/10	160					600	2 200	1.8	
SC—200/10	200					700	2 600	1.7	

附录8　三相线路电线、电缆单位长度每相阻抗值

类别		导线截面积/mm²											
		6	10	16	25	35	50	70	95	120	150	185	240
导线类型	导线温度/℃	每相电阻 r_0/($\Omega \cdot km^{-1}$)											
铝	20	—	—	1.798	1.151	0.822	0.575	0.411	0.303	0.240	0.192	0.156	0.121
LJ 绞线	55	—	—	2.054	1.285	0.950	0.660	0.458	0.343	0.271	0.222	0.179	0.137
LGJ 绞线	55					0.938	0.678	0.481	0.349	0.285	0.221	0.181	0.138
铜	20	2.867	1.754	1.097	0.702	0.501	0.351	0.251	0.185	0.146	0.117	0.095	0.077
BV 导线	60	3.467	2.040	1.248	0.805	0.579	0.398	0.291	0.217	0.171	0.137	0.112	0.086
VV 电缆	60	3.325	2.035	1.272	0.814	0.581	0.407	0.291	0.214	0.169	0.136	0.110	0.085
YJV 电缆	80	3.554	2.175	1.359	0.870	0.622	0.435	0.310	0.229	0.181	0.145	0.118	0.091
导线类型	线距/mm	每相电抗 x_0/($\Omega \cdot km^{-1}$)											
LJ 裸铝绞线	800	—	—	0.381	0.367	0.357	0.345	0.335	0.322	0.315	0.307	0.301	0.293
	1 000	—	—	0.390	0.376	0.366	0.355	0.344	0.335	0.327	0.319	0.313	0.305
	1 250	—	—	0.408	0.395	0.385	0.373	0.363	0.350	0.343	0.335	0.329	0.321
LGJ 钢芯铝绞线	1 500	—	—	—	—	0.39	0.38	0.37	0.35	0.35	0.34	0.33	0.33
	2 000	—	—	—	—	0.403	0.394	0.383	0.372	0.365	0.358	0.35	0.34
	3 000	—	—	—	—	0.434	0.424	0.413	0.399	0.392	0.384	0.378	0.369
BV 导线 明敷	100	0.300	0.280	0.265	0.251	0.241	0.229	0.219	0.206	0.199	0.191	0.184	0.178
	150	0.325	0.306	0.290	0.277	0.266	0.251	0.242	0.231	0.223	0.216	0.209	0.200
BV 导线 穿管敷设		0.112	0.108	0.102	0.099	0.095	0.091	0.087	0.085	0.083	0.082	0.081	0.080
VV 电缆(1 kV)		0.093	0.087	0.082	0.075	0.072	0.071	0.070	0.070	0.070	0.070	0.070	0.070
YJV 电缆	1 kV	0.092	0.085	0.082	0.082	0.080	0.079	0.078	0.077	0.077	0.077	0.077	0.077
	10 kV	—	—	0.133	0.120	0.113	0.107	0.101	0.096	0.095	0.093	0.090	0.087

注意：1. 计算线路功率损耗与电压损失时取导线实际工作温度推荐值下的电阻值,计算线路三相最大短路电流时取导线在 20 ℃时的电阻值。

2. 表中的"—"表示没有该参数或规格。

附录 9 VS1(ZN63)—12 型高压真空断路器主要技术参数表

名　称	单　位	数　据			
额定电压	kV	12			
额定电流	A	630,1 250	630,1 250	1 250,1 600, 2 000,2 500	1 250,1 600,2 000, 2 500,3 150
额定短路开断电流	kA	20	25	31.5	40
额定短路耐受电流(有效值)		20	25	31.5	40
额定短路电流持续时间	s	4			
额定峰值耐受电流(峰值)	kA	50	63	80	100
额定短路关合电流(峰值)		50	63	80	100

附录 10 10 kV 断路器的主要技术数据表

类别	型　号	额定电压/kV	额定电流/A	开断电流/kA	断流容量/(MV·A)	动稳定电流峰值/kA	热稳定电流/kA	固有分闸时间/s	合闸时间/s	配用操动机构型号
少油户内	SN10—10 Ⅰ	10	630	16	300	40	16(4 s)	≤0.06	≤0.15	CT8 CD10 Ⅰ
			1 000	16	300	40	16(4 s)		≤0.2	
	SN10—10 Ⅱ		1 000	31.5	500	80	31.5(2 s)	0.06	0.2	CT10 Ⅰ、Ⅱ
	SN10—10 Ⅲ		1 250	40	750	125	40(2 s)	0.07	0.2	CD10 Ⅲ
			2 000	40	750	125	40(4 s)			
			3 000	40	750	125	40(4 s)			
真空户内	ZN12—10/1 250		1 250	25		63	25(4 s)			
	ZN12—10/2 000		2 000							
	ZN12—10/1 250		1 250	31.5		80	31.5(4 s)	0.06	0.1	CD8 等
	ZN12—10/2 000		2 000							
	ZN12—10/2 500		2 500	40		100	40(4 s)			
	ZN12—10/3 150		3 150							
	ZN24—10/1 250		1 250	31.5		80	31.5(4 s)	0.06	0.1	CD8 等
	ZN24—10/2 000		2 000							

附录 11　架空裸导线的最小允许截面积表

线路类别		导线最小允许截面积/mm²		
		铝及铝合金线	钢芯铝线	铜绞线
35 kV 及以上线路		35	35	35
3～10 kV 线路	居民区	35	25	25
	非居民区	25	16	16
低压线路	一般	16	16	16
	与铁路交叉跨越档	35	16	16

附录 12　XRNT 型高压限流熔断器主要技术参数表

国内型号	国外型号	额定电压/kV	额定电流/A	额定开断电流/kA	备注
XRNT1—12	(SDL＊J)	12	1,2,3.15,6.3,10,16,20,31.5,40,50,63	31.5	符合德国DIN标准的插入式高压限流熔断器
XRNT1—12	(SFL＊J)		50,63,71,80,100		
XRNT1—12	(SKL＊J)		125		
XRNT1—12			160,200		
XRNT1—35		35	3.15,6.3,10,16,20,25,31.5,40,50		
XRNT1—12	(BDG＊)	12	6.3,10,16,20,22.4,25,31.5,35.5,40,45,50	40	符合英国BS标准的母线式高压限流熔断器
XRNT1—12	(BFG＊)		56,63,71,80,90,100		
XRNT1—12	(BKG＊)		112,125,160,200		
XRNT1—35		35	3.15,6.3,10,16,20,25,31.5,40,50	31.5	

注:1. 以上是单管额定参数,用户可根据需要采用固定结构将熔断件并联,以得到更高的额定电流值。

　　2. 国外型号说明:S、B—变压器保护;D、F、K—熔断器直径,D(50 mm)、F(76 mm)、K(76 mm);L—熔断器长度,L(292 mm)、G(359 mm);"＊"—不同的撞击器,N(无)、H(火药式)、D(弹簧式)、J(插入式)。

附录 13　LZZJ—10 型电流互感器主要技术数据表

额定电流比/A	级次组合	准确级及额定输出/(V·A)				准确限值系数	短时热电流/kA(有效值)	动稳定电流/kA(峰值)
		0.2 s	0.2	0.5	10 P			
(5～200)/5		10	10	10	15	10	$150I_{1N}$	$375I_{1N}$
300/5							45	110
400/5								
500/5							55	110
600/5	0.2 S/10 P							
800/5	0.2/10 P	15	15	15	15	15	63	120
1 000/5	0.2/0.5							
1 200/5	0.5/10 P							
1 500/5								
2 000/5							80	140
2 500/5								

附录 14　LQJ—10 型电流互感器主要技术数据表

型号	额定电流比/A	级次组合	准确级及额定输出/(V·A)				保护级		额定短时热电流/kA	额定动稳定电流/kA
			0.2	0.5	1	3	额定输出/(V·A)	准确级及准确限值系数		
LQJ—10	5/5	0.5/3 1/3 0.5/10 P		10	10	15	15	10 P 10	0.45	1.1
	10/5								0.9	2.3
	15/5								1.4	3.4
	20/5								1.5	4.5
	30/5								2.7	6.8
	40/5								3.6	9
	50/5								4.5	11.3
	75/5								6.5	16.9
	100/5								9	22.5
	150/5								13.5	35.8
	200/5								15	45
	300/5								27	67.5
	400/5								36	90

附录 15 部分电压互感器主要技术数据表

型号	额定电压比	准确级及额定输出/(V·A)					极限输出/(V·A)
		0.2	0.5	1	3	6 P	
JDZ—10(Q)	10 000/100		80	150	300		500
		30					200
	10 000/100/100	25	50				200
JDZ—6(Q)	6 000/100		50	80	200		400
JDZ—3(Q)	3 000/100		50	50	80		200
JDZJ—10(Q)	$10\ 000/\sqrt{3} : 100/\sqrt{3} : 100/3$		50	80	200	50	400
		20				50	200
JDZJ—6(Q)	$6\ 000/\sqrt{3} : 100/\sqrt{3} : 100/3$		50	80	200	50	400
JDZJ—3(Q)	$3\ 000/\sqrt{3} : 100/\sqrt{3} : 100/3$		30	50	80	50	200
JDZX10—3	$3\ 000/\sqrt{3} : 100/\sqrt{3} : 100/3$	15	30	50		50	200
JDZX10—6	$6\ 000/\sqrt{3} : 100/\sqrt{3} : 100/3$	15	30	50		50	200
JDZX10—10	$10\ 000/\sqrt{3} : 100/\sqrt{3} : 100/3$	15	30	50		50	200

附录 16 电缆在空气中敷设时的载流量

主芯线截面/mm²	油浸纸绝缘铠装电缆(三芯)								矿用橡套电缆	
	1~3 kV		6 kV		10 kV		35 kV		1 kV	6 kV
	铜芯	铝芯	铜芯	铝芯	铜芯	铝芯	铜芯	铝芯	铜芯	铝芯
1										
1.5										
2.5	30	24								
4	40	32							36	
6	52	40							46	53
10	70	55	60	48					64	72
16	95	70	80	60	75	60			85	94
25	125	95	110	85	100	80	95	75	113	121
35	155	115	135	100	125	95	115	85	138	148
50	190	145	165	125	155	120	145	110	173	170
70	235	180	200	155	190	145	175	135	215	205
95	285	220	245	190	230	180	210	165		
120	335	255	285	220	265	205	240	180		
150	390	300	330	255	305	235	265	200		
185	450	345	380	295	355	270	300	230		
240	530	410	450	345	420	320				

参考文献

[1] 张炜. 供配电设备[M]. 北京:中国电力出版社,2007.

[2] 张莹. 工厂供配电技术[M]. 北京:电子工业出版社,2007.

[3] 田淑珍. 工厂供配电技术及技能训练[M]. 北京:机械工业出版社,2009.

[4] 张学成. 工矿企业供电[M]. 北京:煤炭工业出版社,2007.

[5] 刘振亚. 特高压电网[M]. 北京:中国经济出版社,2008.

[6] 徐滤非. 供配电系统[M]. 北京:机械工业出版社,2012.

[7] 刘介才. 工厂供电[M]. 北京:机械工业出版社,2004.

[8] 曾令琴. 供配电技术[M]. 北京:人民邮电出版社,2009.

[9] 王福忠. 现代供电技术[M]. 北京:中国电力出版社,2012.

[10] 沈其工,方瑜等. 高电压技术[M]. 北京:中国电力出版社,2012.

[11] 汪永华. 工厂供电[M]. 北京:机械工业出版社,2007.